火灾痕迹物证与专项火灾事故调查

主　编　张加伍　李　洋　崔高超
副主编　姜自营　胡明慧　张　阳　徐耿鑫　刘淑娟

山东大学出版社
SHANDONG UNIVERSITY PRESS
·济南·

图书在版编目(CIP)数据

火灾痕迹物证与火灾专项事故调查 / 张加伍,李洋,
崔高超主编. —济南:山东大学出版社,2024.3
ISBN 978-7-5607-7913-3

Ⅰ. ①火… Ⅱ. ①张… ②李… ③崔… Ⅲ. ①火灾—
痕迹—鉴定 ②火灾事故—调查 Ⅳ. ①TU998.12
②D918.91③X928.7

中国国家版本馆CIP数据核字(2023)第175595号

责任编辑 宋亚卿
封面设计 王秋忆

火灾痕迹物证与专项火灾事故调查
HUOZAI HENJI WUZHENG YU ZHUANXIANG HUOZAI SHIGU DIAOCHA

出版发行 山东大学出版社
社　　址 山东省济南市山大南路20号
邮政编码 250100
发行热线 (0531)88363008
经　　销 新华书店
印　　刷 山东和平商务有限公司
规　　格 787毫米×1092毫米　1/16
　　　　 13.25印张　296千字
版　　次 2024年3月第1版
印　　次 2024年3月第1次印刷
定　　价 69.00元

版权所有 侵权必究

前　言

在火灾现场勘验中，痕迹物证的鉴定是火灾事故调查取证的主要内容和关键技术工作。专项火灾事故调查是在全面调查勘验的基础上，有针对性地对特定场所(环境)下的火灾现场进行调查。本书旨在为应急管理、安全生产、事故调查行业从业人员等提供火灾痕迹物证查找、识别、提取、鉴定的思路与方法，为各类专项火灾事故的调查提供总体"指南针"和专项"任务书"。

全书共分为五章：第一章阐述了火灾事故调查的基础理论，是基础知识和程序保证；第二章讲述了火灾痕迹物证查找、识别、提取、鉴定的思路与方法，这既是火灾事故调查的基本工作，也是起火原因认定的"定盘星"；第三章针对各种专项火灾事故的特点，提出了总体调查思路和特别注意事项；第四章介绍了火灾事故调查处理的程序与要求，对涉及安全生产及关联刑事案件的定罪标准予以汇总；第五章介绍了火灾事故调查档案的建立与管理要求，重点阐述了档案的分类、形成与制作要求、保管要求等。附录部分列出了火灾事故调查工作中可能涉及的部分基础理论知识点，以方便读者查找、引用。

本书由张加伍、李洋和崔高超担任主编。其中，第一章第一至六节、第二章第四节由张加伍编写；第一章第七至九节、第二章第八节、第四章由李洋编写；第二章第五节、第七节，第三章第一节，附录由崔高超编写；第二章第六节、第三章第三节由姜自营编写；第二章第一节、第三章第四节由胡明慧编写；第二章第九节、第十节，第三章第二节、第六节由张阳编写；第二章第二节、第三节、第十一节，第三章第五节、第七节由徐耿鑫编写；第五章由刘淑娟编写。

本书在编写过程中，得到了各级同仁和学界火灾事故调查精英的指导与支持，在此一并致谢。

由于时间紧迫、编者水平有限，书中难免存在疏漏之处，敬请广大读者批评指正。

编　者

2023年6月

目　录

第一章　火灾事故调查基础理论

第一节　火灾事故调查程序

一、简易调查程序的适用范围和程序要求

（一）适用范围

简易调查程序是火灾事故调查人员对符合特定条件的火灾事故当场调查并作出认定的一种调查程序。适用简易调查程序调查的火灾事故必须同时符合以下四个条件：①没有人员伤亡的，即火灾事故没有造成人员死亡和受伤；②直接财产损失轻微的；③当事人对火灾事故事实没有异议的，即火灾基本事实清楚，当事人对消防救援机构调查认定的起火（报警）时间，发生火灾单位（场所、住宅）、地点，起火部位或起火点，起火原因，火灾蔓延过程，火灾烧损的主要物品及建筑物受损等火灾事故事实没有异议；④没有放火嫌疑的。

（二）程序要求

适用简易调查程序的，可以由一名火灾事故调查人员调查，并按照下列程序实施：①表明执法身份，说明调查依据。表明执法身份的主要方式是向当事人出示执法身份证件，向当事人说明的主要内容是本起火灾可以适用简易程序调查的理由和依据。②调查走访。调查走访当事人、证人，了解火灾发生过程、火灾烧损的主要物品及建筑物受损等与火灾有关的主要情况，简要记录在火灾事故简易调查认定书中，必要时可另制作笔录。③查看现场。查看火灾现场，进一步核实调查走访情况，发现、固定证明火灾事故主要事实的痕迹物品，并对火场概貌、起火部位和重要痕迹物品进行照相或者录像，必要时可以制作示意图。④告知。消防救援机构火灾事故调查人员应当告知当事人如下事项：适用简易调查程序作出的火灾事故认定，消防救援机构不予受理复核申请；拟作出认定的火灾事故事实，听取当事人的意见，当事人提出的事实、理由或者证据成立的，应当采纳。⑤火灾事故认定。当场制作火灾事故简易调查认定书，由火灾事故调查人员、当事人签

字或者捺指印后交付当事人。⑥备案。火灾事故调查人员应当在两日内将火灾事故简易调查认定书报所属消防救援机构备案。备案的具体要求如下:火灾事故调查人员向所属的消防救援机构上交火灾事故简易调查认定书存档联,以及现场照片、录像等现场记录材料。存档联的内容应当与交付给当事人的火灾事故简易调查认定书记载内容相同。

二、火灾事故简易调查认定书的格式和填写要求

火灾事故简易调查认定书是消防救援机构对适用简易调查程序认定火灾事故时所使用的文书。其中,“起火单位(个人)”栏写明发生火灾单位(场所、住宅)的名称或户主的姓名;“起火地点”栏填写起火单位(场所、住宅)的地点,具体到门牌号码;“报警时间”栏填写消防救援机构接到报警的时间,应具体到分钟;“现场调查走访情况”栏简要记录调查走访有关当事人或证人反映的火灾发生、蔓延,建筑物及物品损失等情况,以及火灾现场相关痕迹、物品及建筑物被烧损等情况;“火灾事故事实”栏写明起火时间,发生火灾单位(场所、住宅)、地点,起火部位、起火点、起火原因,火灾蔓延过程,火灾烧损的主要物品及建筑物受损等与火灾有关的事实;“备注”栏载明现场照片、录像的内容和数量。

火灾事故简易调查认定书由火灾事故调查人员现场填写,并告知和送达当事人。

三、一般调查程序的适用范围和程序要求

除依照《火灾事故调查规定》适用简易调查程序的火灾事故外,消防救援机构对火灾进行调查时,调查人员不得少于两人。必要时,可以聘请专家或者专业人员协助调查。经批准,专家应邀协助调查火灾的,应当出具专家意见。

(一)一般规定

火灾发生地的县级消防救援机构应当根据火灾现场情况,排除现场险情,保障现场调查人员的安全,并初步划定现场封闭范围,设置警戒标志,禁止无关人员进入现场,控制火灾肇事嫌疑人。消防救援机构应当根据火灾事故调查需要,及时调整现场封闭范围,并在现场勘验结束后及时解除现场封闭。

封闭火灾现场的,消防救援机构应当在火灾现场对封闭的范围、时间和要求等予以公告。

消防救援机构应当自接到火灾报警之日起30日内作出火灾事故认定;情况复杂、疑难的,经上一级消防救援机构批准,可以延长30日。火灾事故调查中需要进行检验、鉴定的,检验、鉴定时间不计入调查期限。

(二)现场调查

火灾事故调查人员应当根据调查需要,对发现、扑救火灾人员,熟悉起火场所、部位和生产工艺人员,火灾肇事嫌疑人和被侵害人等知情人员进行询问,公安机关可以依法传唤火灾肇事嫌疑人。必要时,可以要求被询问人到火灾现场进行指认。询问应当制作笔录,由火灾事故调查人员和被询问人签名或者捺指印。被询问人拒绝签名和捺指印的,应当在笔录中注明。

勘验火灾现场应当遵循火灾现场勘验规则,采取现场照相或者录像、录音,制作现场

勘验笔录和绘制现场图等方法记录现场情况。对有人员死亡的火灾现场进行勘验的，火灾事故调查人员应当对尸体表面进行观察并记录，对尸体在火灾现场的位置进行调查。现场勘验笔录应当由火灾事故调查人员、证人或者当事人签名。证人、当事人拒绝签名或者无法签名的，应当在现场勘验笔录上注明。现场图应当由制图人、审核人签字。

现场提取痕迹、物品，应当按照下列程序实施：①量取痕迹、物品的位置、尺寸，并进行照相或者录像。②填写火灾痕迹、物品提取清单，由提取人、证人或者当事人签名；证人、当事人拒绝签名或者无法签名的，应当在清单上注明。③封装痕迹、物品，粘贴标签，标明火灾名称和封装痕迹、物品的名称、编号及其提取时间，由封装人、证人或者当事人签名；证人、当事人拒绝签名或者无法签名的，应当在标签上注明。提取的痕迹、物品，应当妥善保管。

根据调查需要，经负责火灾事故调查的消防救援机构负责人批准，可以进行现场实验。现场实验应当照相或者录像，制作现场实验报告，并由实验人员签字。现场实验报告应当载明下列事项：①实验的目的；②实验时间、环境和地点；③实验使用的仪器或者物品；④实验过程；⑤实验结果；⑥其他与现场实验有关的事项。

（三）检验、鉴定

火灾事故调查主要涉及的检验、鉴定有火灾物证、直接财产损失和人员伤亡情况的检验、鉴定等。

现场提取的痕迹、物品需要进行专门性技术鉴定的，消防救援机构应当委托依法设立的鉴定机构进行，并与鉴定机构约定鉴定期限和鉴定检材的保管期限。

有人员死亡的火灾，为了确定死因，消防救援机构应当立即通知本级公安机关刑事科学技术部门进行尸体检验。公安机关刑事科学技术部门应当出具尸体检验鉴定文书，确定死亡原因。

卫生行政主管部门许可的医疗机构具有执业资格的医生出具的诊断证明，可以作为消防救援机构认定人身伤害程度的依据。但是，具有下列情形之一的，应当由法医进行伤情鉴定：①受伤程度较重，可能构成重伤的；②火灾受伤人员要求做鉴定的；③当事人对伤害程度有争议的；④其他应当进行鉴定的情形。

对受损单位和个人提供的由价格鉴证机构出具的鉴定意见，消防救援机构应当审查下列事项：①鉴证机构、鉴证人是否具有资质、资格；②鉴证机构、鉴证人是否盖章签名；③鉴定意见依据是否充分；④鉴定是否存在其他影响鉴定意见正确性的情形。对符合规定的，可以作为证据使用；对不符合规定的，不予采信。

（四）火灾损失统计

受损单位和个人应当于火灾扑灭之日起7日内向火灾发生地的县级消防救援机构如实申报火灾直接财产损失，并附有效证明材料。

消防救援机构应当根据受损单位和个人的申报、依法设立的价格鉴证机构出具的火灾直接财产损失鉴定意见以及调查核实情况，按照有关规定，对火灾直接经济损失和人员伤亡进行如实统计。

(五)火灾事故认定

消防救援机构应当根据现场勘验、调查询问和有关检验、鉴定意见等调查情况,及时作出起火原因的认定。

对起火原因已经查清的,应当认定起火时间、起火部位、起火点和起火原因;对起火原因无法查清的,应当认定起火时间、起火点或者起火部位以及有证据能够排除和不能排除的起火原因。

1.集体讨论

对火灾损失大、社会影响大或者可能引起民事争议的起火原因认定,消防救援机构负责人应当按照规定组织集体讨论决定。

2.火灾事故认定说明

消防救援机构在作出火灾事故认定前,应当召集当事人到场,说明拟认定的起火原因,听取当事人意见;当事人不到场的,应当记录在案。当事人对起火原因认定有异议的,火灾调查人员应当解释。当事人提出与火灾调查有关的新事实、证据或者线索的,消防救援机构应当组织调查核实。

3.拟定火灾事故认定意见

根据火灾调查情况,由承办人员拟定火灾事故认定意见,内容应包括火灾事故基本情况、起火原因及其认定依据等。

4.法律审核、审批

火灾事故调查人员将火灾事故认定意见连同案卷材料一并送消防救援机构法制部门(法制员)进行法律审核,并逐级报行政主官审批。

5.制作、送达火灾事故认定书

承办人员应当根据法律审核、审批结果,及时制作火灾事故认定书,自作出之日起7日内送达当事人,并告知当事人申请复核的权利。无法送达的,可以在作出火灾事故认定之日起7日内公告送达。公告期为20日,公告期满即视为送达。

消防救援机构作出火灾事故认定后,当事人可以申请查阅、复制、摘录火灾事故认定书、现场勘验笔录和检验、鉴定意见,消防救援机构应当自接到申请之日起7日内提供,但涉及国家秘密、商业秘密、个人隐私或者移交公安机关等其他部门处理的依法不予提供,并说明理由。

6.对较大以上的火灾事故或者特殊的火灾事故开展消防技术调查

对较大以上的火灾事故或者特殊的火灾事故,消防救援机构应当开展消防技术调查,形成消防技术调查报告,逐级上报至省级人民政府消防救援机构,重大以上的火灾事故调查报告报应急管理部消防救援局备案。调查报告应当包括下列内容:①起火场所概况;②起火经过和火灾扑救情况;③火灾造成的人员伤亡、直接经济损失统计情况;④起火原因和灾害成因分析;⑤防范措施。

7.按要求及时开展火灾延伸调查

火灾延伸调查是指火灾发生后,各级消防救援机构在查明起火原因的基础上,对火灾发生的诱因、灾害成因以及防火灭火技术等相关因素开展深入调查,分析查找火灾风险、消防安全管理漏洞及薄弱环节，提出针对性的改进意见和措施，推动相关部门、行业和单位发现整改问题和追究责任。根据《中共中央办公厅　国务院办公厅印发〈关于深化消防执法改革的意见〉》和相关法律法规要求，要强化火灾事故倒查追责。根据应急管理部消防救援局印发的《关于开展火灾延伸调查强化追责整改的指导意见》，要逐起组织调查造成人员死亡或重大社会影响的火灾事故，倒查工程建设、中介服务、消防产品质量、使用管理等各方主体责任，依法给予相关责任单位停业整顿、降低资质等级、吊销资质证书和营业执照，相关责任人员暂停执业、吊销资格证书、一定时间内直至终身行业禁入等处罚，对严重违法失信的纳入"黑名单"管理，依法实施联合惩戒。

严格追究属地管理和部门监管责任，建立较大以上火灾事故调查处理信息通报和整改措施落实情况评估制度，评估结果及时向社会公开，强化警示教育。同时，严肃消防执法责任追究。建立健全消防执法责任制和执法质量终身负责制，明确执法岗位和执法人员具体责任。对发现的消防执法不作为和乱作为等问题，坚决做到有责必问、追责必严。对违法违规实施审批或处罚的，一律追究行政责任；对利用职权谋取不正当利益的，一律予以停职查办；对造成恶劣影响或严重后果的，除追究直接责任人责任外，一律追究相关领导责任。涉嫌贪污贿赂、失职渎职犯罪的，移交监察机关立案调查。总队、支队应依据管辖权限，自火灾发生之日起60日内完成延伸调查，形成火灾事故延伸调查报告；情况复杂疑难的，经本级消防救援机构负责人批准可延长60日，在火灾延伸调查报告完成后7日内，经主要负责人批准后报上级消防救援机构。

四、火灾事故认定书的格式和填写要求

火灾事故认定书是消防救援机构适用一般程序认定火灾事故时所使用的文书。其中，"火灾事故基本情况"栏填写报警时间，火灾发生的单位（场所、住宅）、地点，建筑物及物品被烧损情况，人员伤亡情况，以及消防救援机构统计的火灾直接财产损失数额。"起火原因认定如下"栏后分两种情况填写：对起火原因已经查清的，写明起火时间、起火部位、起火点和起火原因；对起火原因无法查清的，写明起火时间、起火点或起火部位，以及有证据能够排除和不能排除的起火原因。"以上事实有＿＿＿＿＿等证据证实"横线处，填写相关证据的名称、内容、数量等。"向＿＿＿＿＿提出复核申请"横线处，填写受理复核申请的消防救援机构名称。

五、火灾事故认定复核的受理和复核调查程序及程序要求

复核是指当事人对火灾事故认定有异议，依法向复核机构提出复核申请，由复核机构依法对该火灾事故认定进行审查，并作出复核决定的一种内部执法监督活动；复核也是火灾事故当事人权利救济的一种途径。复核不是火灾事故调查的必经程序，是因当事人对火灾事故认定有异议而启动的特别程序。

当事人对火灾事故认定有异议的，可以自火灾事故认定书送达之日起15日内，向上一级消防救援机构提出书面复核申请。复核申请应当载明申请人的基本情况，被申请人的名称，复核请求，申请复核的主要事实、理由和证据，申请人的签名或者盖章，申请复核

的日期。

复核机构应当自收到复核申请之日起7日内作出是否受理的决定并书面通知申请人。有下列情形之一的,不予受理:①非火灾当事人提出复核申请的;②超过复核申请期限的;③复核机构维持原火灾事故认定或者直接作出火灾事故复核认定的;④适用简易调查程序作出火灾事故认定的。消防救援机构受理复核申请的,应当书面通知其他当事人,同时通知原认定机构。

原认定机构应当自接到通知之日起10日内,向复核机构作出书面说明,并提交火灾事故调查案卷。

复核审查原则上采取书面审查的方式进行,即承办人员通过对复核申请书、复核申请人提供的有关材料和火灾事故调查案卷对原火灾事故认定进行审查。必要时,可以向有关人员进行调查;火灾现场尚存且未被破坏的,可以进行复核勘验。审查的内容为原火灾事故认定的主要事实是否清楚、证据是否确实充分、程序是否合法、起火原因认定是否正确。复核审查期间,复核申请人撤回复核申请的,消防救援机构应当终止复核。

复核机构应当自受理复核申请之日起30日内,作出复核决定,并按照规定的时限送达申请人、其他当事人和原认定机构。对需要向有关人员进行调查或者火灾现场复核勘验的,经复核机构负责人批准,复核期限可以延长30日。

原火灾事故认定主要事实清楚、证据确实充分、程序合法,起火原因认定正确的,复核机构应当维持原火灾事故认定。原火灾事故认定具有下列情形之一的,复核机构应当直接作出火灾事故复核认定或者责令原认定机构重新作出火灾事故认定,并撤销原认定机构作出的火灾事故认定:①主要事实不清或者证据不确实充分的;②违反法定程序,影响结果公正的;③认定行为存在明显不当或者起火原因认定错误的;④超越或者滥用职权的。

六、重新作出火灾事故认定结论的程序要求和法律文书填写要求

火灾事故重新认定是原认定机构接到复核机构责令其重新作出火灾事故认定的复核决定后,重新组织调查,并作出调查认定的行为。火灾事故重新认定不是复核的必经程序,是被复核机构责令重新作出火灾事故认定时,原认定机构适用的程序。

原认定机构接到重新作出火灾事故认定的复核决定后,应当按照下列要求重新进行调查认定:

(1)重新组织调查:原认定机构应当按照火灾事故调查程序,根据复核机构指出的原认定存在的问题,有针对性地开展调查。重新调查并不要求所有调查程序都重新走一遍。

(2)火灾事故重新认定说明:原认定机构在作出火灾事故重新认定之前,应当向申请人、其他当事人说明起火原因重新认定情况,听取当事人意见,并制作火灾事故重新认定说明记录;当事人不到场的,应当记录在案。

(3)拟定重新认定意见:根据重新调查情况,由承办人员拟定火灾事故重新认定意见,写明火灾事故基本情况、起火原因及其认定依据。原认定机构应当在15日内重新作

出火灾事故认定。需要进行检验、鉴定的,检验、鉴定时间不计入调查时限。

(4)法律审核、审批:火灾事故调查人员将火灾事故重新认定意见连同案卷材料一并送消防救援机构法制部门(法制员)进行法律审核,并逐级报行政主官审批。需要集体讨论决定的,由行政主官组织有关办案人员、专家进行集体议案,作出决定。

(5)制作火灾事故重新认定书:承办人员应当根据法律审核、审批结果,及时制作火灾事故重新认定书,载明火灾事故基本情况、起火原因及其认定依据,当事人申请复核的途径和期限。

(6)送达、备案:原认定机构应当按照规定的时限将火灾事故重新认定书送达当事人,并报复核机构备案。对复核机构作出维持原火灾事故认定或者直接作出火灾事故复核认定的决定为最终决定,当事人不得再次申请复核;当事人对原认定机构重新作出的火灾事故认定有异议的,可以按照规定申请复核。

(7)建档:原认定机构作出的火灾事故重新认定的有关文书材料等,应当按照火灾事故调查卷的要求立卷归档。

第二节 火灾现场保护

消防救援机构接到火灾报警或报告后,应当根据报警情况及时指派火灾事故调查人员携带勘验器材和个人防护装备赶赴现场开展调查工作。对火灾损失大、影响较大或者可能涉及民事争议的火灾,应当指派多名火灾事故调查人员分组实施初期调查。

一、出警前的准备

火灾事故调查人员出警前应准备相关的法律文书、勘验器材和个人防护装备,主要包括:①火灾事故简易调查认定书、火灾痕迹物品提取清单、询问笔录纸、火灾现场勘验笔录纸、火灾直接财产损失申报统计表、火灾损失统计表、封闭火灾现场公告等法律文书及绘图工具、签字笔、印泥等用品;②照相机、摄像机、对讲机等摄录器材;③测量、物证提取、照明等现场勘验装备与器材;④警戒带、警戒标志、告示牌、头盔、胶靴、勘验服等现场封闭和个人防护装备。

二、现场初期调查处理

(一)表明身份与告知

到达现场后,火灾事故调查人员应当向有关当事人表明执法身份,告知当事人有保护火灾现场、接受事故调查和如实提供与火灾有关情况的义务。

(二)查看现场

火灾事故调查人员应迅速查看现场情况,包括了解起火单位性质、建筑结构、规模、用途等;对火灾尚未扑灭的,应当观察火场燃烧状况和灭火救援情况,并记录起火燃烧的部位及蔓延情况;对现场重要的痕迹、物品可能遭到灭火救援行动严重破坏的,应当及时进行围护并提醒有关人员注意。

（三）询问在场证人

火灾事故调查人员应当及时询问火灾发现人、报警人、参加火灾扑救的人以及熟悉起火场所、部位和生产工艺的人员，对重要的线索应及时制作询问笔录。询问主要围绕起火时间，起火的最初地点、部位，火灾蔓延过程，火灾发生时现场人员活动、物品摆放以及用火用电情况进行。

（四）排除现场险情

火灾事故调查人员应当对现场的危险因素进行评估，进入现场勘验前，应查明以下可能危害自身安全的险情并及时予以排除：建筑物可能倒塌、高空坠物的部位；电气设备、金属物体是否带电；有无可燃、有毒气体泄漏，是否存在放射性物质和传染性疾病、生化性危害等；现场周围是否存在运行时引发建筑物倒塌的机器设备；其他可能危及勘验人员人身安全的情况。

（五）现场保护

火灾事故调查人员到达现场后应及时对现场外围进行观察，确定现场保护范围并组织实施保护，必要时通知公安机关等部门实行现场管制。凡留有火灾物证的或与火灾有关的其他场所应列入现场保护范围。对可能受到自然或其他外界因素破坏的现场痕迹、物品，应采取相应措施进行保护，并及时照相或录像固定。火灾发生地的县级（直辖市的区、县）消防救援机构应当根据火灾现场情况，初步划定现场封闭范围，并在火灾现场醒目位置张贴封闭火灾现场公告，公告现场封闭的范围、时间和要求等，采用设立警戒线、围挡或者封闭现场出入口等方法封闭火灾现场，禁止无关人员进入。特殊情况确需进入现场的，应经火灾现场勘验负责人批准，并在限定区域内活动。消防救援机构应当根据火灾事故调查需要，及时调整现场封闭范围，并在现场勘验结束后及时解除现场封闭。

（六）报告火灾基本情况

火灾事故调查人员应根据初步调查了解的情况，及时将火灾发生的时间、地点、简要经过，人员伤亡及现场采取的措施等情况报告消防救援机构有关负责人。

（七）确定调查程序

火灾事故调查人员应根据火灾现场和初步调查情况，确定火灾事故调查的程序。对没有人员伤亡、直接财产损失轻微、当事人对火灾事故事实没有异议和没有放火嫌疑的火灾，可以适用简易调查程序调查；其他火灾均应适用一般程序调查。

（八）成立火灾事故调查组

消防救援机构行政主官根据火灾损失、人员伤亡及复杂程度等决定是否成立火灾事故调查组，是否聘请专家协助调查。火灾事故调查组一般包括调查询问组、现场勘验组、损失统计组、综合信息组、调查保障组等，其主要职责是：负责调查火灾原因和统计火灾损失；提出火灾事故处理意见；总结火灾事故教训，提出防范和整改措施；按规定开展消防技术调查，形成消防技术调查报告；按要求及时开展火灾延伸调查，形成火灾事故延伸调查报告；为火灾调查工作提供保障。

发生造成人员死亡或产生社会影响的火灾事故的，按管辖级别由事故发生地县级及以上人民政府负责组织调查处理。火灾发生之日起三日内，由牵头火灾事故调查的部门向本级人民政府提出关于成立火灾事故调查组的请示，报本级人民政府审批。本级人民政府批复同意成立火灾事故调查组，并指定火灾事故调查组组长主持火灾事故调查工作。根据事故的具体情况，火灾事故调查组由有关人民政府、消防救援、应急管理、公安机关等部门和工会派人组成，可以聘请有关专家参与调查，必要时应邀请纪检监察机关、人民检察院介入调查。

（九）火灾调查协作

接到火警通知后，火灾发生地所在辖区的公安派出所应当派员到场维护火灾现场秩序，根据需要协助保护火灾现场，排查询问火灾知情人，依法控制火灾肇事嫌疑人。消防救援机构负责调查火灾原因，在火灾调查中发现具有下列情形之一的，应当启动对接响应机制，通过联络员及时通知具有管辖权的公安机关派员协助调查：①疑似放火的；②受伤人数、受灾户数或直接经济损失预估达到相关刑事案件立案追诉标准的；③有人员死亡的；④国家机关、广播电台、电视台、学校、医院、养老院、托儿所、文物保护单位等重点场所和公共交通工具发生火灾，造成重大社会影响的；⑤其他火灾需要协作的。

经初步调查，有证据证明火灾性质涉嫌放火刑事犯罪的，应由具有管辖权的公安机关进行侦办；有证据证明火灾属于生产安全事故的，按照《生产安全事故报告和调查处理条例》等相关规定执行。

三、火灾现场保护的范围和时间

（一）保护范围

凡与火灾有关的留有火灾物证的场所都应列入现场保护范围，但在保证能够查清起火原因的条件下，尽量把保护现场的范围缩小到最小限度。需要根据现场的条件和勘验工作的情况扩大保护范围的情况有：①起火点位置未能确定，起火部位不明显，起火点位置看法有分歧，初步认定的起火点与火灾现场遗留痕迹不一致等；②当怀疑起火原因为电气故障时，凡属与火灾现场用电设备有关的线路、设备，如进户线、总配电盘、开关、灯座、插座、电机及其拖动设备和它们通过或安装的场所，都应列入保护范围；③对爆炸起火的现场，不论抛出物体飞出的距离有多远，都应把抛出物着地点列入保护范围，同时把爆炸场所破坏或影响到的建筑物等列入现场保护的范围。

（二）保护时间

现场保护时间从发现火灾时起，到整个火灾事故调查工作结束为止。在保护时间内，对确需及时恢复生产，且对现场不会造成严重破坏，不影响火灾事故调查的，消防救援机构可视情况予以批准。

当事人对火灾事故认定有异议时，应当延长现场保护时间。延长期间的火灾现场保护工作由当事人自行负责。

四、火灾现场保护的基本要求

(1)现场保护人员必须在火灾事故调查组负责人领导下开展工作。

(2)扑救火灾的过程也是保护火灾现场的重要环节。

(3)火灾事故调查人员应及时赶赴现场协调现场保护工作。

(4)现场勘验时所有人员不得携带与现场勘验无关的物品进入现场,严禁在火灾现场内做与火灾事故调查无关的事情,特别应禁止所有人员在现场吸烟。勘验过程中使用的帽套、鞋套和其他包装物以及用过的矿泉水瓶等,应集中处理,严禁随地丢弃。

(5)中介机构的有关鉴定人员需要进入现场收集证据的,必须经消防救援机构或火灾事故调查组负责人同意。

(6)勘验过程中,在满足勘验要求的前提下,应力求保护现场的原始状态。对情况较为复杂的现场或勘验人员认为需要继续研究、复勘的现场,应视情况予以全部保留或局部保留。

(7)应挑选工作认真、责任心强的人担任现场保护人员。此外,还应对现场保护人员进行必要的审查,与火灾有直接利害关系的人不得担任现场保护人员。必要时,可由公安机关负责确定火灾现场保护人员。现场保护人员应明确责任、明确分工。对现场保护人员应进行现场保护纪律的教育,并严格落实交接班制度。

(8)火灾发生地的县级消防救援机构应当根据火灾现场情况,排除现场险情,初步划定现场封闭范围,并设置警戒标志,禁止无关人员进入现场。

五、火灾现场封闭

封闭火灾现场的,消防救援机构应当在火灾现场对封闭的范围、时间和要求等予以公告。封闭火灾现场公告应拍照进行存档。消防救援机构应当根据火灾事故调查需要,及时调整现场封闭范围,并在现场勘验结束后及时解除现场封闭。公安派出所应当协助维护火灾现场秩序,保护现场,控制火灾肇事嫌疑人。

六、火灾现场的保护方法

(一)灭火中的现场保护方法

消防指战员在灭火战斗展开之前进行火情侦察时,应该注意发现并保护起火部位和起火点。在灭火时,特别是消灭残火时不要轻易破坏或变动这些部位物品的位置,应尽量保持物品燃烧后的自然状态。灭火中尽可能应用开花水流或喷雾水进行灭火。在拆除某些构件和清理火灾现场时,应该注意保护好起火部位原状,对于有可能为起火点的部位,更要特别小心,尽可能做到不拆散已被烧毁的结构、构件、设备和其他残留物。如必须拆除,则应通知到场的火灾事故调查人员进行照相或自行照相后,再行拆除。在翻动、移动重要物品以及经确认已经死亡的人员尸体之前,应当采用编号并照相或录像等方式先行固定。

(二)勘验前的现场保护方法

火灾事故调查人员应该在消防队撤离现场前抓紧实施现场保护工作,要指定专人负责,禁止无关人员进出现场和取走物品。勘验前的现场保护,可根据具体情况采取相应的措施。

1.现场保护的一般方法

(1)露天火灾现场的保护:露天火灾现场很容易受到各种自然因素和人为因素的破坏,所以火灾扑灭后应及时将火灾现场及发现有物证的地点用警用绳(带)、铁丝或利用现场自然屏障等警戒起来,必要时再布置警力警戒。现场情况不明时,应当把保护范围扩大,而后可根据具体勘验工作开展情况适当缩小。对现场重要部位的出入口应设置屏障遮挡或布置专人看守。对已经发现的痕迹物证应采取有效的保护措施,并尽快对证据进行固定、保全。

(2)室内火灾现场的保护:对室内火灾现场的保护,主要是在室外布置专人看守或对重点部位加以看守或加封加锁;对现场的室外和院落也应划出一定的禁入范围,防止无关人员进入现场;对于私人住宅要做好业主的安抚工作,讲清道理,告知其不得擅自清理现场。

(3)大型火灾现场的保护:对于大型的火灾现场,可利用原有的围墙、栅栏等进行封锁隔离,尽量不要阻塞交通和影响居民生活,必要时应加强现场保护人员的力量,待正式勘验时,再酌情缩小现场保护范围。

(4)爆炸抛出物的保护:对于爆炸抛出物的保护,可在其落地点用警绳围起来或用粉笔在地上做出标记,以警示他人注意,同时还应派专人看守。爆炸抛出物一般离开中心现场有一定的距离,容易被人为毁坏或灭失,所以火灾事故调查人员应尽快进行证据保全。

2.多层次的现场保护方法

除必须禁止无关人员进入现场外,对进入现场的各级领导、新闻工作者也应作出一定的限制。对于特别重大的火灾现场的保护,应采用多层次的现场保护方法。

(1)第一层次的保护:第一层次的保护是在现场最外围或周边区域设置警戒线,对火灾现场进行整体的保护。现场保护人员应当在这一层次上重点进行保卫,其职责是限制无关的车辆和人员进入现场。在这一层次的保护范围内,可允许新闻媒体、参加现场会议的代表等进入。

(2)第二层次的保护:第二层次的保护是在靠近现场一定距离的周围设置保护区域。在这一区域内,只有火灾善后处理小组的人员、火灾事故调查人员以及各级领导可以进入。这一区域的保护只需要少量的保护人员即可。

(3)第三层次的保护:第三层次的保护是在靠近起火部位(或者在中心现场)的区域内,设置中心现场保护区域。中心现场保护是现场保护的重中之重,是防止现场证据灭失的关键。在中心现场保护区域内,除现场勘验人员,其他所有人(包括各级领导、调查询问小组的人员等)未经同意不得擅自进入,以免破坏现场。中心现场保护范围的大小,视现场情况而定,如起火部位未能准确确定的,则该范围可适当扩大。

（三）勘验中的现场保护方法

现场勘验中也应注意现场保护。有的火灾现场需要多次勘验，因此在勘验过程中，任何人都不应有违反勘验纪律的行为。即使勘验人员在工作中认为烧剩下的一些构件或物体妨碍工作，也不应该随意清理。在清理堆积物品、移动物品或者取下物证时，动手之前必须从不同方向拍照，以照片的形式保存和记录现场。

无论是露天现场还是室内现场，对于留有尸体和已经发现的痕迹、物证之处，均应严加保护。为了引起人们的注意，可在有痕迹、物证的地点作出保护标记。对室外某些容易被破坏的痕迹、物证和尸体，可用席子、塑料布和盆等进行遮盖。

对火灾现场以及已发现的各种物证，必须采取适当的保全措施。最常用的是照相或录像保全：现场勘验前，应对现场整体及全貌进行全面照相或录像；现场勘验过程中，在动态勘验前，也应对需变动的部位进行照相或录像；在提取痕迹物证之前，也应对痕迹物证所在位置、数量、大小及特征等相关情况进行照相或录像。照相或录像资料可以作为今后研究和复核现场的资料，也可以作为火灾资料和证据材料。

七、火灾现场保护中的应急措施

在现场保护的过程中应根据不同的情况，采取恰当的急救、排除险情和障碍等紧急措施。

（1）扑灭后的火灾现场“死灰”复燃，甚至二次成灾时，要迅速有效地实施扑救或报警。有的火灾现场扑灭后，善后事宜未尽，现场保护人员应及时发现，积极处理。如发现易燃液体或者可燃气体泄漏时，应关闭阀门；发现有导线落地时，应切断电源。

（2）发现有人员受伤时，应立即设法施行急救。遇有趁火打劫或者放火嫌疑人再次放火的，则应扭送公安机关。

（3）危险物品发生火灾时，对危险区域应实行隔离，禁止人员进入。火灾事故调查人员应离开低洼处，站在上风处。暴露在放射线中的物品、装置等应等待有关技术人员到达，按其指导处理、清扫现场。

（4）被烧坏的建筑物有倒塌危险并危及他人的安全时，应采取措施将其固定。如受条件限制不能将其固定时，应在其倒塌之前，仔细观察并记下倒塌前的烧毁情况、构件相互位置等，对可能与起火原因有关的重要痕迹，最好在建筑物倒塌之前照相、录像记录。

八、调查结束需继续保留现场的情形

现场勘验、调查询问结束后，由火灾现场勘验负责人决定是否继续保留现场和保留时间。具有下列情形之一的，应保留现场：造成重大人员伤亡的火灾；可能发生民事争议的火灾；当事人对起火原因认定提出异议，消防救援机构认为有必要保留的；具有其他需要保留现场情形的。对需要保留的现场，可以整体保留或者局部保留，应通知有关单位或个人采取妥善措施进行保护；不需要继续保留的现场，及时通知有关单位或个人。

第三节　调查询问

一、调查询问的目的和原则

火灾事故调查中询问的主要目的是为认定起火原因、统计火灾损失和查处火灾责任人提供直接或间接的证据。它的作用主要表现在以下几个方面:为现场勘验提供线索,有助于发现痕迹、物证,有助于分析起火原因和火势发展过程,为判断火灾案情提供依据。

火灾事故调查中的询问应当遵循及时、合法、客观和全面的原则。调查询问前,询问人员应查看现场,熟悉火灾现场情况,拟定询问提纲,对重点人员询问应当拟定详细的询问提纲。

二、调查询问的主要对象

在火灾事故调查中,凡是了解火灾经过、熟悉火灾现场情况、与火灾发生有直接利害关系以及能够为查明起火原因、统计火灾损失提供证据的人,都应该被列为询问对象。

询问对象主要包括以下人员:①发现火灾的人或报告火警的人;②最后离开起火部位的人或最后在场的人;③熟悉起火部位周围情况的人或熟悉生产工艺过程的人;④最先到达火场救火的社会人员;⑤相邻单位目击起火的人或周围群众;⑥发生火灾单位的值班人员;⑦火灾肇事人或火灾受害人;⑧到达现场救火的消防人员及其他有关人员;⑨其他了解和知道火灾情况的人。

三、调查询问的内容

火灾事故调查应围绕下列内容进行询问,针对不同人员对火灾现场感知的不同角度、深度,询问应当各有侧重。

(1)起火前现场的有关情况:①起火现场的基本情况,主要包括建筑物的结构、特点、耐火等级,存放物品的部位、数量、理化性质等;②现场电源的安装、分布及使用情况,火源的使用情况;③现场生产工艺流程、机械设备的布局及使用情况,原料、产品的性质和火灾危险性;④火灾发生前,现场是否有异常情况和反常现象;⑤起火前现场内人员的活动情况,主要包括仓库、车间内的进货情况,维修作业情况,焊接、切割作业情况等;⑥确认最后离开起火部位或最后在场的人,查明其离开现场前的具体活动情况,包括是否检查了电源、火源,离开的时间和出门的路线,是否关闭门、窗等情况;⑦起火单位履行法定消防安全职责情况。

(2)发现起火的时间、报警时间、接警时间,发现起火的过程,火势蔓延的情况和扑救初期火灾的情况。

(3)异常气味、声音,火灾发生时现场人员活动情况以及是否发现可疑人员。

(4)首先冒烟、出现明火的部位,火势首先突破的部位,建筑物最先塌落的部位。

(5)火灾肇事人造成火灾的详细过程。

(6)发生火灾时的气象条件。

(7)其他与认定火灾事实有关的情况。

(一)调查询问最先发现起火人和报警人的主要内容

主要调查询问内容包括:①发现起火的时间和起火的地点。②发现起火的详细经过。例如,发现者在什么情况下发现起火,起火前有什么征象,发现冒烟和出现明火的部位在哪里,主要燃烧物质有哪些,有什么声、光、味等现象。③火场变化的情况:包括火势蔓延的方向、燃烧的范围以及火焰和烟雾颜色等变化情况。④发现起火后采取了哪些扑救措施。⑤发现起火时还有哪些其他人员在场,是否发现有可疑人员出入火场。⑥发现起火时的用电情况,包括电灯是否亮着、用电设备是否在运转等。⑦发现火灾时的天气情况,包括风力、风向情况,是否打雷、下雨等。⑧报警时间、地点和报警过程。

(二)调查询问最后离开起火部位或在场人的主要内容

主要调查询问内容包括:①在场时的活动情况,如离开起火部位之前是否吸烟或动用了明火,生产设备的运行情况,本人具体作业或活动的情况。②离开之前对火源、电源的处理情况,如是否关闭了火源、电源和气源,起火部位附近是否发现有可燃、易燃物品及其种类、理化性质和数量等。③工作和活动期间有无违章操作行为,机械设备是否发生过故障或异常现象,采取过什么处理措施。④其他在场人员的具体位置和活动情况,如有无其他人来往、来此的目的、具体的活动内容、来往的时间和路线等。⑤离开现场之前是否进行过安全检查,是否发现有异常气味和响动、门窗关闭的情况等。⑥最后离开起火部位的具体时间、路线,有无其他证人作证。⑦得知发生火灾的时间和经过,对起火原因的见解及其依据。

(三)调查询问熟悉起火部位情况和生产工艺过程的人的主要内容

主要调查询问内容包括:①建筑(构筑)物的主体和平面布置,建筑的结构、耐火性能,每个车间、房间的用途,室内设备和物品的摆放等情况。②火源、电源情况。火源、电源分布的部位及与可燃材料、物体的距离,有无不正常的情况,是否采取过防火措施;架设电气线路的部位、电线材质是否合乎规格,电气设备已使用年限,有无破旧漏电现象;负荷是否正常,近期检查、修理和改造情况;机械设备的性能、使用情况和发生故障的情况等。③起火部位存放、使用的物资、材料、产品及其种类、数量、理化性质和相互位置。④起火场所以前在什么时间、部位和地点,因什么原因发生过火灾,事后采取过什么措施。⑤现场的设备及运转情况。⑥本单位有无防火安全规定、制度和操作规程,实际执行情况如何;有关消防安全的制度和规程是否与工艺设备和流程相适应。

(四)调查询问最先到达火场救火的人的主要内容

主要调查询问内容包括:①到达火场时,火势发展的征象,如冒火、冒烟的具体部位、地点,火焰烟雾的颜色、气味等。②到达火场时,火势蔓延的位置和扑救过程。③到达起火部位的具体路线。④在扑救过程中，是否发现了可疑的物体、痕迹及可疑人员进出等情况。⑤起火单位（场所）的消防器材和设施是否遭到了破坏。⑥起火部位附近在扑救过程中的火势大小，是否经过破拆，原来的状态怎样。⑦进入现场后，采取了哪些灭火方式，用的是什么灭火剂，效果如何。

（五）调查询问了解火灾现场的人的主要内容

主要调查询问内容包括：①发现起火的时间、起火部位、起火特征、火灾蔓延过程；②异常气味、声音；③火灾发生时现场人员活动情况以及是否发现有可疑人员；④用火、用电、用气、供电情况；⑤机器、设备运行情况；⑥物品摆放情况；⑦火灾发生之前是否有雷电过程发生等。

对涉嫌火灾事故违法、肇事行为人，要通过调查询问确定发现和发生火灾的时间、经过、损失、起火部位（起火点）、起火原因以及有关人员在火灾发生过程中的主客观过错等。需要调查的案件事实包括：①当事人的基本情况；②违法行为是否存在；③违法行为是否为当事人实施；④实施违法行为的时间、地点、手段、后果以及其他情节；⑤当事人有无法定从重、从轻、减轻以及不予行政处罚的情形；⑥与案件有关的其他事实。

四、调查询问的具体方法

调查询问通常采用如下一种或几种方法：①自由陈述法；②广泛提问法；③联想刺激法（接近联想、相似联想、对比联想、关系联想）；④检查性提问法；⑤质证提问法。

五、调查询问的要求和应注意的问题

开展火灾事故调查时，执法人员不得少于两人，并应当向当事人或者有关人员出示执法证件。询问应当个别进行，并制作笔录。调查询问应当在执法办案场所的办案区询问室进行。情况特殊，需要在现场询问的，应当使用执法记录仪同步录音、录像。

询问当事人，可以在现场、到其住所或者单位进行，也可以书面、电话或者当场通知其到消防救援机构或者其他指定地点进行。当事人是单位的，应当依法对其直接负责的主管人员和其他直接责任人员进行询问。询问其他人员，可以在现场进行，也可以到其单位、学校、住所、居住地居（村）民委员会或者其提出的地点进行。必要时，也可以书面、电话或者当场通知其到消防救援机构提供证言。

首次询问时，应当问明被询问人的姓名、出生日期、户籍所在地、现住址、身份证件种类及号码，对违法嫌疑人还应当询问是否受过消防行政处罚；必要时，还可以载明其家庭主要成员、工作单位、文化程度、民族等情况。

被询问人为外国人的，首次询问时还应当问明其国籍、出入境证件种类及号码、签证种类等情况；必要时，还可以载明其在华关系人、入境时间、入境事由等情况。询问未成年人时，应当通知其父母或者其他监护人到场，其父母或者其他监护人不能到场的，也可以通知未成年人的其他成年亲属，所在学校、单位、居住地基层组织或者未成年人保护组织的代表到场，并将有关情况记录在案。确实无法通知或者通知后未到场的，应当在询问笔录中注明。询问聋哑人时，应当有通晓手语的人提供帮助，并在询问笔录中注明被询问人的聋哑情况以及翻译人员的姓名、住址、工作单位和联系方式。对不通晓当地通用的语言文字的被询问人，应当为其配备翻译人员，并在询问笔录中注明翻译人员的姓名、住址、工作单位和联系方式。询问精神病人、智力残疾人或者有其他交流障碍的人员时，应当在被询问人的成年亲属或者监护人见证下进行询问，并在询问笔录中注明。

询问时，应当采取制作权利义务告知书的方式或者直接在询问笔录中以问答的方式，告知被询问人必须如实提供证据、证言和故意作伪证或者隐匿证据应负的法律责任，对与本案无关的问题有拒绝回答的权利。询问当事人时，应当听取当事人的陈述和申辩。对当事人的陈述和申辩，应当核查。被询问人请求自行提供书面材料的，应当准许。必要时，执法人员可以要求当事人和其他有关人员自行书写。

询问笔录应当如实地记录询问过程和询问内容，对询问人提出的问题，被询问人拒绝回答的，应当注明。询问笔录应当交被询问人核对，对阅读有困难的，应当向其宣读。记录有误或者遗漏的，应当允许被询问人更正或者补充，修改和补充部分应当由被询问人捺指印。被询问人确认执法人员制作的笔录无误的，应当在询问笔录上逐页签名或者捺指印。被询问人确认自行书写的笔录无误的，应当在结尾处签名或者捺指印。拒绝签名或者捺指印的，执法人员应当在询问笔录中注明。执法人员应当在询问笔录上签名，翻译人员应当在询问笔录的结尾处签名。

六、对证人证言审查的主要内容

自行陈述或提供书面证明材料的，应当符合下列要求：①证人口头陈述的，调查人员应当制作询问笔录。②自行提供书面材料的，提供人应当在其提供的书面材料的结尾处签名或者捺指印，对打印的书面材料应当逐页签名或者捺指印，并附有居民身份证复印件等证明人员身份的文件；调查人员收到书面材料后，应当在首页写明收到日期，并签名。

其他证人证言应当符合下列要求：①载明证人的姓名、年龄、性别、职业、住址等基本情况；②证人应当逐页签名或者捺指印；③注明出具日期；④附有居民身份证复印件等证明证人身份的文件。

对证人证言，应重点审查如下内容：①审查证人与当事人是否存在亲属关系、恩怨关系等。②审查证人的感知能力、记忆能力和表述能力等，判断是否可能影响其客观地提供证言。应当注意审查证人的主观因素（恐惧、紧张、激动、惊慌）对证言的客观影响，查清有无妨碍其如实提供证言的因素和是否具备作证的能力。必要时，也可以聘请专门人员对证人的作证能力进行鉴定。③审查证人感受火灾时的客观环境，如距离的远近、光线的明暗、声响的大小、障碍物情况、记忆时间的长短，以及表述环境的影响等。充分考虑证人证言形成的客观因素，分析这些因素对证人的影响，对可能影响证言真实性的因素，必要时，应进行调查实验加以验证。④审查证人所提供的证言是自己目睹的，还是听人传说的。如果是证人直接听到或看到的，还应查清其感知这些情况时的主客观条件。如果是听他人传说的，则应尽可能地向直接感知案件情况的人调查、核对，以判断有无失实的可能。⑤审查证人所叙述的事实情节有无矛盾，以及内容的逻辑关系。当发现证言内容有矛盾或不符合逻辑关系时，应深入核查，将证人证言同其他证据进行综合分析，使之相互印证。⑥审查证言之间及证言与其他证据之间是否存在矛盾。如果发现矛盾，应分析出现矛盾的原因。

七、特殊的调查方法

（一）使用录音、录像和照相等手段

通过录音、录像和照相等手段来提取证据，主要适用于提取各种物证、书证以及以声音和形象为内容的证据。同步录音、录像是对某一特定环境采用特定设备通过技术手段对环境现场进行音频、视频同步记录，是消防救援机构调查中形成的具有保存利用价值的数字音像资料。录音、录像资料可以作为证据移送检察院、法院，接受司法机关的审查和犯罪嫌疑人、被告人及其辩护人的质证。录音、录像是询问笔录的辅助手段，可作为笔录的附件存档。调查人员在询问证人、当事人或者讯问违法、犯罪嫌疑人过程中使用录音、录像，可以固定询问对象的陈述，增强询问查证的法律效力；还可以证明询问、讯问程序的合法性，表明没有对被询问或讯问人采取威胁、引诱和刑讯逼供等非法手段。

（二）现场指认、辨认笔录

火灾事故调查人员根据调查需要，可以要求被询问人到火灾现场进行指认。现场指认记录作为证据材料，经过审查判断后可以作为认定火灾原因的根据。辨认是消防救援机构调查人员为了查明某个火灾事实，组织有关人员对与火灾事实有关的物品、场所、人等进行的辨识和确认。辨认属于同一性认定，是辨认人对所辨认的对象进行对比，以确定是否同一，如证人到现场指认起火点、当事人到现场辨认起火物、吸烟者到现场确认遗留烟头地点等都是辨认。进行重要的辨认，应依法制作辨认笔录，使辨认结果具有法律效力。

第四节　火灾现场勘验

一、现场勘验的任务和职责

火灾现场勘验的主要任务是发现、收集与火灾事实有关的证据、调查线索和其他信息，分析火灾发生、发展过程，为火灾认定和办理行政案件、刑事诉讼提供证据。

火灾现场勘验工作主要包括现场保护、实地勘验、现场询问、物证提取、现场分析、现场处理，根据调查需要进行现场实验。消防救援机构勘验火灾现场由现场勘验负责人统一指挥，勘验人员分工合作，落实责任，密切配合。

火灾现场勘验负责人应具有一定的火灾调查经验和组织、协调能力，现场勘验开始前，由负责火灾调查管辖的消防救援机构负责人指定。

现场勘验负责人应履行下列职责：组织、指挥、协调现场勘验工作；确定现场保护范围;确定勘验、询问人员分工;决定现场勘验方法和步骤;决定提取火灾物证及检材;审核、确定现场勘验见证人;组织进行现场分析,提出现场勘验、现场询问重点;审核现场勘验记录、现场询问、现场实验等材料;决定对现场的处理措施。

现场勘验人员应履行下列职责:按照分工进行现场勘验、现场询问;进行现场照相、录像,绘制现场图;制作现场勘验记录,提取火灾物证及检材;向现场勘验负责人提出现场勘验工作建议;参与现场分析。

二、现场勘验的工作要求

(1)勘验火灾现场应当遵循《火灾现场勘验规则》等规则、规章,采取现场照相或录像、录音,制作现场勘验笔录和绘制现场图等方法记录火灾现场情况,火灾事故调查人员不得少于两人,并按规定佩戴个人安全防护装备,应邀请1～2名与火灾无关的公民作为见证人或者通知当事人到场。在道路上勘验车辆火灾现场,应按规定设置警戒线、警示标志或隔离障碍设施,必要时通知公安交通部门实行交通管制。

(2)勘验火灾现场应遵守“先静观后动手、先照相后提取、先表面后内层、先重点后一般”的原则,按照环境勘验、初步勘验、细项勘验和专项勘验的步骤进行,也可以由火灾现场勘验负责人根据现场实际情况确定勘验步骤。勘验火灾现场可以根据实际情况采用剖面法、逐层法、复原法、筛选法和水洗法等。勘验过程中,勘验组应随时与询问组保持联系,结合询问反映的情况适时讨论分析,以便确定下一步勘验的重点。在起火部位未确定或中心现场起火前原始情况不清楚时,一般不得进行全面挖掘。

(3)对有人员死亡的火灾现场进行勘验的,应当及时启动公安机关与消防救援机构火灾调查协作机制,通过联络员及时通知具有管辖权的公安机关派员协助调查:火灾发生地所在辖区的公安派出所应当派员到场维护火灾现场秩序,根据需要协助保护火灾现场,排查询问火灾知情人,依法控制火灾肇事嫌疑人;消防救援机构负责调查火灾原因,火灾事故调查人员应当对尸体表面进行观察并记录,主要内容是尸体的位置、姿态、烧损特征、烧损程度、生理反应、衣着,尸体周围有无凶器、可疑致伤物、引火物及其他可疑物品等;尸体表面观察结束后,公安机关应当开展尸体检验,出具尸体检验鉴定文书,确定死亡原因。

三、现场勘验的安全防护

消防救援机构接到火灾报警后,应当及时派员赶赴现场,并指派火灾事故调查人员开展火灾事故调查工作。火灾发生地的县级消防救援机构应当根据火灾现场情况,排除现场险情,保障现场调查人员的安全,并初步划定现场封闭范围,设置警戒标志,禁止无关人员进入现场。

火灾现场勘验人员勘验现场时,应按规定佩戴个人安全防护装备。简易的防护器材包括安全帽、安全靴、手套、口罩等。对于存在有毒物品、放射性物品的火灾现场,要有相关技术人员的指导,进入现场的人要佩戴呼吸器、穿防护衣。由于火灾的破坏作用,火灾现场可能存在一些安全隐患。在进入现场进行勘验之前,应该对现场进行安全评估。火场中常见的安全隐患包括建筑物的倒塌、触电、有毒烟气及灰尘、水坑、因受火而强度下降的地板和楼梯、掉落的玻璃及其他可能刺伤人的物品等。对现场的评估应该包括所有可能的危险因素，并在进行勘验前采取相应措施，排除危险因素。例如，支撑甚至拆除可能坍塌的墙（特别是砖墙）、屋顶或天花板结构，移走上一层建筑上的大块玻璃板、排出积水、确认现场电气线路的通电状态等。

四、现场勘验的组织

火灾现场勘验由负责火灾事故调查管辖的消防救援机构组织实施，火灾当事人及其他有关单位和个人予以配合，由现场勘验负责人统一指挥，勘验人员分工合作，落实责任，密切配合。政府已启动事故调查的，消防救援机构应当在政府事故调查组统一组织下开展现场勘验，由消防救援机构负责人负责火灾现场勘验指挥。

五、火灾事故调查程序

火灾现场勘验大体分为准备阶段、勘验阶段、整理材料阶段、结论阶段。火灾事故调查程序（简称“‘4431’程序”）是指：“4”项勘验准备，即观察火势及特征、询问起火范围、组成勘验组、准备勘验器材；“4”项勘验项目，即环境勘验、初步勘验、细项勘验、专项勘验；“3”项综合整理工作，即整理笔录、制作照片和编辑录像、绘制现场图；“1”份火灾事故认定书。

六、勘验项目的主要内容

（一）环境勘验的主要内容

环境勘验是在观察的基础上拟定勘验范围、确定勘验顺序，主要勘验内容包括：①现场周围有无引起可燃物起火的因素，如烟囱、临时用火点、动火点、电气线路、燃气、燃油管线等；②现场周围道路、围墙、栏杆、建筑物通道、开口部位等有无放火或者其他可疑痕迹；③着火建筑物等的燃烧范围、破坏程度、烟熏痕迹、物体倒塌形式和方向；④现场周围有无监控录像设备；⑤环境勘验的其他内容。

（二）初步勘验的主要内容

初步勘验是通过观察判断火势蔓延路线，确定起火部位和下一步的勘验重点，主要勘验内容包括：①现场不同方向、不同高度、不同位置的烧损程度；②垂直物体形成的受热面及立面上形成的各种燃烧图痕；③重要物体倒塌的类型、方向及特征；④各种火源、热源的位置和状态；⑤金属物体的变色、变形、熔化情况及非金属不可燃物体的炸裂、脱落、变色、熔融等情况；⑥电气控制装置、线路位置及被烧状态；⑦有无放火条件和遗留的痕迹、物品；⑧初步勘验的其他内容。

（三）细项勘验的主要内容

细项勘验是根据燃烧痕迹、物品确定起火点，主要勘验内容包括：①起火部位范围内设施、设备及其他物品烧毁、烧损情况；②物体塌落、倒塌的层次和方向；③低位燃烧图痕、燃烧终止线和燃烧产物;④物体内部的烟熏痕迹;⑤电气线路、设施、设备、容器、管道及控制装置的故障点;⑥尸体的具体位置、姿态、烧损部位、特征和是否有非火烧形成的外伤;⑦烧伤人员的烧伤部位和程度;⑧细项勘验的其他内容。细项勘验过程中应当注意重要物品在确定提取前保持原位原貌,中心现场清理出的灰烬、物品等应单独存放,并做好标识,以便需要时复勘现场使用。

(四)专项勘验的主要内容

专项勘验是查找引火源、引火物或起火物,收集证明起火原因的证据,主要是对引火源物证或某些特定的物体进行专门勘验,以判定其与起火原因的关联性,即是不是被勘验的物体引发火灾,主要勘验内容包括:①电气故障产生高温的痕迹;②电线短路、接触不良、过负荷痕迹;③机械设备故障产生高温的痕迹;④管道、容器泄漏物起火或爆炸的痕迹;⑤自燃物质的自燃特征及自燃条件;⑥起火物的残留物;⑦动用明火的物证;⑧需要进行技术鉴定的物品;⑨专项勘验的其他内容。

七、现场勘验的具体方法和注意事项

火灾现场勘验可以根据实际情况采用剖面法、逐层法、复原法、筛选法、水洗法等。按照勘验中是否触动现场物品,可将现场勘验分为静态勘验和动态勘验。具体的勘验方法有离心法、向心法、分片分段法和循线法。

勘验时应注意以下事项:①确定挖掘范围;②明确挖掘目标;③耐心细致;④按程序提取物证。

八、现场勘验笔录的格式和内容

火灾现场勘验记录主要由火灾现场勘验笔录、现场图、现场照片、现场音视频资料等组成。每次火灾现场勘验结束后,现场勘验人员都应及时整理现场勘验资料,制作现场勘验记录。现场勘验记录应客观、准确、全面、翔实、规范地描述火灾现场状况,各项内容应协调一致,相互印证,符合法定证据要求。

火灾现场勘验笔录是消防救援机构记录火灾现场勘验情况时所使用的文书,应当符合下列要求:①载明勘验时间、现场地点、勘验人员、气象条件、现场保护情况、火灾报警和扑救情况等;②客观记录现场方位、建筑结构和周围环境,现场勘验情况,有关的痕迹和物品的名称、部位、数量、性状、分布等情况,尸体的位置、特征和数量等;③载明提取痕迹、物品情况,制图和照相的数量,录像、录音的时间;④要有记录人、制图人、照相人、录像人、录音人、现场勘验人员的单位、职务记载和签名,有当事人或者见证人签名。勘验现场时,应当拍摄现场照片、制作现场图,按执法程序规定全程同步录音、录像。

九、制作现场勘验笔录的要求和应注意的问题

(1)现场勘验笔录应重点突出,客观、准确、全面、规范,能够再现火灾现场状况,符合法定证据要求。记载的顺序应与实际勘验顺序相一致,内容要有逻辑性,可按房间、部位、方向等分段描述或在笔录中加入提示性小标题。

(2)现场勘验笔录使用语言文字必须规范准确,使用本专业的术语或通用语言,计量单位必须符合国家有关标准,日期使用公历。叙述应简繁适当,与认定火灾原因有关的火灾痕迹物证应详细记录,也可用照片和绘图来补充;不得使用模棱两可的语言,不得记入自己的分析和别人的议论。

(3)同一现场进行多次勘验的,应当在制作首次勘验笔录后,逐次制作补充勘验笔录,并在笔录首页右上角用阿拉伯数字填写勘验次序号。

十、常用现场勘验工器具与仪器

(一)现场勘验工器具

1.破拆工具

火灾现场勘验中常用的破拆工具有以下几种:①锤子;②斧子;③切割机或锯子;④电缆钳;⑤铁剪;⑥扳手、改锥等。

2.物证提取和盛装工具

(1)提取工具:①网筛;②磁铁;③镊子、钳子;④剪刀、手术刀;⑤玻璃吸管;⑥抽气泵、注射器和采样器等。

(2)盛装工具:①玻璃磨口瓶;②取样袋;③气囊和玻璃管;④金属罐。

3.清理工具

清理工具包括:①刮刀、铲刀和毛刷;②铲子、钩子等。

4.制图和测量工具

制图和测量工具包括:①手提电脑及建模、扫描、制图、视频分析等软件;②多角坐标尺、绘图尺、绘图夹、绘图笔和绘图仪等;③卡尺、卷尺;④指南针;⑤比例尺。

5.现场照明灯具

现场照明灯具包括:①碘钨灯和白炽灯泡;②携带式电源及灯具。

6.其他器具

其他器具包括:①现场勘验工具箱;②折叠梯;③警戒绳(带);④号码牌、箭头牌;⑤携带式发电机;⑥照相机和录像机、激光扫描仪、无人机等装备。

(二)现场勘验仪器

1.常用仪器

常有仪器包括:①炭化深度测定仪;②特斯拉计;③可燃气体探测仪;④易燃液体探测仪;⑤万用表;⑥接地电阻测量仪;⑦兆欧表;⑧回弹仪;⑨数字测距仪;⑩温度测量仪器;⑪可燃气体检测管;⑫体视显微镜;⑬火灾现场勘验仪器箱。

2.专用仪器

专用仪器包括:①便携式气相色谱仪;②超声波探伤仪;③红外热像仪;④便携式X光检测仪;⑤薄层色谱分析装置。

第五节　火灾现场照相、录像与制图

一、火灾现场照相

（一）照相机基础知识

1.光圈与快门的关系

光圈的主要作用是控制景深和曝光量。光圈越大，景深越短；光圈越小，景深越长。光圈越大，曝光量越大；光圈越小，曝光量越小。

快门的主要作用是控制曝光量和使动体影像“凝固”。快门速度越慢，曝光量越大；快门速度越快，曝光量越小，越能抓住活动物体的瞬间静止状态。

光圈和快门速度配合得当，是控制曝光量的手段。光圈的数字小，快门的时间要短；光圈的数字大，快门的时间要长。即光圈系数增大一级，快门速度放慢一挡，曝光量一致。

2.影响景深的因素

影响景深的因素有光圈、拍摄距离、镜头焦距、放大倍数、胶片速度等，其中主要因素有三个：①光圈。在镜头焦距相同、拍摄距离相同时，光圈越小，景深范围越大；光圈越大，景深范围越小。②镜头焦距。在光圈系数和拍摄距离都相同的情况下，镜头焦距越短，景深范围越大；镜头焦距越长，景深范围越小。③拍摄距离。在镜头焦距和光圈系数都相等的情况下，物距越远，景深范围越大；物距越近，景深范围越小。

3.闪光灯的常用模式

（1）全自动闪光：在光线充足的情况下闪光灯自动关闭，而在光线不足的情况下闪光灯自动闪光。

（2）强制闪光：无论在任何情况下闪光灯都会打亮进行补光。不过这个功能只在有逆光和侧逆光的时候使用。

（3）强制不闪光：无论在任何情况下闪光灯都不会闪。这个功能多用在水族馆或者古董陈列馆等。

（4）夜景模式：夜景模式又叫“闪光灯慢速同步功能”，也就是说夜间相机快门开启时，闪光灯同时闪光。由于夜间光线不足，相机会降低快门速度让更多的光线进入镜头，闪光灯慢速同步。

（5）减轻红眼功能：拍摄时，闪光灯在拍摄者按下快门时先预闪一次（也有频闪的），此时人眼尽量不去看镜头，以避免出现红眼现象。

（二）火灾现场照相的内容与原则

1.现场照相的内容

现场照相分为现场方位照相、概貌照相、重点部位照相和细目照相。现场照相宜按照现场勘验程序进行。勘验前先进行原始现场的照相固定，勘验过程中应对证明起火部位、起火点、起火原因的物证重点照相。现场照片应与起火部位、起火点、起火原因具有相关性，并且真实、全面、连贯、主题突出、影像清晰、色彩鲜明。

2.现场照相的原则

现场照相应遵循如下原则：

(1)现场方位照相：应反映整个火灾现场和其周围环境，表明现场所处位置和与周围建筑物等的关系。

(2)现场概貌照相：应拍摄整个火灾现场或火灾现场主要区域，反映火势蔓延方向和整体燃烧破坏情况。

(3)现场重点部位照相：应拍摄能够证明起火部位、起火点、火灾蔓延方向的痕迹、物品。重要痕迹、物品照相时应放置位置标识。

(4)现场细目照相：应拍摄与引火源有关的痕迹、物品，反映痕迹、物品的大小、形状、特征等。照相时应使用标尺和标识，并要与重点部位照相使用的标识相一致；现场照片及其底片或者原始数码照片应统一编号，要与现场勘验笔录记载的痕迹、物品一一对应。为便于照片的后期编排，拍摄时应将每张照片的拍摄位置、拍摄方向和所需要反映的事实记录下来。

(三)火灾现场照相常用方法和拍摄注意事项

1.常用的拍照方法

常用的拍照方法有：①相向拍照法；②多向拍照法；③回转连续拍照法；④直线连续拍照法；⑤现场测量拍照法。

2.拍摄注意事项

注意事项有以下几个方面：①利用好焦点透视和景深。一方面，要尽力获得较大的景深范围，以得到较好的清晰度；另一方面，要处理好背景，以突出主要物体。②要注意影调、层次、质感和色彩的再现。③要注意用光问题。④要指出着重点。⑤在夜间或光线不足的狭长现场拍摄时，使用闪光同步器，采用活动闪光法或多次闪光曝光法。⑥要注意特殊情景的拍摄技巧。

二、火灾现场录像

(一)现场录像在火灾事故调查中的作用

现场录像可以将火灾现场的燃烧状态、火灾的发展及蔓延、火灾扑救、火灾现场的勘验过程等各种情况及其在时间和空间中的关系记录下来，以获得客观、真实、连续的视觉形象。在火灾事故调查中，现场录像可以起到其他记录手段不可替代的作用：①可以为调查火因提供可靠的依据和资料；②可以弥补现场照相的缺陷和不足；③可以为复查和恢复火灾现场提供参考；④可以作为诉讼证据使用。

(二)火灾现场录像的技巧

现场摄像人员到达现场后，应在听取火灾有关的情况介绍和实地观察的基础上，制订拍摄计划，确定拍摄内容、方法和步骤。

1.三角机位法

三角机位法是指拍摄一运动的物体或两个人对话的场景时，将摄像机设置在轴线的一侧，选择三个机位来表现这一场景的变化过程，这三个机位分别设置在一个三角形的三个顶点上。只有将按照三角机位法拍摄的镜头组接在一起时，才能使视觉保持统一、完整和流畅。

2.跳轴的处理

跳轴是摄像时不遵守轴线规律，在轴线的两侧进行拍摄，导致观众对画面内运动体的方向、人物的位置方向关系感到迷惑。常见的跳轴方法有：①利用移动镜头跳轴；②借助人物运动路线的改变跳轴；③利用间隔镜头跳轴；④利用连接动作跳轴。

3.特技摄像

(1)淡入淡出：淡入是指画面由暗逐渐转亮，直至显现出画面内容；而淡出则与淡入相反。该技巧可用淡入淡出开关(FADE)实现。

(2)虚入虚出：利用虚焦的方法能拍摄出虚入、虚出的镜头。虚入指拍摄时由模糊不清的虚画面开始，当画面由虚变实时便表示一个镜头的开始。虚出指一个镜头停拍前，将摄像机的镜头调整在长焦状态下，景深最小，画面变得模糊不清，表示一个镜头的结束。

(3)划变：用一块毛玻璃或半透明纸，在距离镜头2～3 cm处上下或左右地划过，在电视屏幕上会出现瞬间的空白。划变通常用在一个镜头的结束和后一个镜头的开始。

(4)虚边：将一张半透明纸按需要在中间剪成不同形状的孔，然后将其贴在镜头遮光罩前，能拍出中间实、周边虚的画面。这种画面效果有一种梦幻的感觉，用来突出某一主体效果非常好。孔的大小要开得合适。

(5)遮挡：让被摄人物面向镜头或背向镜头做纵深运动，面向镜头走近，用身体直接遮挡镜头表示一个镜头的结束；若先遮挡镜头再走入画中，则表示一个镜头的开始。

4.推、拉、摇、移和跟摄

(1)推摄(推镜头)：是指被摄主体的位置不变，摄像机向被摄主体方向推进，或变动摄像机镜头焦距使画框由远而近的一种拍摄方法。其作用是突出介绍画面中起重要作用的人、物或痕迹物证，突出某一局部、某一细节，起到在一个镜头内了解整体与局部的关系、主体与背景环境的关系的作用。

(2)拉摄(拉镜头)：是指被摄主体位置不变，摄像机逐渐远离被摄主体或变动镜头的焦距(从长焦至广角)使画框由近及远与主体脱离的一种拍摄方法。其作用是向观众展示人、物或痕迹物证与周围环境的关系，以及其在空间的位置。

(3)摇摄(摇镜头)：是摄像机转动镜头轴线角度拍摄的镜头。它扩展了画面的表现空间，如同人们环视周围景物的视觉效果。

(4)移摄(移镜头)：是将摄像机架在活动物体上随之运动而进行的拍摄。在拍摄中，摄像机沿着一个方向，与被摄对象保持一定的距离，在移动中拍摄静止的或运动中的对象。其作用是表现人、物、景之间的空间关系，或用于连续表现一些事物的相互关系。若被摄对象是静止的，移摄可以使景物从画面中依次划过，造成巡视或展示的视觉感受；若被摄对象是运动的，摄像机伴随拍摄，形成跟随效果，如逆着动体方向拍摄，能创造特定的情绪气氛。

(5)跟摄(跟镜头)：是摄像机跟随运动的主体一起运动进行的拍摄。拍摄中，摄像机的速度与被摄主体的速度始终保持一致，主体在画框中处于一个相对稳定的位置，画面的景别不变，而背景环境则始终处在变化中。其作用是更好地、形象地表现运动着的物体或人物。

(三)火灾现场录像的编辑制作

现场录像编辑是根据一定的思维逻辑，把现场摄像的镜头组接成一个情节完整、层次清楚、易于理解的录像片。录像片常以顺叙、分叙等形式，表达火灾的发生、发现、发展、调查、原因认定过程。各部分之间应分段，片头、片尾应有标题、字幕、录制人员姓名、审核人姓名及录制日期。录像片应当配音，配音主要包括音乐和解说词。解说词要以现场勘验笔录、火灾原因认定书为主要内容，要对现场的原始面貌进行客观的解说。

三、火灾现场制图

(一)火灾现场图的用途

火灾现场图的用途主要体现在以下几个方面：研究分析案情，用于案件情况的汇报、讲解，案卷存档。

(二)火灾现场图的种类

火灾现场图一般包括火灾现场方位图和火灾现场平面图。绘制火灾现场平面图时应标明现场方位照相、概貌照相的照相机位置，统一编号并和现场照片对应。根据现场需要，选择制作现场示意图、建筑物立面图、局部剖面图、物品复原图、电气复原图、火场人员定位图、尸体位置图、生产工艺流程图和现场痕迹图、物证提取位置图、比例图、多种比例结合图等。

(三)部分火灾现场图的制作方法和要求

1.现场图的制作方法

(1)示意图：示意图就是在现场所画的草图，可不按比例绘出，但必须将现场物体的形状、位置大致标出，并用辅助线或箭头注明物体尺寸及它们之间的距离等。

(2)比例图：比例图是常用的定量绘图法，以示意图为基础，按比例重新绘制，即将现场的物体以一定的比例缩小绘在图上。对于特写图，还可按照实物大小，甚至放大绘制。现场图的比例可根据火灾现场的实际情况灵活选定。

(3)多种比例结合图：多种比例结合图又称“比例和示意结合图”。在一张火灾现场图上可采用不同的比例，有时可将现场中心按一定比例绘制，而现场周围则可缩小比例绘制；或现场中心较大的物体按比例绘制，较小的物体不可能按比例绘出时，可用图例符号代表。重要的物证可用索引引出，并在详图中表示。

2.现场图的制作要求

绘制现场图应当符合以下基本要求:①标明案件名称、案件发生或者发现时间、案发地点;②完整反映现场的位置、范围;③完整、准确地反映与案件有关的主要物体,清晰、准确地反映火灾现场方位,过火区域或范围,起火点、引火源、起火物位置,尸体位置和方向;④重点突出、图面整洁、字迹工整、图例规范、比例适当;⑤布局合理,文字说明清楚、简明扼要;⑥注明火灾名称、过火范围、起火点、绘图比例、方位、图例、尺寸、绘制时间、制图人、审核人,其中,制图人、审核人应签名。有条件的,可以使用计算机软件绘制现场图。

第六节 证据提取与审查

一、证据的分类

可以用于证明案件事实的材料,都是证据。消防救援机构办理行政案件的证据包括书证、物证、视听资料、电子数据、证人证言、当事人陈述和申辩、鉴定意见、勘验笔录、检查笔录、现场笔录。证据必须经查证属实,方可作为认定案件事实的根据。

二、火灾现场证据提取要求

消防救援机构开展火灾调查时,应当全面、客观、公正地收集、调取证据材料,并依法予以审查、核实。必要时,消防救援机构应当采用录音、录像等方式固定证据内容及取证过程。调取证据通知书、调取证据清单是消防救援机构向有关单位或者个人调取与案件有关的证据时使用的文书。调取证据清单是消防救援机构使用调取证据通知书调取到证据后,给证据持有人开具的清单。

(一)证据收集的一般要求

(1)消防救援机构收集、调取证据时,调查人员不得少于两人,并应当表明执法身份;法律、法规另有规定的除外。

(2)消防救援机构实施行政执法活动,向有关单位和个人收集、调取证据,应当告知其必须如实提供证据,并告知其伪造、隐匿、毁灭证据,提供虚假证词应当承担的法律责任。

(3)需要向有关单位和个人调取证据的,应当依法开具调取证据通知书,并依法制作清单。被调取人应当在通知书上盖章或者签名,被调取人拒绝的,消防救援机构应当注明。必要时,消防救援机构应当采用录音、录像等方式固定证据内容及取证过程。

(4)收集物证、书证应当保持其完整性,收集、保管及鉴定过程中应当落实保护措施,防止破坏或者改变。收集物证、书证不符合法定程序,可能严重影响执法公正的,应当予以补正或者作出合理解释;不能补正或者作出合理解释的,不得作为执法的根据。

(5)现场勘验中提取物证、书证的,应当在现场勘验笔录中反映其名称、特征、数量、来源及处理情况,并依法制作清单。当事人在消防行政许可或者备案申请、火灾复核申请等环节一并提交的书证材料,应当在申报表或者申请书中注明书证材料的名称、份数。

(6)收集国家机关及其他有关职能部门依职权制作的居民身份证、工商营业执照等公文书证时,应当收集其复印件,并与原件核对无误。

(7)消防救援机构调查取证时,应当防止泄露工作秘密。消防救援机构及其工作人员对涉及国家秘密、商业秘密、个人隐私,以及其他依照规定需要保密的证据,应当予以保密。

(二)证据收集的其他要求

立案前核查或者监督检查过程中依法取得的证据材料,可以作为案件的证据。对于移送的案件,移送机关依职权调查收集的证据材料,可以作为案件的证据。

三、火灾现场证据应当符合的要求

(一)物证

物证是指以外形、质量、规格、特征等形式记载待证事实的物品、痕迹。根据物质形态,分固体物证、液体物证、气体物证;根据检验方法,分物理物证、化学物证、生物物证;根据物质燃烧性能,分可燃体物证、难燃体物证、不燃体物证;根据物证证明形式,分实体物证、痕迹物证。

物证应当符合下列要求:①物证应当为原物。在原物不便搬运、不易保存或者依法应当由有关部门保管、处理或者依法应当返还时,可以拍摄或者制作足以反映原物外形或者内容的照片、录像,经与原物核实无误或者经鉴定证明为真实的,可以作为证据使用。②原物为数量较多的种类物的,可以收集其中的一部分,也可以采用拍照、抽样等方式收集。拍照取证的,应当对物证的现场方位、全貌以及重点部位特征等进行拍照或者录像;抽样取证的,应当通知当事人到场,当事人拒不到场或者暂时难以确定当事人的,可以由在场的无利害关系人见证。③收集物证,应当载明获取该物证的时间、原物存放地点、发现地点等要素,并对现场尽可能以拍照、录像等方式予以同步记录。④拍摄物证的照片或者录像应当存入案卷。

(二)书证

书证是指以文字、数字、图形等形式记载待证事实的书面材料。

书证应当符合下列要求:①书证应当为原件,收集原件确有困难的,可以收集与原件核对无误的复制件、影印件或者抄录件;②证明同一内容的多页书证的复制件、影印件、抄录件,应当由持有人加盖骑缝章或者逐页签名或者捺指印,并注明总页数;③取得书证原件的节录本的,应当保持文件内容的完整性,注明出处和节录地点、日期,并有节录人的签名或者指印;④书证的复制件、影印件或者抄录件,应当注明出具时间、证据来源,经核对无异后标明“经核对与原件一致”,并由被调查对象或者证据提供人签名、捺指印或者盖章;⑤有关部门出具的证明材料作为证据的,证明材料上应当加盖出具部门的印章并注明日期;⑥当事人或者证据提供人拒绝在证据复制件、各式笔录及其他需要其确认的证据材料上签名或者盖章的,应当采用拍照、录像等方式记录,在相关证据材料上注明拒绝情况和日期,由执法人员签名或者盖章。书证有更改不能作出合理解释的,或者书证的副本、复制件不能反映书证原件及其内容的,不能作为证据使用。其他部门收集并移交消防救援机构的证人证言、当事人陈述和申辩等言词证据,按照书证的有关要求执行。

(三)视听资料

视听资料应当符合下列要求:①应为视听资料的原始载体;②注明制作的时间和方法、制作人、证明对象等;③声音资料还应当附有该声音内容的文字记录。收集视听资料原始载体确有困难的,可以收集与原件核对无误的复制件。视听资料的复制件,应当注明制作过程、制作时间等,并由执法人员、制作人、原件持有人签名或者盖章。持有人无法或者拒绝签名的,应当注明情况。

(四)电子数据

电子数据是指基于电子技术生成、以数字化形式存在于磁盘、磁带等载体,其内容可与载体分离,并可多次复制到其他载体的能够证明案件事实的数据。电子数据应当符合下列要求:

(1)应为电子数据的原始载体。《最高人民法院关于民事诉讼证据的若干规定》第十五条第二款规定:"当事人以电子数据作为证据的,应当提供原件。电子数据的制作者制作的与原件一致的副本,或者直接来源于电子数据的打印件或其他可以显示、识别的输出介质,视为电子数据的原件。"以下情形的电子数据副本可视为原件:①可准确反映原始数据内容的输出物或显示物;②具有最终完整性和可供随时调取查用的电子副本;③双方当事人均未提出原始性异议的;④经公证机关有效公证,不利方当事人提供不出反证推翻的电子副本;⑤附加了可靠电子签名或其他安全程序保障的电子副本;⑥满足法律另行规定或当事人专门约定的其他标准的电子副本。

(2)注明制作时间和方法、制作人、证明对象等。

(3)收集原始载体确有困难的,可以采用拷贝复制、打印、拍照、录像等方式提取或者固定电子数据。

提取电子数据应当制作笔录,载明有关原因、制作过程和方法、制作时间等情况,并附电子数据清单,由执法人员、制作人、电子数据持有人签名。持有人无法或者拒绝签名的,应当注明情况。消防救援机构可以利用互联网信息系统或者电子技术设备收集、固定消防安全违法行为证据。用来收集、固定消防安全违法行为证据的互联网信息系统或者电子技术设备应当符合相关规定,保证所收集、固定电子数据的真实性、完整性。

(五)证人证言

证人证言应当符合下列要求:①载明证人的姓名、年龄、性别、身份证件种类及号码、职业、住址等基本情况;②证人应当逐页签名或者捺指印;③注明出具日期;④附有居民身份证复印件等证明证人身份的文件。证人口头陈述的,执法人员应当制作询问笔录。

(六)当事人陈述和申辩

当事人陈述和申辩应当符合下列要求:①口头主张的,执法人员应当在询问笔录或者行政处罚告知笔录中记录。②自行提供书面材料的,当事人应当在其提供书面材料的结尾处签名、捺指印或者盖章,对打印的书面材料应当逐页签名、捺指印或者盖章,并附有居民身份证复印件等证明当事人身份的文件;执法人员收到书面材料后,应当在首页写明收到日期,并签名。

(七)鉴定意见

鉴定意见应当符合下列要求:①载明委托人和委托鉴定的事项,提交鉴定的相关材料;②载明鉴定的依据和使用的科学技术手段,结论性意见;③有鉴定人的签名、鉴定机构的盖章,载明鉴定时间;④通过分析获得的鉴定意见,说明分析过程;⑤附鉴定机构和鉴定人的资质证明或者其他证明文件。多人参加鉴定,对鉴定意见有不同意见的,应当注明。

(八)勘验笔录

勘验笔录应当符合下列要求:①载明勘验时间、现场地点、勘验人员、气象条件、现场保护情况等;②客观记录现场方位、建筑结构和周围环境,现场勘验情况,有关的痕迹和物品的情况,尸体的位置、特征和数量等;③载明提取痕迹、物品情况,制图和照相的情况;④由勘验人员、当事人或者见证人签名。当事人、见证人拒绝签名或者无法签名的,应当在现场勘验笔录上注明。

(九)检查笔录

检查笔录应当符合下列要求:①载明检查的时间、地点;②客观记录检查情况;③由执法人员、当事人或者见证人签名。当事人拒绝或者不能签名的,应当在笔录中注明原因。检查中提取物证、书证的,应当在检查笔录中反映其名称、特征、数量、来源及处理情况,并依法制作清单。进行多次检查的,应当在制作首次检查笔录后,逐次制作补充检查笔录。

(十)现场笔录

现场笔录应当符合下列要求:①载明事件发生的时间和地点,执法人员、当事人或者见证人的基本情况;②客观记录执法人员现场工作的事由和目的、过程和结果等情况;③由执法人员、当事人或者见证人签名。当事人拒绝或者不能签名的,应当在笔录中注明原因。实施行政强制措施时制作现场笔录的,还应当记录执法人员告知当事人采取行政强制措施的理由、依据以及当事人依法享有的权利、救济途径,并听取其陈述和申辩的情况。

四、火灾现场物证提取的程序要求

(1)火灾现场勘验过程中发现对火灾事实有证明作用的痕迹、物品以及排除某种起火原因的痕迹、物品,都应及时固定、提取。现场中可以识别死者身份的物品应一并提取。

(2)提取痕迹、物品之前,应采用照相或录像的方法进行固定,量取其位置、尺寸,需要时绘制平面或立面图,详细描述其外部特征。

(3)现场提取痕迹、物品,火灾事故调查人员不得少于两人并应当有见证人或当事人在场,提取的痕迹、物品应当填写火灾痕迹物品提取清单,记录痕迹、物品的名称、数量和特征。

(4)提取后的痕迹、物品,应根据其特点采取相应的封装方法,粘贴标签,标明火灾名称、提取时间、痕迹、物品名称、编号等,由封装人、证人或者当事人签名,证人、当事人拒绝签名或者无法签名的,应在标签上注明。检材盛装袋或容器必须保持洁净,不应与检材发生化学反应。不同的检材应单独封装。

(5)现场提取的痕迹、物品应妥善保管,建立管理档案,存放于专门场所,由专人管理,严防损毁或者丢失。

(一)固态物证的提取要求和方法

1.固态物证的提取要求

(1)物证提取要完整:火场中的固态物证在经过火场的高温作用后,其整体的完整性会受到破坏,提取时应尽量保持物证原样,不能损坏。例如,电视机残骸应整体提取,然后再解剖勘验。

(2)物证提取要全面:对所发现的具有关联的物证应全部提取,不能有疏漏。例如,电器插座与插头接触不良发热引起的火灾,就必须在提取时将所有部件找全,以观察其故障点留下的对应痕迹,这样的物证才具有完整的证明作用。

(3)物证提取要细致:对微小物证提取时要特别谨慎,应用洁净的小镊子钳取。对纤维、粉尘和碎屑等要轻拿轻放,切忌使用硬质纸张进行包装,最好是包在大小适宜的软质白纸内或单独盛装在无色或浅色的塑料小盒或小瓶内。对于特别细小和极易失落的残渣和碎屑,如整流器内的熔珠、灯泡玻璃碎片上的喷溅熔珠等可用透明胶纸直接粘取,并连同部分载体一并提取。对于怀疑是放火工具或用品的物证,不要随意碰触,避免留下手印和擦掉上面原有的手印,应戴上手套或垫上干净的纸拿其边缘处提取。

(4)提取的物证要备份:在条件许可的情况下,对于需要鉴定的物证,在提取时应对同一个部位的同一类物证提取两份,分别包装,一份送检,另一份保存,以备重新鉴定。

2.固态物证的提取方法

常见的固态物证的提取方法主要包括如下几种:

(1)烟熏痕迹的提取方法:烟熏痕迹只是气流附带着的极少量炭粒被吸附在固体表面形成的一层烟灰。在烟熏较厚的情况下,可以用竹片、刀片轻轻地刮取。在烟熏较薄的地方无法刮取时,可用脱脂棉擦取。烟尘和爆炸物烟痕侵入物品内部或附着在玻璃表面时,可将物品全部或部分连烟尘一并提取,提取的样品连同载体(脱脂棉、带有烟痕的物体)一并放入物证袋中密封。

(2)灰烬的提取方法:在提取可燃物燃烧后变成的灰烬时可以直接收集,然后装入物证袋中保存。无须鉴定,只需观察灰烬的外观形貌时,可用喷雾器将胶水喷洒到灰烬的上面,待胶水干燥后,胶水和物证固化在一起就可以整体提取,作为证据。

(3)混凝土的提取方法:取样时,首先判断构件的哪个部位受到了火烧作用,然后在被烧区的严重被烧部位和轻微被烧部位各选一个采样点,每个采样点凿取长宽各5 cm、厚2.5 cm的混凝土块作为检材,装于塑料袋或玻璃瓶内,编号封装。同时,在同一建筑构件上找一未受火灾作用的部位,在上面凿取相同大小的混凝土块作为空白比对样品。

(4)炸药爆炸残留物的提取方法:炸药爆炸残留物主要包括炸药原形物、炸药分解产物、炸药包装物及引爆物残体。炸药原形物及分解产物可以附着在尘土和物体表面,在提取时主要从炸点、抛出物体、包装物残片和爆炸尘土中提取。爆炸尘土易被自然条件破坏,应当在现场未被破坏前提取。提取炸药爆炸残留物尘土的方法有两种:①在炸坑内取样。若为悬空爆炸,可在爆心正对着的地表处提取,先将回填土取出包装,再将坑壁土层铲下一定数量包装。若炸点为极硬的介质,如钢板、水泥等,可先将炸点处的灰尘、碎块提取包装后再用丙酮棉球擦拭炸点表面,擦拭3~4次,并将棉球全部装入塑料袋,与先前提取的尘土、碎块一起作为炸点的样本。②在外围取样。自炸点开始,沿着爆炸冲击波方向向外围依次提取物体表面或地面的浮土。应把取样点的表面尘土提取完全,并把上层坚硬的土壤刮下一层,共同装入一个袋内,同时按距离远近编号记录。距离差别越小,对炸药量的估算值越准确。为使实验技术人员能对物证进行正确的评价,对爆炸残留物取样时,要同时在同一现场或者是现场附近,提取附近地面上去掉表面层的土样作为空白样品进行比对,使鉴定结果更真实。炸药包装物及引爆物或引爆装置如铁盒、布袋、瓶罐、绳索、电池、金属连接线、计时开关、遥控接收装置、导火索和雷管等是判断人为爆炸或自然事故的重要证据,它们的残片散落面广,在提取时应扩大提取的范围。

(5)自燃火灾物证的提取方法:稻草、麦草和烟叶等植物堆垛发生自燃的火灾现场,在堆垛内部能发现明显的不同程度的炭结块,从起火部位的中心处向周围延伸呈炭化、霉烂、原物的状态,颜色呈黑色、黄色和不变色的层次。应在各个层次分别提取一部分作为物证。低自燃点物质如磷、还原铁粉和三乙基铝等一旦发生自燃火灾,几乎会将自燃物质全部烧光。在勘验此类火灾现场时,除要仔细寻找残留的低自燃点物质外,还要提取燃烧产物作为样品送检,以确定是否为低自燃点物质。其他自燃物质如硝酸纤维素(旧称“硝化棉”)和浸润着动植物油的纤维等发生自燃时,要注意提取未燃烧的自燃物质,以便检验其燃烧特性和理化性质,如找不到未燃烧的自燃物质,则要仔细寻找未烧尽的残留物送检。

(6)导线火灾物证的提取方法:电气线路故障引起的火灾,往往使铜铝甚至钢铁及合金金属等出现熔化现象。如导线短路,会在短路点处出现熔化面、熔珠和凹坑状熔痕。导线过载一般无熔痕,但在过载时间略长的高温作用下,导线表面会出现小结疤状熔痕。如果漏电点是金属,则该处也可能会有熔坑出现。接触电阻过大产生的过热也会在接触处留下熔痕,这种熔痕主要发生在导线与导线的连接处、导线与设备的连接处、插头与插座的接插部位以及导线与开关接线端的连接处(包括接线柱、接线螺钉等)。因此,带有上述熔痕的导线具有物证的价值。在现场寻找导线熔痕时,坍塌的瓦砾往往会掩埋部分导线,提取时不能向外用力拉扯导线,以免使某些熔痕受损或丢失。可将带有短路痕迹的电线剪下,按两根电线或几根电线原来的相互位置固定在硬纸板上,并在附近的地面上尽量寻找喷溅的熔珠。对电器闸刀及其他开关，最好连其固定的底板一并取下，并保持原来开关的位置；闸刀或开关上的电线不要拆下，应用钳子将它们剪断，使线头留在开关上。

提取电气痕迹、物品应按照以下方法和要求进行：a.采用非过热切割方法提取检材。b.提取金属短路熔痕时应注意查找对应点，在距离熔痕10 cm处截取。如果导体、金属构件等不足10 cm，应整体提取。c.提取导体接触不良痕迹时，应重点检查电线、电缆接头处、铜铝接头、电气设备、仪表、接线盒和插头、插座等并按有关要求提取。d.提取短路迸溅熔痕时采用筛选法和水洗法，提取时注意查看金属构件、导线表面上的熔珠。e.提取金属熔融痕迹时应对其所在位置和有关情况进行说明。f.提取绝缘放电痕迹时应将导体和绝缘层一并提取，绝缘已经炭化的尽量完整提取。g.提取过负荷痕迹，应在靠近火场边缘截取未被火烧的导线2～5 m。

较常见的几种物证提取方法如下：

①导线短路物证。一定要认真调查与勘验，核实短路点起火前所处的位置。即便是从起火点提取的短路物证，也要查对一下该物证在起火前是否就位于此处，这是因为房屋的倒塌、扑救火灾时破拆和抢救财物等易使物证错位。如经核实在起火点原来没有导线经过，证明是从别处掉过来的，就不能作为物证提取。同时，也要注意有些人怕受到追究，将物证扔到别处的可能性。怀疑导线与起火有关时，要尽量按导线原有长度找全，不要遗漏。②过负荷的线路物证。电线过负荷起火所留的痕迹有时还表现在导线的接头处，尤其是铝线的接头处，其温度往往比导线本身更高，以致将接头处缠的胶布烧成焦糊状，如果这些接头后来未被火烧，可作为物证提取，并验证其电阻大小。若在导线上找不到上述物证而又认定火灾是由过负荷引起的，应找到该过负荷的线路，取一段未受到火烧或火灾热作用的导线作为物证，如通往邻近房间、配电箱处或位于建筑外墙的导线。将位于上述位置的导线，在尽量靠近火场火源处截取一段长2～5 m的导线，作为物证提取。③漏电线路物证。提取漏电线路物证时，首先，要观察起火点附近有无导线，导线绝缘程度如何，过去是否发生过切割、挤压、高温劣化、腐蚀、水浸或化学污染等情况；附近电气系统的分布及线路敷设情况，是否出现过故障，如熔丝爆断、灯光闪烁、灯的亮度降低、有人触电和麻电等；起火点附近可燃物的性质、数量及分布情况，有无被点燃的可能。然后，查找漏电痕迹，该痕迹通常表现在钢铁结构上。钢铁结构的熔点很高，一旦形成漏电痕迹，就很难再被火场中的高温破坏。首先观察钢铁结构有无被电弧烧蚀的点状表面、孔洞，然后再进行提取。④接触不良物证。对于熔点低的铝来说，在火势较大、温度较高的情况下有可能被烧掉而不复存在。但铜、铁制品特别是铁钉一类，则常常能被保留下来。由接触不良引起的起火位置，大多发生在电线接头和电线与接线端子连接的地方。经勘验确定起火点之后，应进一步查找线路、设备、配电箱、开关、插头和插座等接头处，如有熔化痕迹，可作为物证提取，提取部位如下：电线电缆的接头处，特别是铜铝导线接头处；配电箱开关接线端子处；仪器、设备上接头处；接线盒、插头和插座处。

(7)家用电器具的提取方法：一旦家用电器具内部发生短路、过热等，就可能引起火灾。提取这类物证时，无论家用电器具烧毁程度如何，都要在记录和拍照后提取。提取时，要十分小心地将电源线、内部零件和外壳等一件不少地全部包装并送检。若被烧电器具残缺不全，要尽量地将其碎片、残骸收集送检。如提取电炉、电熨斗一类的电热器具时，除本体外，还要将该电器具的电源线及插头、插座等全部找到，尤其是靠近电源线的电热丝，因为电热丝的短路多发生在这个部位。

①普通白炽灯。首先，要检查灯泡所处的位置与起火点是否一致。其次，要查明灯泡的功率、安装方式、点燃时间、与可燃物之间的距离，以及可燃物的易燃程度、蓄热能力、室内温度和通风条件等。查明起火前处于该线路上的其他灯泡有何异常。从起火点提取普通白炽灯的残骸以及玻璃壳的碎片时，要力求完整。要将灯座、灯头和芯柱等找到，玻璃碎片不一定要找全。在现场，有时会因灭火与抢救物资将灯泡移位，使其离开原安装位置，如在起火点处找不到物证，可以以起火点为中心扩大范围去找。②电热毯。由电热毯引起的火灾，电热毯本身会被烧炭化，在现场留下一部分相当严重的炭化区，注意要将其全部提取。然后检查电热丝上有无熔痕，这种熔痕常常是以熔珠形态留在电热丝断头处或电源线的断头处。当在电热丝断头处发现熔珠后，应与电热丝一并剪下，作为物证。这种电热丝由于截面很小，在热作用下，一般会被烧蚀变脆折断，不易熔化成熔珠。熔珠大多数是因断头处打火或在燃烧中短路形成的。③电炉。提取电炉物证时，要首先检查电炉是否处于通电状态，主要看电炉的电源线是否与电源开关或插座连接，然后查找电炉本身是否留有可证明电炉在着火前处于通电状态的痕迹。这些痕迹主要表现在电炉的电源线上，因为电炉烤燃附近可燃物后，不可避免地会将电炉的电源线烧着。由于这种线大多数是两股合并或缠绕在一起的软线，火烧以后绝缘层会很快破损而发生短路，短路时将留下圆珠状短路痕迹。此外，还要查找电阻丝是否有断头的地方，检查断头处是否有熔化痕迹，如果有熔痕(多是圆珠状)，则属于电流过大熔化，证明当时处于通电状态。因为电阻丝大多数由铁铬铝合金或镍铬合金组成，熔点较高，一般火场温度不能使它熔化，只有当电阻丝处于通电状态下，再加上外火作用或落到电阻丝上的金属物体造成电阻丝短路，电流增大，才会使电阻丝在比较薄弱的一点熔断。同时，应检查电炉与电源线的连接处有无短路熔痕和电弧烧蚀的痕迹。④小型变压器。首先，要从残存的燃烧痕迹上判定变压器是否为从内往外燃烧。然后，将变压器拆开，观察其被烧状况，如有可疑点，则将变压器取下进行仔细检查。先测量线圈之间、线圈与铁芯之间的绝缘电阻，根据绝缘电阻值判断绝缘层是否被击穿或者被烧坏，再拆除硅钢片，逐层拆开线圈，以判断变压器是内烧还是外烧。有时还可根据漆包线的绝缘漆皮损伤情况做出判断，如果是外层漆皮已经脱掉，内层尚完好，证明是外火所致。有时在拆除硅钢片后，根据线圈端面不同层的变色情况和烧损程度就能看出是内烧还是外烧。线圈上的短路熔痕有时可能出现在外层，有时同时出现在线圈里层或里外层。⑤电烙铁。首先，要找使用者来确认电烙铁在火灾前所处的准确位置。同时，要检查电烙铁的电源线是否与插座及开关相连接，开关处于什么状态。然后，再检查电源线上是否有短路熔痕、电烙铁的铜头是否有熔化痕迹、电阻丝是否熔断以及云母绝缘层被烧的状况等。要将这些部件作为物证提取，供进一步鉴定使用。在起火点的范围内如果有若干电烙铁，则在标记好各自的位置后，全部予以提取。⑥电吹风机。电吹风机主要由电机、扇叶和电热元件构成，通过电机

旋转带动扇叶，将电热元件产生的热量送出，实现烘干和整理毛发的目的。起火原因多为使用不当、引燃了可燃物质。调查中，应要求使用者来确认电吹风机在火灾前所处的准确位置，要检查电吹风机的电源线是否与插座及开关相连接及开关的状态。现场不能直接查找到物证时，应通过火灾现场勘验确认起火部位、起火点，并在起火点处查找电器残骸。对火灾较轻、塑料外壳熔化包裹电气线路与开关难以判断时，可以将电器残骸整体提取，通过X光机查看线路熔痕及开关的状态；燃烧比较彻底甚至已经解体的电吹风机，可以通过水洗筛选的办法，在燃烧残留物中查找电气线路和用于固定电阻丝的“云母片”，检查电气线路是否有短路熔痕、电热元件过热状况以及云母绝缘层被烧状况。⑦日光灯镇流器。在整个火灾过程中，镇流器会被严重烧坏，它的铁壳、线圈和硅钢片等仍然会完整无缺地保留下来。按照通常的规律，引发火灾的镇流器内部被烧严重，沥青几乎全部溢出和烧尽，而被烧的镇流器外部烧得重，内部烧得轻，可以作为物证提取。提取后将外壳卸开，如果是因线圈内部过热引起的火灾，在线圈漆包线的熔断处会留下熔痕，通常会有很多熔珠。镇流器没有通电使用时，无论外火情况如何也不会出现这种迹象，但为准确起见，可以将熔痕从漆包线上剪下，进行金相鉴别。

（二）液态物证的提取要求和方法

1.液态物证的提取要求

提取易燃液体痕迹、物品应在起火点及其周围进行，提取的点数和数量应足够，同时应在远离起火点部位提取适量比对检材，按照以下提取方法和要求进行：①提取地面检材采用砸取或截取方法。水泥、地砖、木地板、复合材料等地面可以砸取或将留有流淌和爆裂痕迹的部分进行切割。各种地板的接缝处应重点提取，泥土地面可直接铲取；提取地毯等地面装饰物时，要将被烧形成的孔洞内边缘部分剪取。②门窗玻璃、金属物体、建筑物内、外墙、顶棚上附着的烟尘，可以用脱脂棉直接擦取或铲取。③燃烧残留物，木制品，尸体裸露的皮肤、毛发、衣物和放火犯罪嫌疑人的毛发、衣物甚至烧伤脱落的皮肤等可以直接提取。④严重炭化的木材、建筑物面层被烧脱落后裸露部位附着的烟尘不予提取。⑤按照《火灾技术鉴定物证提取方法》规定的数量提取检材。炭灰及地面每点不少于250 g，烟尘每点不少于0.1 g，毛发每点不少于1 g，衣物每点不少于200 g，指甲可以剪掉的部分全部提取。

2.液态物证的提取方法

(1)对于浸润在地板、泥土、砖瓦、纤维、木材中的液态物证，要连同这些物体一并提取，密封送检。

(2)对于火灾现场中放火犯罪嫌疑人使用过的盛装引燃液体（如汽油、煤油和酒精等）的容器，无论有无残留引燃液体，都要将此容器小心提取，并要防止泄漏和挥发。

(3)对于较大容器内的液态物证，为保证提取的样品有代表性，可用移液管吸取上、中、下三层的样品分别盛装，并对容器内底部的沉淀物和内壁的附着物进行观察、记录和提取。从容器外壳底部阀门处取样时，应先将容器底部的液体放出一部分，借以冲洗掉液体出口处的污垢，然后取样。

(4)对于漂浮在水面上的液态物证，可用吸耳球吸取上层水样或用脱脂棉蘸取上层水样。流淌到地板表面的液体可用脱脂棉、滤纸等擦拭。

(5)如果盛装液体的容器发生爆炸,当需要对容器内液体进行检验时,就要提取容器内的残留物,并寻找带有容器内液体喷溅痕迹的物体,记录其形态、颜色、黏度、数量和种类等,然后取样送检。

(6)如果怀疑是盛装放火液体的器具时,要特别慎重对待,除不要碰破外,还应避免留下自己的手印和擦掉上面原有的手印,应戴上手套或垫上干净的纸拿其尖棱处提取并妥善保存。

(三)气态物证的提取要求和方法

1.气态物证的提取要求

提取气态物证时,要根据火灾现场温度、压力、风向、破坏情况和生产工艺等具体情况及气态物证的物理化学性质确定提取位置。要选择具有代表性的提取点,以减少采样盲目性,达到提取点少、提取准确的目的。

(1)根据密度提取:①密度比空气大的气态物证易聚集在低洼区域,对这种气体要在靠近地面的位置提取。②密度比空气小的气态物证易聚集在房间的最高处或天花板下面,对这种气体要在较高的位置提取。

(2)根据气源位置提取:①管道中的气体泄漏爆炸后,有时泄漏弥散到空气中的气体不容易提取,而管道中往往还会残留一些气体。此时用气体取样微量装置吸取管道中的空气具有良好的效果。②管道井、管道沟中泄漏的气体往往会积聚在管道井或管道沟的死角中,在这些部位可以提取到有关的气体成分。③由于气体具有一定的流动性,某一个部位泄漏或产生的气体,可以通过土壤、建筑缝隙等向四周传播。这些位置的气体在爆炸或火灾中往往不会受到破坏,从而具备提取的价值。提取时可以直接提取土壤,密封包装,也可以用气体取样器抽取缝隙中的空气。

2.气态物证的提取方法

提取气态物证时要根据气态物证在空气中的存在状态、浓度以及所用分析方法的灵敏度来选择不同的方法。气态物证的提取方法可分为两大类:

(1)吸收管提取法:吸收管提取法是将大量的现场气体通过液体吸收剂和固体吸收剂,将气体中的被测物质吸收或阻留,并使原来气体中浓度很小的被测物质得到浓缩的采集方法。采集气溶胶物证用固体吸收剂吸收法,采集气态和蒸气态物证用吸收液吸收法。这种方法根据空气中被测物的浓度和检测方法的灵敏度来决定采集空气量。所用仪器主要有真空采样器、气泡吸收管、多孔玻板吸收管、滤纸采样夹和滤膜采样夹等。①气泡吸收管法:采集气态物证时,将吸收液装入吸管中,使空气经过吸收管中的吸收液,被测物质与吸收液反应溶于吸收液中,即将被测物质浓集。吸收液一般为水、水溶液和有机溶剂,要针对不同的被测物质选择不同的吸收液。②多孔玻板吸收管法:将多孔性或表面粗糙的固体颗粒装到采样管中,抽取含被测物质的空气,由于固体颗粒吸附剂的比表面积大,吸附作用强,从而将被测物质吸附后送检。多孔玻板吸收管中的固体颗粒主要为活性炭颗粒。③滤纸、滤膜取样法:将滤纸、滤膜等纤维状吸附剂装到滤纸采样夹或滤膜采样夹中,使空气通过滤纸或滤膜,利用气溶胶颗粒的惯性碰撞和纤维的钩状效应、纤维和粒子之间的静电吸引力，将颗粒阻留。此法主要适用于提取粉尘等。

(2)直接采集法：空气中被测物质浓度较高或测定方法灵敏度较高时，只需提取少量的空气。此时可将空气直接提取，提取的方法有真空瓶采气法、置换采气法、静电沉降法和气囊采样法等。这些方法也适用于提取不易被液体吸收或被固体吸附的气态物质。①真空瓶采气法：将不大于1 L的玻璃瓶抽成真空，在取样时打开活塞，被测气体会立即充满瓶中，然后将瓶密封。②置换采气法：将采样器(如采样瓶、采气管等)连接到抽气泵上，使之通过比容器容积大6～10倍的空气，以便将采样器中原有的空气完全置换出来。也可将不与被测物质起反应的液体，如水、食盐水注满采样器，采样时放掉液体，被测空气即充满采样器。③静电沉降法：常用于气溶胶物质的提取。将空气样品通过12000～20000V电压的电场，在电场中，气体分子电离所产生的离子附着在气溶胶粒子上，使粒子带负电荷，此带电粒子在电场的作用下就沉降到收集电极上，将收集电极表面沉降的物质洗下，即可进行分析。此法的采样效率高、速度快，但仪器装置及维护的要求较高，在易燃易爆性气体、蒸气或粉尘存在时不能使用。④气囊采样法：首先通过折叠、挤压的方法，将气囊中的空气赶出，然后再用注射器抽取被测气体并注入气囊中。该法因简单、实用、成本低，是目前最常用的方法。

五、火灾痕迹、物品提取清单的格式和填写要求

火灾痕迹、物品提取清单是消防救援机构对火灾现场勘验中提取的痕迹、物品的名称、数量、特征等进行记录时所使用的文书。在提取物证之前应当做好记录，包括文字、测量数据、照片等，按程序填写火灾痕迹、物品提取清单，由提取人和见证人签名。清单中“编号”栏一律使用阿拉伯数字填写，按材料、物品的排列顺序从1开始逐次填写；“名称”栏填写材料、物品的名称；“数量”栏填写材料、物品的数量，使用阿拉伯数字填写；“特征”栏填写物品的品牌、型号、颜色、新旧、规格等特点。表格多余部分应当用斜对角线划去。

六、送检物证时应做的工作

送检物证时应注意：所提取的各种物证，应经过火灾现场勘验人员的初步鉴别、鉴定，并依法予以固定、提取，才能收集为物证。

提取的检材在送鉴定机构鉴定前应进行审查。根据检材的特性，重点审查以下几个方面：①检材是否为原始物品，是否与火灾事实有联系，有无证明力等；②提取检材的方法、程序是否合法；③检材是否因自然因素或提取、固定方法不科学而发生变化或因当事人故意伪造、破坏等而发生变化；④提取检材的时间、地点是否准确。

采集到的需要分析鉴定的火灾物证送交鉴定单位检验鉴定时，送检的单位应出具委托公函，写明送检样品名称、数量、检验项目、检验目的和要求。送检人最好参加过现场勘验或对案情比较熟悉，由送检人向鉴定人员介绍案情和物证提取过程。要求将物证尽快送鉴定机构进行鉴定的，可以由相关人员亲自送递，也可以邮寄或托运。

七、证据的审查

消防救援机构应当对证据进行审查，进行全面、客观和公正的分析判断，审查证据的合法性、客观性、关联性，判断证据的证明力。

（一）合法性的审查

合法性应从以下几个方面进行审查：①证据是否符合法定形式；②证据的取得是否符合法律、法规、规章和司法解释的要求；③影响证据合法性的其他因素。

（二）客观性的审查

客观性应从以下几个方面进行审查：①证据形成的原因和发现、收集证据时的客观环境；②证据是否为原件，复制件与原件是否相符；③提供证据的人或者证人与当事人是否具有利害关系；④影响证据客观性的其他因素。

（三）关联性的审查

关联性应从以下几个方面进行审查：①证据的证明对象是否与案件事实有内在联系，以及关联程度；②证据证明的事实对案件主要情节和案件性质的影响程度；③证据之间是否互相印证，形成证据链。

消防救援机构出具文书时，其中所列证据应当写明证据名称。为保护证人，对外使用的文书中，证人证言可以不写明证人姓名。下列证据材料不能作为定案的根据：①以非法手段取得的证据；②被进行技术处理而无法辨明真伪的证据材料；③不能正确表达意志的证人提供的证言；④不具备合法性和真实性的其他证据材料。

第七节　物证鉴定和现场实验

一、物证鉴定

（一）火灾物证鉴定方法

常用的火灾物证鉴定方法包括：①一般理化性质检验，常用方法包括红外光谱法（infrared spectroscopy，IR）、原子吸收法（atomic absorption，AA）、X荧光法等；②易燃液体助燃剂鉴定，常用方法包括紫外分光光谱法（ultraviolet spectrophotometry，UV）、薄层色谱法（thin layer chromatography，TLC）、气相色谱法（gas chromatography，GC）、高效液相色谱法（high performance liquid chromatography，HPLC）和气相色谱-质谱法（gas chromatography-mass spectrometry，GC-MS）等；③电气物证鉴定法；④热稳定性测定，常用方法包括差热分析法（differential thermal analysis，DTA）和差示扫描量热法（differential scanning calorimeter，DSC），以及闪点、燃点和自燃点参数测定法；⑤其他物质燃烧性能测定，包括可燃气体爆炸极限、石油产品燃烧热、可燃粉尘燃烧或爆炸性能、纺织品燃烧性能、塑料燃烧性能、软垫家具燃烧性能、铺地材料或地毯可燃性、建筑材料燃烧特性测定以及材料产烟毒性评价等采用的方法。

1. **直观鉴定方法**

直观鉴定法是火灾事故调查人员根据自己的日常生活知识、工作经验等，用感官（眼睛、鼻子等）对物证进行鉴别的方法。直观鉴定法适用于判断比较简单的物体，如电熔痕和火烧熔痕等。

2. **电气火灾物证的鉴定方法**

目前，国内通用的电气火灾物证鉴定方法主要包括宏观分析、微观形貌分析、成分分析、金相分析、热分析、失效分析、剩磁检测和模拟实验等。还有针对不同电气火灾物证的专项鉴定分析技术，如灯泡火灾鉴定、电线过载火灾鉴定、电熨斗火灾鉴定、胶盖闸刀开关火灾鉴定、电动机火灾鉴定以及接触电阻过大引起的火灾鉴定、日光灯镇流器火灾鉴定、电炉火灾鉴定、小型变压器火灾鉴定和电热毯火灾鉴定等，从不同角度提出了宏观与微观相结合的具体鉴定方法。

（1）成分分析：成分分析是对电气火灾物证中的金属熔化痕迹进行组成元素、成分的定性、定量分析的方法，主要利用的仪器设备有X射线能谱仪、俄歇电子能谱仪和电子探针等。

（2）宏观分析：宏观分析是指利用肉眼或简单仪器完成的外观形态特征的分析判断。导线熔痕宏观鉴别法主要是依据导线熔痕的宏观状态，初步判定熔痕的熔化性质，即是由短路形成还是由火烧形成。一般是先初步鉴别，然后再进行金相分析，最后得出确切结论。宏观分析以及通过视频显微镜进行外观形态特征分析的应用相当广泛，几乎所有的电气火灾物证都需要进行宏观上的初步判断，有时它能起到非常重要的作用。

（3）热分析：热分析主要采用热重法（thermogravimetry，TG）、差热分析法（DTA）和差示扫描量热法（DSC）三种方法，其应用范围较宽，主要适用于对金属、高分子化合物等物质进行测试，测定的内容主要有反应热、比热容、熔点、结晶热及质量变化。对于电气火灾物证来说，应用较多的是测熔点和相变点等。在火灾分析过程中，该方法可以起到一种辅助证明作用。

（4）调查实验、模拟实验和现场实验：调查实验是指为了证实在特定情况下某一事件能否发生，可以按照在调查火灾起火原因时推断的一种或几种情况进行现场模拟实验，以证明判断正确与否，特别是在复杂疑难的现场，几种原因交织在一起，在起火点处发现的可疑物证，不能充分证明起火原因事实时，为了证明物证的真实性，要做模拟实验，便于认定起火原因。

模拟实验是指在电气火灾模拟实验装置内进行的火灾原因再现性的实验。通过模拟起火部位（起火点）的环境条件（包括温度、湿度、风向等），在指定的电流、电压下，进行电气线路、电气设备能否引燃可燃物实验，以实验结果作为确定能否起火的参考依据。模拟实验不仅是检验火灾现场痕迹物证的手段，也是验证起火原因及相关证言真实性的方法。

现场实验是为了证实火灾在某些外部条件、一定时间内能否发生或证实与火灾发生有关的某一事实是否存在的再现性实验。

(5)剩磁法:①剩磁法的应用原理。剩磁检测适用于因电气线路、电气设备等发生短路或雷击引起的火灾。剩磁法是一种在无短路熔痕或雷击痕迹的情况下,利用特斯拉计(剩磁测试仪),对选定的铁磁材料进行剩磁检测,鉴别线路是否发生过短路以及是否有雷电流经过的方法。它主要依据短路异常大电流所产生的磁场,对导线附近铁磁性物质磁化后留有剩磁的原理,根据剩磁量的大小、被磁化的规律性、相同物体磁化情况的比较,再结合现场实际,经过综合分析,最后确定火灾是否由电气线路短路或雷电引起。②剩磁检测的材料范围。a.检测导线附近的铁丝、铁钉一类的铁磁性材料,如将导线绑扎在瓷瓶上的铁绑线、固定木槽板的铁钉、日光灯电源线与垂直下来的吊链、固定乱接乱拉电线用的铁丝或铁钉、导线附近存放的各种铁磁性材料或构件等。b.检测穿线铁管。c.检测拉线开关内铁质弹簧等铁磁性材料。d.检测灯具的铁质部分或日光灯的垂吊铁质拉链及镇流器外壳。e.检测配电箱,如铁壳配电箱上的铁板、螺丝、铁钉和折页等。f.检测人字房架上的金属拉筋以及钉在房架上的铁钉、瓷瓶或电线上的铁绑线等。g.检测有电流通过的电气线路或电气设备附近的杂散铁磁性材料、构件等。h.检测雷击火灾现场中的一切铁磁性材料。③铁磁性材料。到目前为止,仅有铁、钴、镍和钆元素在室温以上是铁磁性,极低温度下,铽、镝、钬、铒和铥是铁磁性的。常见铁磁性材料的居里温度(当温度很高时,由于无规则热运动的增强,磁性会消失,这个临界温度叫居里温度)为:铁768 ℃,钴1070 ℃,镍376 ℃,钆20 ℃。

(6)金相分析:①定义。金相分析是电气火灾物证鉴定最常用的技术手段之一,根据金属学原理和金属热处理原理,利用金相显微镜对火灾现场残留物中的金属材料进行显微组织特征的观察分析,判断该金属材料所选定部位在火灾现场中所受的"热处理"状态以及残留痕迹的断裂、熔化性质。金相分析法主要是根据电热作用所形成熔痕的金相组织和受火灾高温作用所形成熔痕的金相组织不同的原理,按照不同的金相组织特征确定熔痕的熔化性质。②在火灾原因鉴定中的应用。金相分析法不仅可用于鉴别铜铝材质导线火灾前电热作用形成的熔痕、火烧后电热作用形成的熔痕、火烧熔痕和其他形式的断痕性质等,鉴别其他金属材质的断痕是电热作用形成还是其他作用形成,也可以分析推断金属材料在火灾现场中的受热程度等,鉴定短路、过电流、接触电阻过大、漏电熔痕,还可以对电熨斗、电炉、电热毯、线圈、开关和插接件等火灾熔痕作出鉴定。

(7)微观形貌分析:①定义。微观形貌分析是利用扫描电子显微镜,对火灾现场残留物的痕迹进行检验、观察和分析,根据其微观形貌特征,鉴别火灾现场中残留物的熔化性质和形成原因。对电气火灾物证的微观形貌分析是利用扫描电子显微镜观察分析熔痕表面微区的形貌,根据其呈现的微观形貌特征,判断熔痕或痕迹形成的性质,为认定火灾原因提供科学依据。②在火灾原因鉴定中的应用。将扫描电子显微镜应用到火灾物证技术鉴定工作中的原因有两个:一是扫描电子显微镜的最低放大倍率仅有几倍,能对较大的区域进行全面观察;二是可以把细微部分放大到20000倍以上来进行深入的研究,从而可对火灾现场中残留物的痕迹进行观察和分析,根据其微观形貌特征,鉴别火灾现场中痕迹物证的熔化性质和形成原因。对于物证痕迹检验工作来说,微观形貌分析的最大特点是能够对极微小的样品进行形态观察,放大倍数连续可调,可高达数万倍,景深大,图像清晰，而且不破坏检材痕迹就可直接对样品的微观形貌进行观察分析，对于不便制取金相样品的微小痕迹、喷溅痕迹、断口痕迹等的检验具有较大的作用。

3.易燃液体助燃剂的鉴定方法

目前，对火灾现场残留物样品中是否存在常见易燃液体助燃剂以及燃烧残留物的鉴定方法有：①薄层色谱法（TLC）；②紫外分光光谱法（UV）；③红外光谱法（IR）；④毛细管气相色谱法（GC）；⑤高效液相色谱法（HPLC）；⑥气相色谱-质谱法（GC-MS）。多种鉴定方法联合使用、相互补充，可使鉴定结果更准确可靠。

4.热不稳定性物质的鉴定方法

测定热不稳定性物质的方法有热分析法和自燃着火的模拟实验方法。

5.死因鉴定和人身伤害医学鉴定、检验鉴定

消防救援机构根据需要可委托公安机关鉴定机构开展伤情鉴定，公安机关鉴定机构应当及时出具伤情鉴定意见。有人员死亡的火灾，公安机关应当开展尸体检验，出具尸体检验鉴定文书，确定死亡原因。消防救援机构应当发挥对火灾现场燃烧特点、痕迹物证的鉴识优势，对需要深入鉴定检验的痕迹物证，及时取证固定，由具有鉴定资质的机构检验鉴定；公安机关刑事科学技术部门应利用痕迹、法医学、理化、DNA、图像等专业优势，开展微量物证、可燃物、助燃物等痕迹物证检验鉴定。

（1）尸体检验：公安机关刑事科学技术部门应当出具尸体检验鉴定文书，确定死亡原因。尸体检验一般包括尸表检验、解剖检验，以及心血碳氧血红蛋白饱和度，肝、胃内容物检验等理化检验。

（2）伤情鉴定：卫生行政主管部门许可的医疗机构具有执业资格的医生出具的诊断证明，可以作为消防救援机构认定人身伤害程度的依据。但是，具有下列情形之一的，应当由法医进行伤情鉴定：①受伤程度较重，可能构成重伤的；②火灾受伤人员要求做鉴定的；③当事人对伤害程度有争议的；④其他应当进行鉴定的情形。

（二）火灾物证鉴定结论的证明作用

火灾物证鉴定具有多样性和复杂性，不同的火灾鉴定方法也不同，此处只介绍电气火灾物证鉴定。鉴定机构出具的鉴定结论，除了针对铜铝导线、接线端子、线圈绕组、插接件以及其他金属熔痕等，给出电热熔痕、火灾前电热熔痕、火灾后电热熔痕、接触处局部过热熔痕、短路熔痕、一次短路熔痕、二次短路熔痕、火烧熔痕外，有时针对如电熨斗的底板和前后螺栓、饮水机金属外壳、电热水瓶的金属外壳、电饭锅的金属内外壁、控温元器件以及其他电气火灾物证等，还需要给出受热程度的对比关系、具体熔点数据、是否处于带电状态等以及根据火灾的实际鉴定需要，给出某些电气火灾物证的宏观分析结论，这部分有可能不能通过仪器分析得出，但是对鉴定结论具有十分重要的作用。

1.电热熔痕的证明作用

（1）证明带电状态：电热熔痕即电热作用形成的熔化痕迹。电热熔痕不仅适用于铜铝导线熔痕，更适用于接插件熔痕、动静触片熔痕、接线端子熔痕和其他金属熔痕等。它可证明这个熔化痕迹形成时线路或设备处于带电状态。

（2）证明有异常电流或电弧的存在：熔化痕迹形成时曾有如短路、漏电、过载、过电压、接触不良等产生的异常电流或电弧等，证明该痕迹物证曾经发生过电气故障。

(3)证明有引发火灾的可能性：对于导线熔痕，较少使用电热熔痕结论，一般都为一次短路熔痕或二次短路熔痕。但有些情况下，比如电气线路可能发生漏电搭铁情况或外热作用，使电气线路绝缘破坏造成搭铁，当痕迹特征的区分不是很明显或者只需证明电气线路处于带电状态时，可以只给出电热熔痕，这样就需要火灾事故调查人员根据实际情况判断使用。着重提及的事项是接点由于故障(线路原发性故障和火灾诱发性故障)产生的大电流，短时作用也会形成接点电热作用熔化痕迹，这种情况有时会发生，但较少见。对于这类痕迹，主要根据火灾蔓延方向、燃烧规律和火流方向，缩小起火点的范围，并通过检查接点所带的负荷工作状态和线路情况等现场认定或排除接点过热引起火灾的可能性。

(4)证明是引起火灾时形成的物证：目前，大多将电热作用形成的熔化痕迹定义为电热熔痕，只有在鉴定分析中显微特征较为明显，特别是与现场痕迹特征相吻合时，才出具火灾前电热熔痕结论。对于由接触不良引起的火灾，往往在接点处留下电热作用熔化痕迹，对痕迹的鉴别是认定接触不良火灾的主要技术依据。然而，就其痕迹形成原理来看，一方面是由接触不良如收缩电阻或膜电阻过大以及松动、振动等形成；另一方面是由于接点的超容量使用，长期小范围过电流形成，这种接触故障往往形成时间较长，并伴有恶性循环，容易引起火灾，这种情况出具的电热熔痕结论绝大部分可以理解为火灾前电热熔痕或接触处局部过热熔痕。同时，通过现场调查可以排除该物证在火灾发生前存在以及其他原因引起火灾的可能，这样就可以证明该熔痕是引起火灾时形成的物证。

2.一次短路熔痕的证明作用

(1)证明电气线路发生了短路故障：该痕迹物证的形成是由于发生了短路故障。

(2)证明熔痕形成时在一定区域内处于非火灾环境(自然环境)中：该痕迹物证所呈现的宏观或微观特征，可以显示出熔痕形成时处于一定区域内的非火灾环境(自然环境)中，这里说的一定区域可大可小，大到所处的整个空间，小到所处的很小的局部空间。

(3)证明痕迹形成时产生了较高的热量：发生短路时释放的热量会使导线出现熔化和结晶过程。

(4)证明可能是引发火灾时形成的物证：经现场调查证实，在火灾发生前一段时间内，电气线路或设备是否发生过故障或发生故障后是否已经维修好，是否将故障残留物遗留在起火部位或起火点处。同时，证实火灾发生前电气线路是否有异常情况，包括烟雾、气味、声光、电压波动等，如电气绝缘烧损伴随着较强的刺激味道，线路发生短路时有一定的声响和弧光等，这样就可以证明该物证是引起火灾时形成的物证。还应注意是否有利用电气设施进行纵火的可能性，通过电气设施短路纵火是人为地使不等电位的带电导体发生短路引燃可燃物起火，这要通过查清起火点处是否留有可疑物品、是否有助燃剂的存在以及其他调查询问相关材料来综合确定。

(5)证明有引起火灾的可能：如果长距离悬挂带电导体，如架空线等在已着火情况下被烧断后，又在重力拉动下使其电源侧线路向支撑点方向移位而脱离最先着火部位，这时发生对地或其他金属短路，则痕迹鉴定结果表现为一次短路熔痕特征。应查清整个线路有无短缺,痕迹发生的具体位置,与搭接地面或金属物质的痕迹是否重合,痕迹下面有无可疑物品等,这种情况下大多会给出短路熔痕的鉴定结论。否则,有可能会影响起火原因认定的准确性。对于瞬间多点短路,电气回路有时因高压或过流,会发生沿电源方向移动的多点短路,引起火灾的短路点不一定发生在供电线路末端,也就是第一次短路的位置,这与火灾现场中电气线路沿线周围可燃物的情况有关。

3.二次短路熔痕的证明作用

(1)证明电气线路处于带电状态并且发生了短路:该痕迹物证可证明在火焰或高温作用下电气线路因绝缘破坏发生了诱发性短路。

(2)证明熔痕形成时处于火灾环境气氛中或较高温度分布区域:该痕迹物证所呈现的宏观或微观特征,可以显示出熔痕形成时处于火灾环境气氛中或较高温度区域。

(3)证明产生了较高的能量:发生短路时释放的热量和高温共同作用会使导线出现熔化和凝固过程。

(4)排除电气火灾的可能性:在起火原因的认定过程中,如鉴定结论为二次短路熔痕,又找不到其他电气熔化痕迹,大多数可以排除电气火灾的可能性。

(5)证明电气火灾的可能性:①证明电热器具和照明器具的电源线在起火前处于带电状态,具有烤燃可燃物的可能性;②证明电磁式电气设备如变压器、镇流器、接触器等的绕组(线圈)发生了匝间或层间短路,这时的短路熔痕应为线圈(绕组)故障形成的电热熔痕,用以区分火烧短路即二次短路痕迹。

4.火烧熔痕的证明作用

火烧熔痕的证明作用有:①证明痕迹形成时线路或设备处于非带电状态;②排除电气火灾的可能性。

5.其他结论的证明作用

在实际火灾物证鉴定工作中,也经常会遇到怀疑某些用电器具如电饭锅、热水器、饮水机、电熨斗、电吹风等可能引起火灾的案例,但在火灾现场调查过程中既没有任何口供,也没有在与其相连的电源线上发现熔化痕迹等,这时需要根据实际情况制定火灾物证鉴定实验的方案,应用综合技术分析手段,选取特定部位进行诸如受温程度的对比分析等,得出其在火灾前是否处于通电状态等结论,从而证明该物证有引起火灾的可能性,为最终认定电气火灾提供重要的技术支持。

(三)痕迹分析在火灾鉴定中的应用

痕迹分析在火灾鉴定中具有重要的作用,下面以断口分析为例介绍其在火灾鉴定中的应用。断口是断裂失效中两断裂分离面的简称。由于断口真实地记录了裂纹由萌生、扩展直至失稳断裂全过程的各种与断裂有关的信息,因此,断口上的各种断裂信息是断裂力学、断裂化学和断裂物理等诸多内外因素综合作用的结果。对断口进行定性和定量分析,可为断裂失效模式的确定提供有力的依据,为断裂失效原因的诊断提供线索。

1.断口宏观分析技术和方法

断口宏观分析可为断口的微观分析和其他分析工作指明方向,是断裂失效分析中的关键环节。其主要任务是:判断断口的基本特征、变形情况和裂纹的宏观走向;确定断裂的类型和方式,为断裂失效模式诊断提供依据;寻找断裂起源区和断裂扩展方向;估算断裂失效应力集中的程度和名义应力的高低(疲劳断口);观察断裂源区有无宏观缺陷等。

2.断口微观分析技术和方法

断口的微观分析包括微观形貌分析和微区成分及结构分析。具体内容有:断口周围的塑性变形大小或有无;断口的边缘锐利情况;断口与零件形状或应力集中的情况;断口各特征形貌面积的比例;断口与晶面和晶向之间的关系;断口与晶界的关系;断口与显微组织的关系;断裂源区的情况;断口的化学成分或杂质环境元素的分布情况;断口上二次裂纹的有无或多少及分布情况。

3.断口定量诊断技术和方法

在断口失效分析中,有时不仅需要对断口进行定性诊断,而且需要对断口进行定量分析,以推断材料性能及导致断裂失效的一些基本参数。同时,断口的定量分析也可为确定零件的安全寿命与检修周期提供科学依据。断口的定性诊断是定量分析的前提,而定量分析则是断口定性分析的深入和发展。金属断口的定量分析主要包括断口表面的成分、结构和形貌特征等定量参数的描述和表征。

二、现场实验

(一)现场实验的作用

1.验证其他证据

火灾事故调查的过程是多种证据相互印证、相互补充的过程,完整的证据体系是火灾事故调查的重要依据。调查实验中所获得的信息资料可以验证如下几种证据的准确性:

(1)验证火灾现场勘验中发现和提取的物证是否准确,验证火灾现场中痕迹的形成机理和证明效力。现场勘验时,各种因素的复杂性使得火灾事故调查人员难以解释有些痕迹的形成原因和形成机理,导致对痕迹理解、解释和运用存在偏差。通过调查实验可以验证这些痕迹物证是否证明了火灾蔓延的方向,提取的物证是否具有证明起火原因的作用。

(2)验证证人证言是否准确、真实。调查询问中获得的证人证言由于各种原因存在着误导或不明确的可能,通过调查实验,可以验证证人证言是否准确,是否符合火灾的真实本质。

(3)验证物证鉴定的结果。受鉴定人员的知识水平、鉴定方法和仪器设备状况等因素的影响,鉴定结果会存在一定的偏差。通过调查实验,可以验证鉴定结果是否符合火灾现场的实际,对于正确运用鉴定结果有重要的作用。

2.提供调查方向

在火灾事故调查的过程中,调查人员需要经常对获得的各种证据和信息进行分析和判断,以修订调查思路和调查方向。通过调查实验获得的信息,不但可以验证各种证据的真实性和可靠性,还能进一步明确调查的方向。当调查实验的结果和其他证据发生矛盾时,火灾事故调查人员必然要进行深入、细致的分析、研究和判断,找出产生矛盾的原因。当确定是其他工作环节出现问题时,可以及时纠正,避免错误的进一步发展。当对现场某种现象形成的原因和过程一时难以作出判断时,可利用调查实验查明形成某种现象的真正原因和过程,并正确判定起火原因。

3.增强直观认识

火灾事故调查人员在火场勘验中对火灾痕迹的认识仅仅是日常实际工作经验的积累,是靠自身分析和主观判断得出的结论,因此带有很大的局限性和片面性,对特殊痕迹特征不能有深刻和准确的认识,往往对同一个痕迹,不同的人会有不同的理解和解释。通过调查实验,可以比较真实和直观地表现火灾从发生、发展到扩大的历程,使人有身临其境的感受。这有助于提高火灾事故调查人员对火灾现场痕迹的理解,提高起火原因认定的准确性。

4.坚定认定信心

虽然火灾事故调查实验只是一种火场近似场景的表现,不是完全再现真实的过程,但通过多次重复实验,可以发现火灾的燃烧特征,找出产生火灾的最大可能性和概率特点,从而增强调查人员认定或排除某种火灾因素的信心和决心,提高火灾事故调查的效率。

(二)现场实验可验证的内容

现场实验报告的内容,可以作为分析案情的依据和原因认定的参考。

现场实验可用来辅助验证如下内容:某种引火源能否引燃某种可燃物;某种可燃物、易燃物在一定条件下燃烧所留下的某种痕迹;某种可燃物、易燃物的燃烧特征;某一位置能否看到或听到某种情形或声音;当事人在某一条件下能否完成某一行为;一定时间内,能否完成某一行为;其他与火灾有关的事实。

(三)现场实验的要求

(1)实验应尽量选择在与火灾发生时的环境、光线、温度、湿度、风向、风速等条件相似的场所。

(2)现场实验应尽量使用与被验证的引火源、起火物相同的物品。

(3)实验现场应封闭并采取安全防护措施,禁止无关人员进入。实验结束后,应及时清理实验现场。

(4)现场实验应由两名或两名以上火灾事故调查人员进行。

(5)现场实验应当照相或录像,制作现场实验报告并由实验人员签字。现场实验报告应当载明下列事项:①实验的目的;②实验时间、地点、参加人员;③实验的环境、气象条件;④实验使用的仪器、设备或者物品;⑤实验过程;⑥实验结果;⑦其他与现场实验有关的事项。

第八节　火灾原因认定中的分析、方法及内容

一、火灾原因认定中的分析

（一）现场分析

1.现场分析的内容

现场分析的内容主要包括：①有无放火嫌疑；②火灾损失、火灾类别、火灾性质、火灾名称；③报警时间、起火时间、起火部位、起火点、起火原因；④下一步调查方向、需要排查的线索、调查的重点对象和重点问题；⑤是否复勘现场；⑥提出是否聘请专家协助调查的意见；⑦现场处理意见；⑧火灾责任人；⑨其他需要分析、认定的问题。

2.现场分析的要求

现场分析的要求主要包括：①现场分析可以根据调查需要按阶段、分步骤或者随机进行，由火灾现场勘验负责人根据调查需要决定并主持；②现场分析时，火灾现场勘验人员交换现场勘验和调查询问情况，将收集的证据和线索逐一进行筛选，排除无关、虚假证据和线索，通过分析认定火灾的主要事实；③现场分析应做好记录。

3.现场分析的方法

现场分析的方法包括对火灾事实、证据进行分析判断的逻辑方法和对火灾事实的证明方法。

（1）逻辑方法：火灾事故调查人员在判断证据或认定火灾事实的时候，经常会用到比较、分析、综合、假设和推理等逻辑方法。上述逻辑方法在现场火灾分析中具有很重要的作用。这些方法既可单独运用又可综合运用，既可在随机分析中运用又可在结论分析中运用。火灾事故调查人员应当根据实际情况，灵活运用逻辑方法判断证据或认定火灾事实。

（2）对火灾事实的证明方法：现场火灾分析就是运用火灾事故调查中收集的各种证据证明火灾事实。

（二）逻辑分析

按照火灾事故调查工作的进程，起火原因分析的基本步骤包括随机分析、阶段分析和结论分析，主要围绕认定起火原因的基本要素，通过比较、假设、推理等逻辑方法进行分析，逐步查明火灾事实。

1.随机分析

在火灾事故调查过程中，要随时对收集的证据信息进行分析，主要是对现场痕迹、物品特征与火灾发生、蔓延的关系以及言词证据的真实性和完整性进行分析研究。

2.阶段分析

在火灾事故调查过程中，调查勘验负责人要根据情况定期召开由全体火灾调查人员

参加的分析会，汇总前一阶段火灾现场勘验和调查询问的情况，厘清思路，确定下一步调查方向。阶段分析通常是调查较大或疑难火灾事故工作时使用的一种方法。

3.结论分析

在调查询问和现场勘验基本完成后，要对调查收集的证据材料进行全面分析，判断这些证据材料组成的证据体系是否能充分证明火灾的主要事实，并判定起火原因各个要素的认定是否达到"火灾事实清楚，证据确实充分，依据法律认定"的证明要求。

二、火灾原因认定中的分析方法

（一）比较法

比较法是认识客观事物特征的一种重要方法，是根据一定的标准，把彼此有某种联系的事物加以对照，经过分析、判断，然后得出结论。

1.比较法的应用对象

比较的目的就是认识比较对象之间的相同点和不同点。比较既可以在同类对象之间进行，也可以在不同对象之间进行，还可以在同一对象的不同方面、不同部位之间进行。在火灾现场勘验中，常常对现场中不同部位或不同部位上的痕迹物证进行比较，对同一物体的不同部位进行比较，对现场中存在的普遍现象与特殊现象进行比较，从而发现火灾蔓延方向、起火部位和起火点的位置等。

2.比较法的内容

(1)判断火灾蔓延方向时的比较：找出火灾现场中同类痕迹及其相同点和不同点或同一物体上不同部位燃烧痕迹的不同点；从垂直空间和水平空间内找出各部分痕迹物证的相同点、不同点。通过各种燃烧痕迹的比较，推断火灾蔓延方向，进而判定起火点。比较法在判定物体燃烧痕迹的特征时具有特殊的作用，物体燃烧痕迹的特征是通过比较而显示出来的。

(2)言词证据之间的比较：如通过证人证言与当事人陈述之间的比较、印证，可以判断证人证言、当事人陈述的真实性。

(3)言词证据与实物证据之间的比较：现场的物证可靠性较高，通过证人证言、当事人陈述与物证的比较、印证，可以判断证人证言、当事人陈述的真实性。

3.使用比较法应注意的问题

(1)选准比较因子：只有具有比较意义和条件的双方，才能确立为比较对象，切不可把无任何共性的两种或多种事物和现象随意加以比较。一般要符合如下比较的基本条件：①同类不同种的现象和规律的比较；②非同类事物的比较，该类比较属于借比；③本质特征相同或相反的现象和规律的比较。

(2)灵活综合应用：比较法是相互联系、纵横交错的，作用是多方面的。

(3)遵循一定原则：运用比较法时，应遵循从已知到未知、由近及远、由具体到抽象的原则。

(二)分析法

1.分析法的定义

所谓“分析”,就是将被研究的对象分解为各个部分、方面、属性、因素和层次,并分别加以考察的认识活动。

2.现场火灾分析中常用的分析方法

(1)定性分析:定性分析是确定研究对象具有某种性质的分析方法。定性分析主要解决“是与否”的问题。例如,现场火灾分析中常对起火点是否有易燃液体进行确定,并不需要明确易燃液体含量的多少,只需确定“有”或“没有”。

(2)定量分析:定量分析是确定研究对象各种成分数量的分析方法,主要是为了解决量的多少的问题。例如,火灾前现场有可燃气体存在,就要定量分析气体的浓度,以确定该浓度是否达到爆炸极限;火灾前现场进行过某种操作可能产生静电,就要定量分析静电火花的能量,以确定静电火花的能量能否引燃现场的可燃气体、蒸气。

(3)因果分析:因果分析是确定某种原因与结果之间关系的分析方法,主要解决引发某一结果的原因问题。

(4)可逆分析:可逆是指事物的运动变化过程具有倒返性,也就是平常所说的互为因果关系。可逆分析是指对作为结果的某一现象又可能反过来作为原因的情况进行分析的方法。

(5)系统分析:系统分析是指将由起火时间、起火点、起火物和引火源等火灾要素组成的火灾事实作为一个系统,对系统内的各要素分别进行研究、考察的分析方法。

(三)假设法

火灾事故调查过程中的假设是对未知的火灾事实的推测。现场火灾分析可以根据调查事实对某些痕迹物证形成的原因作出假设,也可以对火灾性质进行假设或对可能的起火原因进行假设等。

进行假设时应当注意的问题如下:①假设必须以事实为依据。进行假设时要以火灾事故调查中获取的客观事实为依据,任何无中生有的假设都是没有意义的。②基于同类火灾现场的共性,火灾事故调查人员可以根据实践经验、科学原理和生活常识等提出合理的假设。③假设是对未知事实的推测,不是结论。假设只是为火灾事故调查中收集证据的方向服务的。假设必须在收集到证据予以验证后,才能成为结论。④现场火灾分析中既要提出假设、分析假设,又要修正假设、否定或肯定假设。假设不是最终结论,原来的假设可能在收集了新的证据后被证明是错误的,则应在新的证据的基础上提出新的假设。

(四)推理法

1.推理法的定义

推理是从已知推断未知、从结果推断原因的思维过程。例如,根据燃烧痕迹推断火灾蔓延方向,根据火灾蔓延方向推断起火点等,都是推理的思维过程。推理过程的中间环节依赖于科学原理和实践经验,如根据燃烧痕迹推断火灾蔓延方向是依赖热能传播的基本理论。

2.现场火灾分析中常用的推理方法

(1)排除法:在现场火灾分析中,排除法就是根据客观存在的可能性,先提出所有可能的、互相排斥的假设,然后运用所掌握的证据逐一进行排除,最后剩下的一个假设即是最终认定的结论。

(2)归纳法:归纳法是由特殊到一般的推理方法。在现场火灾分析中,归纳推理是十分有效的推理方法,如在火灾事故调查中,火灾事故调查人员询问了若干证人,现场证人均指证发生火灾时是某一时间,于是就可推断某一时间就是起火时间。这就是利用了归纳推理的方法。

(3)演绎法:演绎法是由一般到特殊、由一般原理到个别结论的推理方法。例如,根据认定电气火灾应具备的条件,认定某火灾是不是电气火灾需要查清下列情况:起火点是否有电气线路经过;电气线路是否处于带电状态;经过起火点的电气线路是否发生故障;起火点处的可燃物能否被电气故障的热源引燃等。当这一系列情况逐一得到证实后,就可以认定某火灾是电气火灾。

(4)类比推理法:类比推理法是一种从个别到个别或从特殊到特殊的推理方法,就是从两个或两类事物某些属性的相似或相异点出发,根据其中某个或某类事物有或没有某一属性,进而推出另一个或另一类事物也有或没有某一属性的思维过程。如经过科学实验,证实一次短路电熔痕具有某种特征,若在火灾现场提取的电熔痕也具有这种特征,则可推断该电熔痕是一次短路造成的。

三、火灾原因认定中的内容

(一)火灾性质

火灾性质是从火灾中人的因素对火灾发生的影响和区分火灾责任的角度出发,对火灾的划分。根据火灾性质的不同,可以将火灾分为放火、失火和意外火灾。不同性质的火灾,其社会危害性不同,参与调查的主体、调查的法律依据及处理方法也不同。同时,认定火灾性质也是确定调查方向和火灾处理的基础。

1.放火嫌疑的认定

放火是故意以放火烧毁公私财物的方法危害公共安全和人身安全的行为。与其他火灾相比,放火不仅有“人为”因素,而且是一种“故意”行为。对疑似放火的火灾,公安机关和消防救援机构应当共同调查,开展现场勘验、调查询问、物证提取、检验鉴定、起火原因分析等工作。对调查后排除放火嫌疑的火灾,公安机关应当出具排除放火嫌疑的书面调查意见;调查后共同确定涉嫌放火犯罪的火灾,消防救援机构应当将案件移送公安机关。

在调查火灾事故过程中发现下列情形,可以认定为放火嫌疑案件:①现场尸体有非火灾致死特征的;②现场有来源不明的引火源、起火物或者有迹象表明用于放火的器具、容器、登高工具等物品的;③建筑物门窗、外墙有非施救或者逃生人员所为的破坏、攀爬痕迹的;④起火前物品被翻动、移动或者被盗的;⑤起火点位置奇特或者非故意不可能造成两个以上起火点的；⑥监控录像等记录有可疑人员活动的；⑦同一地区相似火灾重复发生或者都与同一人有关系的；⑧起火点地面留有来源不明的易燃液体燃烧痕迹的；⑨起火部位或者起火点未曾存放易燃液体等助燃剂，火灾发生后检测出其成分的；⑩其他非人为不可能引起火灾的。火灾发生前受害人收到恐吓信件、接到恐吓电话，经过线索排查不能排除放火嫌疑的，也可以作为认定放火嫌疑案件的根据。

2.意外火灾的认定

意外火灾又称“自然火灾”，是指人类无法预料和抗拒的原因造成的火灾，如雷击、暴风、地震和干旱等原因引起的火灾或次生火灾。火灾事故调查人员可以根据发生火灾时的天气等自然情况、火灾周围地区群众的反映、现场遗留的有关物证进行认定。如雷击火灾，不仅有雷声、闪电等现象，通常还会在建筑物、构筑物、电杆和树木等凸出物体上留下痕迹，如雷击痕迹、金属熔化痕迹等，有时雷击火灾还会有直接的目击证人。

除自然因素外，意外火灾还包括在研究实验新产品、新工艺过程中因人们认识水平的限制而引发的火灾，如新材料合成实验过程中引发的火灾等。

3.失火的认定

失火是指火灾责任人非主观故意造成的火灾，非主观故意是指火灾的发生并不是责任人所期望的，有时责任人本身也是火灾的受害者。失火是除放火和意外火灾外的所有的火灾，在火灾总数中占绝大部分。非主观故意主要表现为人的疏忽大意和过失行为。

（二）起火特征

1.阴燃起火的特征

物质燃烧不充分，发烟量大，在现场往往能够形成浓重的烟熏痕迹；起火点处经历了长时间的阴燃受热过程，容易形成以起火点为中心的炭化区；阴燃物质会产生烟气或者是水分蒸发而产生白色烟气，有的物质阴燃时会产生一些味道。

2.明火引燃的特征

可燃物燃烧比较完全，发烟量比较少；火灾现场中起火部位周围的物体受热时间差别不大，物质的烧毁程度相对均匀；容易产生明显的蔓延痕迹。

3.爆炸起火的特征

由于能量释放，爆炸起火往往伴随着爆炸的声音，同时迅速形成猛烈的火势；由于冲击波的破坏作用，常常导致设备和建筑物被摧毁，产生破损、坍塌等，其现场破坏程度比一般火灾更严重；爆炸中心处的破坏程度较重，容易形成明显的爆炸中心。

（三）起火时间

起火时间是根据最早发现可燃物发烟或者发光时间，向前推断认定的时间概数；用某一时刻加“左右”或者“许”表示，也可以用时间段表示。认定起火时间应当根据火灾现场的痕迹特征、燃烧特征、引火源种类、起火物类别、助燃物、引燃和燃烧条件等各种因素综合分析认定。

认定起火时间主要有以下依据：①最先发现烟、火的人提供的时间；②起火部位钟表停摆时间；③用火设施点火时间；④电热设备通电时间；⑤用电设备、器具出现异常时间，如电钟表、路由器、监控计时设备在电源断开时会记录断电（用电异常）时间；⑥发生供电异常时间和停电、恢复供电时间,智能电能计量系统的用电数据记录;⑦火灾自动报警系统、联动装置和生产装置、设备监控记录的时间;⑧视频资料显示的时间;⑨可燃物燃烧速度;⑩其他记录与起火有关的现象并显示时间的信息。

(四)起火部位或起火点

起火部位、起火点是诸多表明火势蔓延方向的痕迹起点的汇聚部位。认定起火部位、起火点应当根据火灾现场痕迹和证人证言,综合分析可燃物种类、分布、现场通风情况、火灾扑救、气象条件等对各种痕迹形成的影响;证人证言应当与火灾现场痕迹证明的信息相互印证。

1.判定起火部位或者起火点的根据

①物体受热面;②物体被烧轻重程度;③烟熏、燃烧痕迹指向;④烟熏痕迹和各种燃烧图痕;⑤炭化、灰化痕迹;⑥物体倒塌掉落痕迹;⑦金属变形、变色、熔化痕迹及非金属变色、脱落、熔化痕迹;⑧尸体位置、姿势和烧损程度、部位;⑨证人证言;⑩火灾自动报警、自动灭火系统和电气保护装置的动作顺序;⑪视频监控系统、手机和其他设备拍摄的视频资料;⑫其他证明起火部位、起火点的信息。

2.分析认定起火点的基本原则

①没有认定起火点或者起火部位的,不能认定起火原因。②认定引火源和起火物应当同时具备下列条件:引火源和起火物在起火点或者起火部位,引火源足以引燃起火物,起火部位或者起火点具有火势蔓延条件。

3.分析认定起火点应注意的问题

(1)认真分析烧毁严重的原因:现场烧得重的部位一般应为起火点,这符合火灾发生和发展的一般规律,但是不能把烧得重的部位都看作起火点。火灾过程中,局部烧得重不仅取决于燃烧时间的长短、温度的高低,局部烧毁情况的影响因素很多,在分析起火点时,应该全面分析这一部位烧毁严重的原因及影响因素,以得出正确的结论。一般应注意分析以下问题:①可燃物的种类和分布。在火灾中,可燃物的种类和分布直接影响现场的烧毁程度。如果可燃物的着火点比较低或者说可燃物比较易燃,在火灾中就容易被引燃且燃烧比较充分,其所在部位烧毁就比较严重,甚至超过起火点。同样,如果可燃物分布不均匀,起火点处的可燃物较少,而其他部位可燃物多,在火灾过程中经过燃烧后,无疑是可燃物多的部位烧毁严重。另外,如果现场存在燃气系统,当火灾造成燃气管道或储罐泄漏时,可在泄漏部位形成扩散燃烧甚至爆炸,并引燃其周围可燃物,造成这一部位烧毁严重。②现场的通风情况。由于火灾中会消耗大量的氧气,需要补充新鲜空气,因此现场的通风情况会直接影响可燃物的燃烧。如果起火点处于通风不畅的部位,氧气供给困难,则物质燃烧不充分;而处于通风口部位时,因不断有新鲜空气进入,使物质的燃烧速度加快,则该部位的烧毁程度可能比起火点还严重。③火灾扑救次序。灭火行为实际就是干预火灾蔓延的行为。先行扑救的部位,燃烧被终止,相对于扑救晚的部位来说,其燃烧时间较短,烧毁较轻。因此,在询问火灾扑救人员时,应查明火灾扑救顺序。④气象条件。火灾时的气象条件,特别是风力和风向会影响火势的蔓延,同时也会影响现场的烧毁程度。如果在火灾中发生了风向转变,则可能带来蔓延方向的转变。在分析现场烧毁情况时，应该注意这一因素。

(2)分析起火点的数量：火灾是一种偶发的小概率事件，一般火灾只有一个起火点，这也在实践中得到了证实。但是一些特殊火灾，由于受燃烧条件、人为因素以及一些其他客观因素的影响，有时也会形成多个起火点。因此，调查人员在分析认定起火点时绝不能一成不变地对待现场，要具体问题具体分析。一般易形成多个起火点的火灾有放火、电气线路过负荷火灾、自燃火灾、飞火引起的火灾等。

(3)分析起火点的位置：虽然火灾的发生有一定的规律性，但是具体到每一起火灾，火灾的发生就没有特定的地点。只要起火条件具备的地方都有可能发生火灾，所以起火点的位置也没有特定的地点。就建筑物起火而言，起火点可能在地面，也可能在天棚上，也可能在空间任何高度的位置上出现。当没有在地面、天棚上找到起火点时，要特别注意空间部位的可能性。有些起火点也可能在设备、堆垛等的内部，因此起火点的位置既要从物体的外部寻找，也要注意从物体的内部寻找。

(4)起火点、引火源和起火物应互相验证：初步认定的起火点、引火源和起火物，应与起火时现场影响起火的因素和火灾后的火灾现场特征进行对比验证，找出它们之间内在的规律和联系，并重点研究分析燃烧由起火点处向周围蔓延的各种类型的痕迹，看其是否与现场实际总体蔓延的方向一致，起火物与引火源作用而起火的条件是否与现场的条件相一致等，避免认定错误。只要认定起火点的证据充分，即使是一时在起火点处找不到引火源的证据，也不要轻易否定起火点，应把工作的重点放在寻找引火源的证据上。例如，热辐射和热传导形式传播热能而引起的火灾，有时起火点和引火源之间就有一定的距离。当金属的某一部位受到高温作用时(如焊接、烘烤金属管道等)，其附近若没有可燃物则不会引起火灾，但是热传导作用能引起距该受热点一定距离处接触金属的可燃物起火，这不易被发现。如果发生在两个互不相通的房间，则更不易被发现。所以，该种类型的引火源，只有通过仔细勘验和分析研究才能找到。一般情况下，弱小火源(如火星、静电火花和烟头等)在起火点处不易找到，但是它们引起火灾的起火点是客观存在的。因此，证据充分的起火点不能因为找不到引火源而被轻易否定。若一起火灾经反复查证，在起火点处及其附近确实找不到引火源的证据，即使一些弱小火源的证据也找不到，就应该重新研究，检查认定起火点的证据是否可靠。

(五)引火源

引火源是指直接引起火灾的火源、热源等，是最初点燃起火点处可燃物质的热能源。任何物质的燃烧，引火源都是一个不可缺少的条件。在火灾事故调查过程中，查清引火源、分析研究引火源与起火物及现场各种影响起火的客观因素的关系，是认定起火原因的重要保证。在火灾事故调查中，只有找到引火源的证据，才能为认定起火原因提供有力依据。

1.引火源的分类

引火源在起火时作用在起火物上，使起火物升温并燃烧。据不完全统计，现在常见的引火源有400多种，随着科学技术和经济的发展，引火源的种类也在不断地增加。常见的引火源如下：①电气设施，如电线、配电盘、变压器、开关、仪表等；②用电器具，如电热器、音像设备、家用电器、焊接设备等;③炉具、炉灶,如普通火炉、柴草炉、木炭炉、露天临时炉灶、锅炉等;④燃气燃油炉具,如液化石油气炉具、煤气炉具、天然气炉、沼气炉、燃油炉具、醇基燃料灶具等;⑤灯具,如白炽灯、高压钠灯、碘钨灯、燃气灯、燃油灯、酒精灯、电石灯等;⑥发热、高温固体,如烟囱、机械轴承、机械加工后的零件、热钢渣、熔融金属等;⑦火种,如柴草火、炭火、香火、火柴、烟头、烟囱火星、焊割火花等;⑧自燃物品,如黄磷、煤、硝酸纤维素、植物油、棉籽皮、金属粉、活性炭等;⑨易燃可燃物品,如油纸、油布、油棉纱、油污品、油浸金属屑等;⑩易复燃物品,如柴草灰、纸灰、煤渣、炭黑、烧过的棉和布、再生橡胶等;⑪易燃易爆危险物品,如炸药、雷管、导火索、烟花爆竹、硝酸、液氯、三氧化铬、高锰酸钾、过氧化物等;⑫自然火源,如雷电、太阳射线等。

2.认定引火源的证据

(1)直接证明引火源的证据:能够直接证明引火源种类的证据,主要是在起火点处发现的火源的残体。通常把放出热能并能引起可燃物着火的物体作为引火源,但是,在火灾过程中这些物体已经被烧毁,所以能证明引火源的直接证据就是其在火灾现场的残体。例如,由电气设备故障引起着火时,在火灾现场中就要找到电源开关、发生短路或过负荷的导线、电热器具等的残体;由雷击引起着火时,就要找到遭雷击烧损的物质、设备、器具及其他电气设备上一切能证明雷击发生的痕迹;由化学物品引起着火时,就要找到化学物质的残留物和反应产物;由机械方面的故障引起着火时,就要找到金属的变色、变形和破损的残体作为证据。除了找到现场的火源证据,还必须有证据证明这个火源是火灾的引火源——包括证明火源状态的证据、作为唯一引火源的证据等。

(2)间接证明引火源的证据:对于有些火源如烟头、火柴杆、飞火火星、静电放电和自燃等,无法取得物证,就需要取得证明引火源引起起火物着火的间接证据。例如,静电放电火灾只能通过查明物质的电阻率、生产操作工艺过程、产生放电的条件、放电场所的爆炸性气态混合物浓度、环境温度、湿度等作为间接证据;吸烟火灾只能通过查明环境温度、空气温度、空气湿度、物质存储方式、物质性质、吸烟的时间、吸烟的地点和吸烟者的习惯等作为间接证据。

3.分析认定引火源的条件和方法

(1)引火源的认定条件:①引火源要能够产生足够的能量,并能够向可燃物传递能量。当传递的能量使可燃物的温度升高到其燃点时,便会将可燃物引燃。即作为引火源的引燃过程必须包括如下三个要素:产生温度、传递温度和升高温度。②引火源的特性与起火方式相吻合。引火源的特性应符合现场起火物的起火方式,当认定的引火源作用到起火物上不能形成现场的起火特征时,不能将其认定为引火源。③有目击证人。如果在起火点处发现证明某种火源存在的证据,而且有证人证明,则可以认定这种火源为引火源。④排除其他火源。认定的火源必须具有唯一性,即排除其他火源引发火灾的可能性。

(2)认定引火源的方法:①直接认定。虽然在火灾过程中作为引火源的物体往往已经被烧毁,但如果在起火点处发现了这些引火源的残留物,就可以直接认定,如发生短路的导线、焊渣、电热器具、燃气具等残留物。②间接认定。对于烟头、火柴杆、飞火火星、自燃物质等火源,无法直接认定,只能通过取得证明引火源引起起火物着火的间接证据认定。

（六）起火物

起火物是指在火灾现场中由于引火源的作用，最先发生燃烧的可燃物。

1.起火物的分类

(1)按起火物的化学组成分类：按化学组成不同，可将起火物分为无机起火物和有机起火物两大类。从数量上讲，绝大多数起火物是有机起火物，少部分为无机起火物。

(2)按起火物起火前的状态分类：按起火前的状态不同，可将起火物分为固态起火物、液态起火物和气态起火物三大类。不同状态的起火物点燃性能是不同的，一般来说气体比较容易点燃，其次是液体，最后是固体。同一状态的物质由于组成不同，其点燃性能也不相同。同一状态的同种物质，由于形态不同，其点燃性能也有区别。木柱用火柴不容易点燃，而木刨花用火柴却比较容易点燃，如果木粉尘遇火柴火焰会立即发生爆炸。

(3)根据火灾事故调查实践分类：根据火灾事故调查实践，起火物分为：①建筑物件、材料，如草屋顶、油毡屋顶、木屋架、沥青、装饰材料等；②家具、电器、设备，如木制家具、床上用品、塑料用品、家用电器、舞台道具、电工器材等；③竹、木制品，如木船、木料、竹制品、棕藤制品等；④易燃、易爆物品，如火药、自燃物品等；⑤农副产品，如柴草、粮食、棉花、饲料、燃料等；⑥轻工产品，如布、化纤、毛织品、纸、塑料、板材等；⑦山林野外易燃物品，如露天可燃物堆垛、荒草、树林、芦苇、庄稼等。

2.认定起火物的条件

(1)起火物必须在起火点处：只有起火点处的可燃物才有可能成为起火物，所以不能在没有确定起火点的情况下，只根据一些可燃物的烧毁程度来分析和认定起火物。

(2)起火物必须与引火源相互验证：引火源和起火物相互作用既然能起火，说明它们相互作用能满足起火条件，即引火源的温度一般应等于或大于起火物的自燃点，引火源提供的能量大于等于起火物的最小点火能(MIE)，起火物浓度在其爆炸极限内。例如，明火几乎可以使所有的可燃物起火或爆炸；静电火花、碰撞火星只可能引燃可燃性气体、蒸气或粉尘，而不能引燃木板或煤块；麦草和铁粉堆垛在条件适宜时能够发生自燃。起火特征为阴燃时，引火源多为火星、烟头和自燃物质等，起火物多为固体物质；起火特征为明火点燃时，起火物多为固体、液体或气体；起火特征为爆燃时，起火物一般应是可燃性气体、液体的蒸气或粉尘与空气的混合物。

(3)起火物一般被烧或破坏程度更严重：一般情况下，起火点或起火部位处可燃物燃烧的时间比较长、温度比较高，所以被烧或破坏程度比其他部位更严重，即起火物被破坏最严重。但也有一些例外，如个别的火灾现场中由于某位置放有比较多的燃烧性能更强的物质，虽然它不在起火部位，但燃烧更猛烈，被烧或破坏程度也更严重。

（七）环境因素

可燃物、氧化剂和温度是燃烧发生的必要条件，且是决定性的因素，起火时火灾现场各种影响起火的因素也对能否起火起着非常重要的作用。

1.氧浓度或其他氧化剂

现场氧浓度的高低直接影响起火物起火的难易及燃烧猛烈程度。在大多数情况下，火灾现场中的氧气浓度(约21%)是保持不变的,但是在氧气厂的某些部位、氧气瓶(管道)泄漏处以及医院高压氧舱内,氧气浓度大大提高,这种环境下的可燃物的自燃点、最小点火能、可燃性液体的闪点和可燃性气体的爆炸下限都将降低,可燃物更容易起火和燃烧。例如:正常情况下烟头只是阴燃,但在氧气厂富氧区,阴燃的烟头可以发出明火;正常情况下铁丝不能被点燃,但在纯氧中,烧红的铁丝可以猛烈燃烧。若危险品仓库储存有强氧化剂高锰酸钾、重铬酸钾和氯等物质,与还原剂混触,就有着火和爆炸的可能。

2.温度和通风条件

现场温度的高低直接影响起火物起火的难易程度及燃烧猛烈程度。现场温度越高,物质的最小点火能越低,起火物越容易起火,自燃物质越容易发生自燃。通风条件好,散热好,现场不易升温,不易起火。但是良好的通风条件有时可以提供充足的氧气,促进燃烧,所以应该根据现场的情况具体分析。

3.保温条件

现场保温条件好,利于起火体系升温,更有利于起火和燃烧。例如,自燃物质的堆垛越大,保温越好,升温越快,越容易发生自燃。

4.湿度或雨、雪情况

如果湿度、温度适宜于植物产品发酵生热,有利于自燃的发生,但是水分太多,不利于升温和保温,也不利于发酵;仓库漏雨、雪,增加了储存物资的湿度,容易引起发酵生热;空气的相对湿度小于30%时,容易导致静电聚集和放电,可能引起静电火灾;煤含有适量的水分时更容易发生自燃。

5.阳光、振动、摩擦和流动情况

阳光的照射有利于物质的升温,一些光敏性的物质易引发化学反应。尤其应注意阳光的热效应,因为油罐、液化石油气罐等在强烈的阳光照射下,其内部温度会升高、蒸气压会升高,爆炸和着火的危险性增大。机械摩擦易生热升温,引起可燃物质起火;振动和摩擦易引起爆炸性的物品(如火药)着火或爆炸;流动和摩擦又容易产生静电,若聚集后放电,有可能引起爆炸性的气体混合物或粉尘发生爆炸。

6.催化剂

现场有某种催化剂存在时,往往会加速着火或爆炸化学反应的进行,例如:酸和碱能加速硝化棉水解反应和氧化反应的进行,更加容易发生自燃事故;适量的水分对黄磷和干性油的自燃有很大的催化作用。

7.气体压力

压力大小对爆炸性气体混合物的性质有重要影响,如果压力增大,则爆炸性的气体混合物自燃点降低、最小点火能降低、爆炸极限范围变大。

8.现场避雷设施、防静电措施

避雷设施如果不能将全部建筑物或设备保护,那么该建筑物或设备就可能遭到雷击;如果避雷设施发生故障,该建筑物或设备也可能遭到雷击。在有易燃易爆气体或液体的场所,防静电措施出问题,就容易聚集静电荷,就有因静电放电引起爆炸的危险性。

（八）起火原因

1.起火原因的认定方法

起火原因的认定方法通常有两种，即直接认定法和间接认定法。

（1）直接认定法：直接认定法就是在现场勘验、调查询问和物证鉴定中所获得的证据比较充分，起火点、起火时间、引火源、起火物与现场影响起火的客观条件相吻合的情况下，直接分析判定起火原因的方法。利用此法认定起火原因前，应该先用演绎推理法进行推理，符合哪种起火原因的认定条件，就判断为哪种起火原因。直接认定法适用于火灾事故调查中获取的证据比较充分的起火原因的认定。

直接认定法由于简便易行，在起火原因的认定中应用得比较广泛。这种方法的运用是在对火灾进行全面调查的情况下进行的，一切都要以调查的证据、事实为依据，要对起火点内的引火源、起火物和影响起火的环境因素有全面的了解，并进行全面分析之后才能进行认定。对火灾现场中的实物直接认定应及时进行，以防时间过长导致实物变性、变色或外观形态发生变化。

（2）间接认定法：如果在现场勘验中无法找到证明引火源的物证，可采用间接认定的方法确定起火原因。所谓“间接认定法”，就是将起火点范围内所有可能引起火灾的引火源依次列出，根据调查到的证据和事实进行分析研究，逐个加以否定排除，最终认定一种能够引起火灾的引火源。这种方法的运用正体现了排除推理法的应用，每一种引火源均可用演绎法进行推理判断。

运用间接认定法的关键：第一步是将起火点处所有可能引起火灾的火源排列出来，这就要求在调查过程中充分发现和了解火灾现场中存在的一些火灾隐患，保证在分析可能原因时没有遗漏；第二步就是依据现场的实际情况，比较假定的起火原因与现场是否吻合，运用科学原理，进行分析推理，找出真正的起火原因。

运用间接认定法时应注意以下问题：①必须将起火点范围内的所有可能引起火灾的火源全部列出（即“选项”必须完全），对每种可能的起火原因分别与现场的调查事实进行比较，逐个排除与现场情况不相符的可能性，在进行否定排除时不能将真正的引火源排除掉。②在运用排除法时，必须对每一种引火源用演绎法进行判断和验证后再决定取舍。③间接认定都是在现场引火源残体已经在火灾中灭失的情况下进行的，所以，现场勘验中获取的其他证据和调查询问证据材料更为重要，应更加注重其他证据材料，如专家意见、调查询问、调查实验、技术鉴定结论等。④最后认定的起火原因，必须在该火灾现场中存在着由该种原因引起火灾的可能性，并且具备起火的客观条件。例如：认定因吸烟引起的火灾时，在存在由于吸烟引起火灾的可能性的情况下，还要查清楚是谁吸的烟；在什么时间吸的烟，相隔多长时间起的火；在什么位置吸的烟，移动范围多大；火柴杆和烟头的处理情况，周围有什么可燃物，这些可燃物有无被烟头引燃的可能性等。如果其中某一条件出现矛盾，则不能轻易认定起火原因。⑤对最终剩下的唯一起火原因要反复验证，验证正确后才能正式认定；一旦发现认定错误，要重新开始认定，并查出问题的所在。

由于火灾的破坏性和火灾现场的复杂性，并不是所有的起火原因都能够被查明。对起火原因无法查清的，应当写明有证据能够排除的起火原因和不能排除的起火原因，不得作出起火原因不明的认定。

2. 认定起火原因的基本要求

起火原因是指引燃起火物的直接、唯一的原因。对起火原因认定总的要求是：认定有据、否定有理，正面能认定、反面推不倒。作出起火原因的认定时，应当有证据证明以下事实：①认定起火时间、起火部位、起火点和起火原因的事实；②证据与证据之间不存在矛盾或者矛盾得以合理排除；③根据证据认定事实的过程符合逻辑和经验规则；④由证据得出的结论为唯一结论。

《火灾原因认定暂行规则》规定：

第二十条　认定起火原因应当首先查明起火方式和燃烧特征，是阴燃起火还是明火燃烧，是起火爆炸还是爆炸起火，是否发生轰燃等。

没有认定起火点或者起火部位的，不能认定起火原因。

第二十一条　认定引火源和起火物应当同时具备下列条件：

（一）引火源和起火物在起火点或者起火部位；

（二）引火源足以引燃起火物；

（三）起火部位或者起火点具有火势蔓延条件。

引火源、起火物可以用实物证据直接证明，也可运用实物以外的证据间接证明。

第二十二条　认定起火原因应当列举所有能够引燃起火物的原因，根据调查获取的证据材料逐个加以否定排除，剩余一个不能排除的作为假定唯一的起火原因。

依据调查获取的证据材料，或者针对假定唯一的起火原因深入调查获取的证据材料，运用科学原理和手段进行分析、验证，证明确定的，即为起火原因。

对起火原因事实清楚，运用证据能够直接证明且确实充分的，可以直接认定。

（九）几类专项火灾

1. 电气类火灾

有证据证明同时具有下列情形的，可以认定为电气类起火：①起火时或者起火前的有效时间内，电气线路、电气设备处于通电状态；②电气线路、电气设备存在短路或者发热痕迹；③起火点或者起火部位存在电气线路、电气设备发热点；④电气线路、电气设备发热点或者电气线路短路点电源侧存在能够被引燃的可燃物质；⑤起火部位或者起火点具有火势蔓延条件。

2. 自燃类火灾

认定为自燃类火灾的，起火点或者起火部位应当存有自燃物质，并具有生热、蓄热条件和阴燃特征。下列特征可以作为认定自燃起火原因的根据：①起火点处存在足够数量的自燃物质；②有升温、冒烟、异味等现象出现；③自燃物质有较重的炭化区、炭化或者焦化结块，炭化程度由内向外逐渐减轻；④起火点处物体烟熏痕迹比较浓重。

3. 静电类火灾

认定静电类火灾时，应当列举所有可能的起火原因并运用证据逐一排除。有证据证明同时具备下列情形并具有轰燃或者爆炸起火特征的，可以认定为静电起火：①具有产生和储存静电的条件；②具有足够的静电电压和放电条件；③放电点周围存在爆炸性混合物；④放电能量足以引燃爆炸性混合物。

4.雷电火灾

认定雷击起火原因时，应当有当地、当时的气象资料证明。下列情形可以作为认定雷击起火原因的根据：①气象部门监测的雷击时间与起火时间接近，具有明火燃烧起火特征；②金属、非金属熔痕、燃烧痕或者其他破坏痕迹明显；③金属、非金属熔痕、燃烧痕和其他破坏痕迹所处位置与起火点吻合；④雷击放电通路附近的铁磁性物质被磁化，可以测出较大剩磁。

5.无焰火源火灾

下列情形可以作为认定为烟蒂、蚊香等无焰火源起火原因的根据：①证人证实起火部位处有人吸烟、使用蚊香等无焰火源，并与起火时间相符；②起火物为纸张、纤维植物等相对疏松物质；③起火点处炭化或者灰化痕迹明显；④有的存在从白色、灰色到黑色的灰化或者炭化过渡区；⑤其他阴燃特征。

第九节　火灾损失统计

一、火灾损失统计的意义

火灾损失统计是消防救援机构总结、分析和研究火灾发生规律、特点的重要依据。

二、火灾损失统计的内容与范围

（一）统计内容

根据《火灾事故调查规定》和《火灾损失统计方法》（XF 185—2014），统计内容为火灾直接经济损失和人员伤亡情况。统计火灾直接经济损失时，应按火灾直接财产损失、火灾现场处置费用和人身伤亡所支出的费用分类统计；伤亡人数应按死亡、重伤和轻伤分别进行统计。

（二）统计范围

《火灾统计管理规定》（公通字〔1996〕82号）第五条规定："所有火灾不论损害大小，都列入火灾统计范围。以下情况也列入火灾统计范围：（一）易燃易爆化学物品燃烧爆炸引起的火灾；（二）破坏性试验中引起非实验体的燃烧；（三）机电设备因内部故障导致外部明火燃烧或者由此引起其他物件的燃烧；（四）车辆、船舶、飞机以及其他交通工具的燃烧（飞机因飞行事故而导致本身燃烧的除外），或者由此引起其他物件的燃烧。"《公安部关于对交通事故火灾如何进行统计有关问题的批复》（公交管〔1998〕249号）中明确指出：机动车在静止状态下燃烧或因电气、供油系统故障，司乘人员在车内使用明火不慎，违法携带易燃、易爆等危险物品乘车，外界明火引燃车辆以及交通事故现场处置过程中引燃车辆外泄燃油、载物，导致燃烧的，不属于交通事故统计范围，应按火灾统计。

三、火灾损失统计申报和表格要求

(一)申报

受损单位和个人应当于火灾扑灭之日起7日内向火灾发生地的县级消防救援机构如实申报火灾直接财产损失，并附有效证明材料。消防救援机构应当根据受损单位和个人的申报、依法设立的价格鉴证机构出具的火灾直接财产损失鉴定意见以及调查核实情况，按照有关规定，对火灾直接经济损失和人员伤亡进行如实统计。

(二)表格要求

(1)“火灾直接财产损失申报统计表”是火灾受损单位或个人向消防救援机构申报火灾直接财产损失，消防救援机构对申报损失进行统计时所使用的文书。受损单位或个人填写并签名或盖章后向消防救援机构申报；消防救援机构按有关规定进行统计并填写，并由统计人、审批人分别签名。本表附卷，不送达当事人。

(2)“火灾损失统计表”是消防救援机构对火灾直接财产损失以及人员伤亡情况进行统计汇总时所使用的文书。“建构筑物及装修损失”和“设备及其他财产损失”栏填写“火灾直接财产损失申报统计表”中的统计结果。“文物建筑损失”栏按有关规定统计。“直接经济损失统计”处的“直接财产损失”栏为各项“损失合计”的总和，使用大写数字填写。“人员伤亡情况”以检验鉴定机构出具的尸体检验、人身伤害医学鉴定、诊断证明为准。本表附卷，不送达当事人。

四、火灾损失统计的注意事项

(一)要区分火灾宏观统计方法与火灾微观统计方法

火灾宏观统计方法，即火灾统计，是指消防救援机构运用定量、定性统计分析的方法，调查和研究火灾损失、规律、特征的一项行政执法活动。火灾微观统计方法，即统计火灾损失，是指消防救援机构根据火灾受损单位或个人的申报和调查核实情况，按照国家有关火灾损失统计规定对火灾直接经济损失和人员伤亡情况进行的数据核实、统计活动。统计火灾损失是火灾统计最基本的要求，也是火灾统计工作的最基本特征之一。

(二)火灾损失统计过程中要处理和把握的几点

(1)如果受损单位和个人不按规定申报，消防救援机构应当根据火灾现场调查和核实情况，进行火灾损失统计。

(2)依法设立的价格鉴证机构出具的火灾直接经济损失鉴定结论，可以作为消防救援机构统计火灾直接经济损失的依据。

(3)受损单位和个人因民事赔偿或保险理赔等需要火灾直接经济损失的，可以自行收集有关火灾直接经济损失证据或者委托依法设立的鉴定机构对火灾直接经济损失进行鉴定。

(4)办理刑事犯罪案件需要火灾直接经济损失数额的，应当委托政府价格主管部门设立的价格鉴证机构进行鉴定,以其出具的鉴定结论作为刑事案件立案依据。消防救援机构对火灾损失数额的统计结果只作为内部火灾统计数据使用。火灾当事人需要火灾直接经济损失证据的,可以委托依法设立的价格评估机构等进行价格鉴定。

(三)价格鉴证机构开展损失鉴定的规定及审查注意事项

1.价格鉴证机构开展损失鉴定的规定

(1)下列能出具法律效力鉴定文本的部门或具有法定资质的社会中介是可接受的:地方政府价格主管部门设立的价格认证机构;文物主管部门设立的文物鉴定机构;建设主管部门设立的房屋质量安全鉴定检测机构;园林主管部门设立的园林工程预算机构;依法设立的伤残鉴定机构;古玩珠宝评估机构;会计师事务所、律师事务所;保险公司;各类保险公估机构等。

(2)应采信具有法律效力的数据,如安全生产、应急救援等调查机构、执法部门提供的火灾人身伤亡所支出的费用;医疗机构提供的医疗费、延长医疗天数;民政部门提供的丧葬及抚恤费、补助及救济费;依法设立的价格认证机构出具的火灾直接财产损失数据等。

2.审查注意事项

对受损单位和个人提供的由价格鉴证机构出具的鉴定意见,消防救援机构应当审查下列事项:①鉴证机构、鉴证人是否具有资质、资格;②鉴证机构、鉴证人是否盖章签名;③鉴定意见依据是否充分;④鉴定是否存在其他影响鉴定意见正确性的情形。对符合规定的鉴定意见,可以接受、采信;对不符合规定的鉴定意见,不予采信。

(四)火灾直接财产损失的计算方法

统计火灾直接财产损失时,可根据现场损失物情况划分不同单元,选择相应的统计技术方法进行计算。对损失价值相对较小的或统计成本大于损失的或杂乱零散无法区分的损失物,可不分类别、不分件数进行总体估算。对文物建筑、珍贵文物、国家保护动植物、私人珍藏品等真伪鉴别难度较大、损失价值计算较难的以及社会影响大的火灾,可组织专家组或委托专业部门对其损失进行评估;亦可用文字描述的方式统计损失物的名称、类型、数量等。

财产损失计算中的价格取值原则:对实行政府定价(包括工程定额)的商品、货物或其他财产,按政府定价计算;对实行政府指导价的商品、货物或其他财产,按照规定的基准价及其浮动幅度确定价格;对实行市场调节价的商品、货物或其他财产,参照同类物品市场中间价格计算;对生产领域中的物品,如成品、半成品、原材料等,按成本取值;对流通领域中的商品,按进货价取值;对使用领域中的物品,按市场价取值。对无法统计的损失物可不做损失价值统计或仅做文字、图片描述,如火灾湮灭的物品或因火灾烧损、烟熏、砸压、水渍等作用致使损失物无法辨认等。《火灾损失统计方法》未列入的财产类别,其损失可参照类似财产统计。

损失物识别的方法有直观判定、证据推定、现场核对、同类比对、最大量判别、案例比照。

火灾损失统计技术方法及选择原则:有充足的财产损失申报材料支持的宜选择调查

验证法；低值易耗品、家庭物品等损失宜选择总量估算法统计；房屋装修、汽车等损失宜选择修复价值法；消防装备损失宜选择修复价值法，其他现场处置费宜选择实际价值法；建筑构件、设备设施及装置、城市绿化等损失宜选择重置价值法；产品商品类损失宜选择成本-残值法；贵重物品、图书期刊、农村堆垛等损失宜选择市值-残值法；文物建筑损失宜选择文物建筑重建价值法。

（五）烧损率的评价方法和财产折旧年限

重置价值法适用于计算建筑构件、房屋装修、设备设施及装置（包括储罐）、汽车、城市绿化以及家庭中家电家具等物品损失。重置价值法的计算公式如下：

$$L_r = V_r \times R_r \times R_d$$

式中，L_r为损失额；V_r为重置价值，即重新建造或重新购置财产所需的全部费用；R_r为成新率，反映灾前建筑、设备等财产的新旧程度，即灾前财产的现行价值与其全新状态重置价值的比率；R_d为烧损率，即财产在火灾中直接被烧毁、烧损、烟熏、砸压、辐射、爆炸以及在灭火抢险中因破拆、水渍、碰撞等所造成的外观、结构、使用功能、精确度等损伤的程度，用百分比（%）表示。

重置价值（V_r）的确定方法如下：对于在用建筑，其重置价值是受灾时该建筑在当地重新建造的每平方米工程造价与受灾面积的乘积；在建建筑，其重置价值是受灾时该建筑已经投入的每平方米工程造价与受灾面积的乘积；房屋装修重置价值按当地失火时实际投工投料的现行市场价格计算；设备设施及装置（包括储罐）和家电家具等物品的重置价值按当地当时相同商品的市场购置价格取值；市场没有相同商品的，按相类似商品的市场购置价格取值；在市场上找不到相同或相类似的商品的，重置价值取其原值；城市绿化重置价值按当地当时城市绿化工程预算计算。在计算城市绿化类损失时，只计算被损坏的绿化部分的重置价值，其成新率和烧损率的取值均为1。

成新率（R_r）的计算公式如下：

$$R_r = k(L_t - Y_u)/L_t \times 100\%$$

式中，L_t为总使用年限（建筑和设备的总使用年限可分别参考表1-1和表1-2）；Y_u为已使用年限；k为调整系数，通常取1，带“*”的物品按表取值。调整系数的取值如下：使用在0.5年内（含0.5年）的，取1；使用在0.5～3年（含3年）的，取0.9；使用在3年以上的，取1。

表1-1　建筑总使用年限参考值

工程结构类型	示例	总使用年限参考值/年
房屋建筑结构（包括生产用房、经营用房、居民住宅、公共建筑等建筑）	临时性建筑结构	5
	易于替换的结构构件	25
	普通房屋	50
	标志性建筑和特别重要的建筑结构	100
房屋装修	办公、居民用房装修	10

续表

工程结构类型	示例	总使用年限参考值/年
	宾馆、饭店、商场、公共娱乐场所及其他场所装修	5
铁路桥涵结构		100
公路桥涵结构	小桥、涵洞	30
	中桥、重要小桥	50
	特大桥、大桥、重要中桥	100
港口工程结构	临时性港口建筑物	5～10
	永久性港口建筑物	50
水电站大坝、水库		50～100
机场跑道、停机坪基础设施		30
广告牌	三级广告牌	≤5
	二级广告牌	5～20
	一级广告牌	>20
其他建筑结构	临时性结构	10
	可替换结构构件	10～25
	农业和类似结构	15～30
	其他普通结构	50
	标志性结构	100

表 1-2 设备总使用年限参考值

设备名称	总使用年限参考值/年
动力设备、传导设备、非生产设备及器具设备工具	18
复印机、文字处理机、打字设备、电子计算机及系统设备*、笔记本电脑*、传真机、电话机、手机*	5
运输设备,机械设备,自动化控制及仪器仪表自动化、半自动化控制设备,通用测试仪器设备,工业炉窑,工具及其他生产用具等通用设备	10
电力工业专用输电线路	32
电力工业专用配电线路	15
电力工业专用发电及供热设备、变电配电设备	20
造船工业专用设备	18

续表

设备名称	总使用年限参考值/年
核工业专用设备、核能发电设备	22
公用事业企业专用自来水、燃气设备	20
机械工业,石油工业,化学工业,医药工业,电子仪表电讯工业,冶金工业,矿山、煤炭及森林工业,建材工业,纺织工业,轻工业等专用设备	10
微型载货汽车(含越野车)、带拖挂载货汽车、矿山作业专用车及各类出租汽车	8
轻、重型载货汽车,大型客车,中型客车	10
私家车、小型轿车	15
飞机	10
专用运钞车	7
摩托车、电动自行车	5
电气化铁路供电系统	10
港口装卸机械及设备、运输船舶及辅助船舶、铁路机车车辆和通信线路	16
铁路通信信号设备、通信导航设备、邮电通信电信机械及电源设备	7
邮电通信线路、邮政机械设备	10
集装箱	7
供电系统设备、供热系统设备、中央空调设备	18
电梯、自动扶梯	10
消防安全设施、设备	6
经营柜台、货架	4
酱醋类腐蚀性严重的加工设备及器具、粮油原料整理筛选设备、烘干设备、油池、油罐	8
音响设备、电冰箱、空调器、电视机	10
化纤地毯、混织地毯	6
纯毛地毯	8
办公用家具设备	15
洗涤设备、厨房用具设备、营业用家具设备、游乐场设备、健身房设备	8
拖拉机、机械农具及渔业、牧业机械	6
农用飞机及作业设备、谷物联合收获机、排灌机械及大型喷灌机、粮食处理机械、农田基本建设机械、农机修理专用设备及测试设备	12

续表

设备名称		总使用年限参考值/年
起重机械、挖掘机械、基础及凿井机械、皮带螺旋运输机械、土方铲运机械、钢筋及混凝土机械		10
单转电动起重机、内燃凿岩机、风动凿岩机、电动凿岩机、等离子切割机、磁力氧气切割机、混凝土输送泵		5
材料试验设备、测量仪器、计量仪器、探伤仪器、测绘仪器		8
编采设备、专业用录音设备、组合音像设备、盒式音带加工设备、录像设备、生产用复印设备、激光照排设备、远程数据传输设备		6
唱机生产设备、电子分色设备、电影制片设备、电影放映机、幻灯机、照相机、相片冲印设备、闭路电视播放设备、安全监控设备		10
唱片加工设备、印刷设备		12
乐器	钢琴	16
	电子乐器	7
	其他乐器	8
其他设备		参照类似设备

烧损率(R_d)的确定方法如下:评定建筑损坏等级时,其评定对象以独立建筑空间为单位(如间)。轻度损坏(Ⅰ):烧损率为0～20%;中度损坏(Ⅱ):烧损率为20%～50%;重度损坏(Ⅲ):烧损率为50%～80%;完全损坏(Ⅳ):烧损率为80%～100%。评定设备损坏等级时,以独立设备为单位(如台)。轻度损坏(Ⅰ):烧损率为0～20%;中度损坏(Ⅱ):烧损率为20%～50%;重度损伤(Ⅲ):烧损率为50%～80%;完全烧损(Ⅳ):烧损率为80%～100%。

(六)火灾直接经济损失和人身伤亡统计

1.火灾直接经济损失统计

火灾直接经济损失包括火灾导致的火灾直接财产损失、火灾现场处置费用、人身伤亡所支出的费用之和。

(1)火灾直接财产损失:是指财产(不包括货币、票据、有价证券等)在火灾中直接被烧毁、烧损、烟熏、砸压、辐射以及在灭火抢险中因破拆、水渍、碰撞等所造成的损失。按照申报、核实统计(调查核实、统计)程序进行统计。

(2)火灾现场处置费用:是指灭火救援费(包括灭火剂等消耗材料费、水带等消防器材损耗费、消防装备损坏损毁费、现场清障调用大型设备及人力费)及灾后现场清理费。其中,灭火救援费只统计国家消防救援队伍、政府专职消防队、单位专职消防队和志愿消防队在灭火救援中的灭火剂等消耗材料费、水带等消防器材损耗费、消防装备损坏损毁费和清障调用大型设备及人力费;灾后现场清理费只统计灾后第一次清理现场的费用。

(3)人身伤亡所支出的费用:包括医疗费用(含护理费用)、丧葬及抚恤费用、补助及救济费用、歇工工资。人身伤亡所支出的费用按照《企业职工伤亡事故经济损失统计标准》(GB 6721—86)有关规定统计。

2. **人身伤亡统计**

人身伤亡是指在火灾扑灭之日起7日内,人员因火灾或灭火救援中的烧灼、烟熏、砸压、辐射、碰撞、坠落、爆炸、触电等原因导致的死亡、重伤和轻伤。伤亡应依据医疗机构出具的死亡证明书、检验鉴定机构出具的尸体检验、人身伤害医学鉴定结果等进行统计。有人员死亡的火灾,公安机关刑事科学技术部门应当出具尸体检验鉴定文书,确定死亡原因;卫生行政主管部门许可的医疗机构具有执业资格的医生出具的诊断证明,可以作为消防救援机构认定人身伤害程度的依据。但是,具有下列情形之一的,应当由法医进行伤情鉴定:①受伤程度较重,可能构成重伤的;②火灾受伤人员要求做鉴定的;③当事人对伤害程度有争议的;④其他应当进行鉴定的情形。

第二章 火灾痕迹物证

第一节 火灾痕迹物证概述

一、火灾痕迹物证的定义与审查要求

火灾痕迹物证是指证明火灾发生原因和经过的一切痕迹和物品。

同其他证据一样，火灾痕迹物证应当具有客观性、关联性、合法性，并经过查证属实后，才能作为执法的依据。

二、火灾痕迹物证形成的基本机理

在火灾中，现场物体上会形成大量具有不同特征和证明作用的火灾痕迹。这些痕迹有的是在火灾直接作用下形成的，有的是在间接作用下形成的，形成过程不同，表现形式也不一样。

直接作用形成的痕迹是在火灾发生、发展和蔓延过程中，火灾现场中的物体在热辐射、热对流和热传导作用下，受到火焰和烟气流的直接作用，产生各种物理、化学反应后形成的。例如，混凝土、钢筋混凝土物体受火场热作用后，由于组成它们的材料（水泥、沙子、骨料和钢筋）的物理性能不同，膨胀系数大小也不一样，受到火场热作用后材料的力学性能将遭到破坏，产生膨胀应力和收缩应力，导致混凝土出现起鼓、开裂、疏松、脱落、露筋、烧结、弯曲和折断等变化。

间接作用形成的痕迹中，一种是一些平衡物体（建筑物构件、工作台和桌子等）受到火灾作用后，平衡遭到破坏而发生倒塌、掉落和移位后形成的。例如，木屋架构件特别是受拉构件（下弦杆）遇火被点燃之后，随着燃烧时间的延长和火势的发展，被烧表面荷载减小，当超过极限值时，在力的作用下，屋架会倒塌破坏，形成倒塌痕迹。另一种是一些物质在火灾中会发生化学反应，生成另一种物质，完全改变其火灾前的形状，并以新的形式或形状表现出来。例如，木材堆垛完全燃烧后会变成炭灰，表现为炭化区或灰化区。

三、火灾痕迹与一般痕迹的区别

(一)火灾痕迹与非火灾痕迹的区别

火灾痕迹与非火灾痕迹在形成机理、表现形式及本质上有很大区别。

1.形成机理不同

火灾痕迹是火灾本身作用的结果,即在热传导、热对流和热辐射作用下,物体发生物理和化学变化所形成的痕迹;而非火灾痕迹是物体与物体相互作用时(如摩擦)形成的痕迹。

2.表现形式不同

火灾痕迹有多种表现形式,如表现为炭化、烟熏、变色、炸裂和熔化等形式;而非火灾痕迹一般表现为单一的印痕形式。

3.形成物体的数量不同,载体不同

火灾痕迹可在现场空间特定的一个或多个物体上形成,如炭化痕迹是在火灾作用下形成的,不需要与其他物体直接相互作用,在同一现场中,可形成于不同部位的屋架、木柱、木门和木箱等独立的物体上;而非火灾痕迹一般不能单独在一个物体上形成,多形成在相互作用的两个物体上。

(二)火灾痕迹物证与其他火灾物证的区别

其他火灾物证是指除火灾痕迹物证之外的能够证明起火原因和火灾发生、发展、蔓延过程的一切实物证据,如直接引起火灾的电炉、放火者实施放火时遗留在现场的打火机以及盛装助燃剂的金属容器等实物。火灾痕迹物证是火灾现场中原有的物体在火灾作用下形成的,形成痕迹的物体不仅其原有外观形体、所处空间位置发生了变化,而且其物质的属性(形态、成分和性能等)也发生了变化,如钢梁在火灾过程中不仅其受热部位强度降低,发生弯曲变形,而且会发生氧化反应,在其表面生成氧化物,出现颜色变化,致使其形体、空间位置及成分也发生变化,这是火灾痕迹物证的重要特征。而其他火灾物证有的火灾前就在现场,有的起火前由别处拿到现场,这些物证在火灾后不仅外观、形状和大小等形体特征没有发生根本的变化,而且其结构、性能和本质属性也没有改变,因此火灾后容易确认和直接提取。火灾痕迹物证有多种证明作用,而实物物证一般只作为某一事实证据。

四、火灾痕迹的种类和证明作用

(一)火灾痕迹的种类

(1)根据证明作用,可将火灾痕迹分为证明起火部位和起火点的痕迹、证明火灾蔓延的痕迹、证明起火原因的痕迹、证明火灾性质的痕迹。

(2)根据形成痕迹的物体,可将火灾痕迹分为可燃(易燃)物质形成的痕迹和不燃(难燃)物质形成的痕迹,如玻璃形成的痕迹、金属形成的痕迹、木材形成的痕迹、可燃液体形成的痕迹等。

(3)根据现场勘验的实际需要,可将火灾痕迹分为炭化痕迹、灰化痕迹、烟熏痕迹、倒塌痕迹、燃烧图痕、熔化痕迹、变色痕迹、变形痕迹、开裂痕迹、电热熔痕、摩擦痕迹、分离移位痕迹、人体烧伤痕迹、计时记录痕迹等。

(4)根据火灾动力学原理,可将火灾痕迹分为蔓延痕迹(移动痕迹)和强度(温度)痕迹。

(二)火灾痕迹的证明作用

根据不同的形成过程和特征,火灾痕迹物证可直接或间接地证明火灾发生的时间、起火特征,判定起火部位、起火点和认定起火原因。

烟熏痕迹是能证明阴燃起火的主要证据之一。阴燃起火是在通风不良、供氧不足的情况下形成的不完全燃烧。阴燃过程产生的烟气中含有大量游离炭粒子,随烟气流动时黏附于其停留和扩散的地方后形成烟熏痕迹。在首先起火的房间里,因为房间内供氧不足,可燃物处于不完全燃烧状态,烟气充满室内空间,致使在天棚、墙壁、门、窗玻璃内侧等部位形成浓密的烟熏痕迹,有别于其他蔓延成灾的房间。

金属受热痕迹不仅能证明火灾现场温度,而且还能证明火势蔓延方向和起火部位、起火点。不同的金属有不同的熔点,因此,金属在火灾现场中起着温度指示器的作用。各种金属的熔点可以帮助火灾事故调查人员确定所形成的温度范围和鉴别出受热温度高的部位。在同一现场,同类金属在同等燃烧条件下,熔化部分所处的位置温度高,未熔化部分所处的位置温度低;不同种类的金属,熔点低的未熔化,熔点高的却熔化了,说明熔点高的金属所处的位置温度高。此外,可根据金属熔化程度和熔化面判定火势蔓延方向和起火部位。对金属物体来说,一般熔化的一面是受热面,未熔化的一面是非受热面,受热面指明火势蔓延的来向。通过对多个物体进行比较,找出每一个物体的受热面或鉴别出熔化面积、长度大小的变化顺序,这种顺序可以表明起火点在熔化程度最重、物体熔化面最大的一侧。

一种火灾痕迹可能有多种证明作用,如烟熏痕迹在不同的火灾现场,可以证明起火点、蔓延路线和火灾时间等。但是在某一具体火灾现场,它可能一种证明作用也没有。这种证明作用是众多火灾现场实践提炼和概括的结果。一种痕迹的证明作用并不能在每一个火灾现场都能得到体现。另外,也不能只依赖一种痕迹证明事实。由于火灾现场的复杂性,必须尽量利用多种痕迹并结合其他证据来对一个事实进行证明和认定,只有这样才能使被证明事实更加真实、可靠。

第二节　烟熏痕迹

一、烟熏痕迹形成的基本机理

在火灾过程中,烟气的主要成分是炭微粒。烟熏痕迹是烟气受热作用产生热膨胀和浮力及在外部风力、热压作用下流动，烟气中的大量游离炭粒子也随烟气流动，由于固体表面的吸附等，使烟气中的微小颗粒黏附在物体表面所致。烟熏痕迹的形成主要与燃烧条件（如可燃物的种类、性质、数量、状态、引火源、通风条件等）、燃烧温度、燃烧时间、环境因素等有关。

二、烟熏痕迹的基本特征

在火灾过程中，烟气的流动具有一定规律，在对流、热压等因素作用下，烟气从低处向高处流动，竖直方向流动的速度大于水平方向流动的速度，且其流动的方向一般与火势蔓延方向一致。

(1)烟熏痕迹一般在距起火点近且面向烟气流动方向的部位（如墙壁）及处于烟气流动的顶部物体上首先形成，而后在通向外部的通道上形成。烟熏痕迹在浓密程度上有轻重之别，在形成时间上有早晚之分，颜色一般呈黑色。

(2)烟气流动的连续性，使物体表面上形成的烟熏痕迹也具有连续性，具有浑然一体的特征。烟熏浓密程度与可燃物的性质、数量、燃烧时的发烟量大小、通风条件、燃烧温度等因素有关。

(3)烟气的流动规律使烟熏痕迹形成部位具有方向性。在现场勘验中，根据烟熏痕迹的特征和表现形式，可在不同的空间和部位上收集，作为某一事实的证据。

三、烟熏痕迹的证明作用

（一）证明起火部位、起火点

1.确定首先起火房间

在火灾初起阶段，首先起火的房间，在天棚面、四周墙壁、门、窗玻璃内侧等部位形成浓密均匀的烟痕，同时随着屋内压力的增加，部分烟气从顶部寻找与外界相通的通道，从门、窗上部缝隙中或将上部玻璃炸开排出，在其檐部形成浓密烟痕。在起火房间火势蔓延阶段，非起火房间内的物体一般还没有燃烧，当火势突破起火房间屋顶后，首先从屋顶内部向毗邻房间猛烈发展，由于屋顶迅速塌落，供氧充足，燃烧速度加快，烟火大部分从上部开口处排出，因此，这些房间不易在天棚面、墙壁、门、窗檐部及玻璃内侧形成浓密均匀的烟痕，有时即使形成一些烟痕，也只限于直接被熏的局部，不像首先起火房间那样形成的烟痕面积大、浓密均匀。

2.证明起火部位

天棚上部起火时，则山墙棚上部分烟熏痕迹浓密，棚下部分没有烟熏痕迹或稀薄；门、窗檐、天棚面、墙壁等部位一般没有烟熏痕迹；靠近起火部位屋檐处，局部有从里向外形成的烟熏痕迹。

3.证明起火点

受燃烧条件和客观环境影响，起火点处形成的烟熏痕迹，具有不同形状、有别于非起火点的烟熏痕迹。常见的“V”字形烟熏痕迹，一般在与火焰、烟气流平行的物体或与地面垂直的物体（如墙壁）上形成，其底部一般就是起火点。

（二）证明火势蔓延方向

在火灾过程中，烟气的流动方向一般与火势蔓延方向一致，火灾后可依据烟熏痕迹的方向判断火势蔓延方向，进而确定起火部位和起火点。

烟气流动具有方向性和连续性。在火灾过程中，烟气流动的方向性使物体面向烟气流动方向一面上先形成烟熏痕迹，浓密程度均匀，背面形成得晚，程度轻。这一特征表明火是由有烟熏痕迹一侧蔓延过来的。烟气流动具有连续性，处在不同空间的物体表面，将先后连续形成烟熏痕迹。

判定烟熏痕迹的方向时，要依据烟气流动规律和烟熏痕迹的形态特征来进行，核心问题是确定连续烟熏痕迹的起始点。火是由烟熏痕迹的起始点向另一个烟熏痕迹的部位蔓延过去的，因此，在火场上只要鉴别出一些物体上的烟迹面和多个烟迹的起始点，即可确定出起火部位或大致的火源方向。

（三）证明起火特征

按照起火特征，起火方式分为阴燃起火、明火点燃和爆炸起火三种。不同的可燃物与不同的引火源相互作用，到发生明火形成持续稳定的燃烧所需要的时间是不同的，因此烟熏程度也不同。一般情况下，可燃物被明火点燃，会立即燃烧，形成的烟熏痕迹比较轻；可燃气体与空气形成混合物爆炸起火，一般不易留下烟熏痕迹；阴燃起火要经过一段较长时间的阴燃过程，在周围物体的表面上会形成浓密、均匀的烟熏痕迹。

（四）证明燃烧物的种类

不同性质的可燃物燃烧过程中，会产生不同数量和不同成分的产物，发烟量、烟的颜色也不尽相同。油类、树脂及其制品中因含有大量的碳，即使在空气充足、燃烧猛烈阶段也会产生大量浓烟。植物纤维类，如木材、棉、麻、纸、布等燃烧形成的烟熏痕迹中凝结的液态物中很可能含有羧酸、醇、醛等含氧有机物；矿物油燃烧的烟熏痕迹中的液态凝结物中多含有碳氢化合物；炸药及固体化学危险品发生爆炸、燃烧，在爆炸点及附近发现的烟熏痕迹中可能存在炸药或固体化学危险物品成分的颗粒。

可燃物性质不同，燃烧条件不同，火灾中形成的烟熏痕迹的特征（如表面颜色、浓密程度等）和所含成分也是不同的。在现场勘验中，经检验鉴定起火部位特定物体上形成的烟熏痕迹，可判定出燃烧物的种类。例如，疑为使用助燃剂放火的现场，可将起火部位处物体（窗玻璃、墙面、天棚面）上形成的烟熏痕迹提取送检，以鉴定是否含有助燃剂成分。

（五）证明燃烧时间

根据不同点烟熏痕迹的厚度、密度及牢固程度，可判定燃烧时间。如果某处的烟熏痕迹浓密，但容易擦掉，则说明火灾作用时间较短；如果不易擦掉，则说明火灾作用时间较长。

（六）证明物体的原始位置和状态

在现场勘验中，可根据烟熏痕迹的特征和变化情况对一些物体的状态和位置进行鉴别，得出相应的结论。

1.证明电气控制装置(开关、插座等)的闭合状态

为了查明某一电气线路或电器的通电状态,要对其控制装置,如刀型开关、插座等进行勘验,鉴别火灾时其所处状态。火灾的破坏作用,以及火灾扑救中或火灾扑救后的人为行动,常造成原来的控制装置的部件解体、分离,难以确认其闭合状态。在这种情况下,可通过其部件表面颜色、烟熏痕迹情况判定。以刀型开关为例,通电状态下,闸刀动片与静片接触部分及静片内侧与其他部分颜色有区别,界线分明。这是因为刀型开关闭合时,两个静片将动片夹紧,烟尘不容易渗入,因此在动片与静片接触部分没有烟痕或很轻,静片内侧很洁净,而外部其他部位烟熏痕迹很重,形成明显界线。断电状态下,闸刀动片与静片接触部分与其他部分颜色、烟熏程度基本一致,没有界线。

2.证明玻璃破坏原因和时间

在火灾过程中,炸裂落到窗台或地面上的玻璃,朝下的一面有的有烟熏痕迹,现场勘验时,收集这些碎片并将烟熏面拼接在一起观察,其烟熏痕迹均匀、连续;而起火前被打碎的玻璃,紧贴地面一侧无烟熏痕迹。

3.证明火场物品的原始状态

现场勘验时,如果怀疑某件物品在火灾后被人移动,通过这件物品表面因触摸被破坏的烟痕、浮尘或者移动这个物品,看它下面的物件表面上是否有清晰的和这个物品底部形状一致的无烟尘轮廓即可得出结论。

(七)证明火场内尸体死因及火灾性质

对火灾现场中发现的尸体进行检验,通过其气管、食道等部位有无烟迹及燃烧残留物,可判定死者是火灾前还是火灾中死亡。一般火灾中死亡的人的气管、食道内存有烟迹,而火灾前死亡又被火烧的没有烟迹。

(1)火烧致死的尸体,眼强闭,外眼角起皱,眼皮内残留烟粒,眼睑内毛根有残留甚至完好,眼角处烟熏较少或未波及,呈现保护痕,有典型“鸡爪纹”特征;而死后焚尸则无保护痕迹,眼睑内毛基本烧失或毛根残留短,眼角处烟熏分布均匀。

(2)口腔、呼吸道内的异物,是火烧致死的重要证据之一。火烧致死尸体呼吸道有异物,死后焚尸尸体呼吸道无异物。因为火灾现场内有大量的烟尘,人体遇热后呼吸加快,甚至呼吸困难,被烧者在火灾现场急促呼吸的情况下,可将炭末、烟尘吸入呼吸道内,解剖时可见咽、喉、气管和各级支气管及肺泡内的黏膜上有炭末沉着,或与黏液混合呈黑色线条状。

(3)消化道内有烟尘、炭末,也是火烧致死的证据之一。火烧致死尸体胃肠内有烟尘炭末。由于火灾时呼入的烟尘、炭末经口腔咽下,因此解剖时常在食管、胃或十二指肠内发现烟尘炭末。对鼻腔、气管和肺腔表面、食道内的烟迹提取后检验,还能判定起火时是否有助燃剂成分,进而判定火灾性质。此外,死后焚尸尸体,烟灰、炭末最多只到达口鼻部,不会发生“热作用呼吸道综合征”及休克肺强变。

第三节　燃烧图痕(形)

一、燃烧图痕(形)的表现形式和形成条件

(一)燃烧图痕(形)的表现形式

通常作为火灾证据的燃烧图痕有“V”字形、斜面形、梯形、圆形、扇形、条形、与引火物形状相似的图痕以及液体流淌图痕等,包括:①清洁燃烧痕迹;②热阴影痕迹;③受保护痕迹;④“V”字形痕迹;⑤倒锥体痕迹(倒“V”字形痕迹);⑥“U”字形痕迹;⑦截锥体痕迹;⑧楔形痕迹;⑨圆形痕迹;⑩液体流淌痕迹,包括拖尾痕迹、圆环痕迹、不规则痕迹。

(二)几类燃烧图痕(形)的形成条件

1.烟熏图痕

烟熏图痕一般是在温度较低、阴燃起火的情况下,可燃物燃烧产生的游离炭粒子附着在墙壁等物体表面上形成的。烟熏图痕在不可燃物体和可燃物体上都能形成。

2.炭化图痕

炭化图痕是在火场温度较高或明燃起火的情况下,可燃物体表面燃烧炭化而形成的。炭化图痕一般形成在可燃物体上。

3.烧损图痕

烧损图痕是可燃物受火焰和热气流加热的部位被烧掉后形成的。烧损图痕形成在可燃物体上。

4.变色图痕

变色图痕是在火场热作用下形成的,由于形成图痕物体的种类和性质不同,因此图痕以不同颜色表现出来。变色图痕一般形成在非金属不可燃物体或金属上。

5.熔化图痕

熔化图痕是在火场高温热作用下,金属熔化而形成的。熔化图痕一般形成在有色金属物体或由高分子材料组成的物体上。

二、“V”字形燃烧图形的形成机理和证明作用

(一)形成机理

“V”字形燃烧图形形成的条件很多,机理也比较复杂,一般认为与燃烧时的火焰状态(如长度,动、静状态)、燃烧条件以及热传播的形式(热辐射、热对流)等因素有关。例如建筑物火灾,在室内底部某一部位一定数量的可燃物(家具、电视机等)上燃烧时,初起烟气流总是先向上流动,当升起的炽热烟气流碰到上方平面物体(如天棚)阻挡后,沿平面做水平流动。随着火势的发展,产生的火焰和烟气流继续从起火部位中心升起,受到上部平面阻挡后,横向蔓延的同时均匀地向下蔓延,并向外辐射大量热能。结果在靠近起

火部位的物体上(如垂直于地面的墙体、堆垛、家具等)对应形成一个"V"字形燃烧图形。

(二)证明作用

"V"字形燃烧图形的证明作用如下:

1.证明起火部位、起火点

在火灾事故调查过程中,"V"字形燃烧图形主要作为认定起火部位、起火点的证据。"V"字形燃烧图形形成的主要原因之一是火灾初起时,燃烧是从低点开始向上发展的。因此,通常起火部位、起火点在"V"字形燃烧图形顶点的下部。由于起火部位、起火点处的环境条件不同,起火物的燃烧性能、起火方式有差别,"V"字形燃烧图形有时也有一些变化,形成倒"V"字形图形或对称形图形。

2.证明引火源种类、燃烧时间和速度

根据"V"字形燃烧图形的角度大小可定性地判断引火源的种类和燃烧时间的长短。一般"V"字形成锐角时,为明火源,火势发展快,燃烧时间较短;成钝角时为微弱火源(如烟头、火星),火势发展迟缓,燃烧时间较长。

3.证明起火方式

根据"V"字形燃烧图形的表现形式,可判断起火特征。例如,房间内墙壁上形成的"V"字形燃烧图形表现为烟熏图痕形式,则阴燃起火的可能性很大。

三、斜面形燃烧图形形成的基本机理和证明作用

斜面形燃烧图形是"V"字形燃烧图形的变化图形,即"V"字形的局部图形。例如,在走廊的一端底部发生火灾时,烟气流上升后,只能向着一个方向扩散,结果在走廊的两侧墙壁上形成斜面形燃烧图形。斜面形燃烧图形是认定起火部位、起火点的证据。起火部位和起火点一般在斜面的最低点。

四、梯形燃烧图形形成的基本机理和证明作用

梯形燃烧图形是"V"字形燃烧图形的变化图形,即倒梯形图形是正"V"字形图形的变化图,正梯形图形是倒"V"字形图形的变化图形。梯形燃烧图形多形成在与火源隔一定距离的物体上,起火部位、起火点一般在梯形的底面一定距离范围内。

五、圆形燃烧图形形成的基本机理和证明作用

圆形燃烧图形一般形成在火焰、烟气流流动的对应物体顶面上。例如建筑物火灾,当位于地面或下方的可燃物燃烧时,升起的炽热烟气流遇到上方平面物体(如天棚)阻挡后,会形成蘑菇状烟云区域,由于烟气向上流动的速度大于水平流动速度,且火源上方的烟气对流强度最大,因此在与火源对应的顶部物体平面上将形成近似圆形的燃烧图形,起火点一般在圆形图形对应的下部。

六、扇形燃烧图形形成的基本机理和证明作用

扇形燃烧图形多形成在大面积火灾现场,如大型露天堆垛、仓库等火灾现场。通常

情况下，风向决定火势蔓延的方向，风速决定火势蔓延的速度。因此，大风天室外大面积火灾，燃烧图形常呈扇形，起火点一般在上风方向的扇形顶端。

七、条状燃烧图形的证明作用

条状燃烧图形主要形成在火势蔓延途径的物体上，呈条状锯齿形。可燃物体上表现为受热面呈弧形（马蹄形）；不可燃物体上以颜色变化或炸裂、脱落等为主要特征。条状燃烧图形主要证明火势蔓延方向。

八、与引火物形状相似的燃烧图形形成的基本机理和证明作用

该燃烧图形是一些引火物（电炉子、电熨斗、电热垫、炽热的金属块等）的热能直接接触可燃物体而形成的。这种图形除了主要证明起火点外，还能提示火源物证。

第四节　倒塌痕迹

一、倒塌痕迹的形成机理

在火灾过程中，一些物体和建筑构件的倒塌掉落与火场热作用密切相关，主要表现在首先受热燃烧部位的破坏程度上。一般距火源近的部位或受热面首先被加热燃烧而强度降低，在力的作用下，发生变形、折断，向失去支撑的一侧倒塌掉落。例如建筑物起火，木屋架倒塌的原因是距火源最近的屋架（特别是下弦）首先受热被烧，截面变细，超过其承重极限时，在屋架自重和其上方屋面重力的作用下，折断下落，造成屋顶局部塌落。同时，与其相邻的屋架受到水平拉力和其上部的重力作用，失去平衡向折断屋架方向倾斜倒塌，倒塌的原因是火场热作用破坏了物体的平衡条件。

二、倒塌痕迹的特征

火场热作用强度和作用时间的差异以及物体平衡形式的不同，致使物体倒塌形式、掉落堆积状态各不相同。通常倒塌的方向和层次遵循一个基本规律，即都向着起火部位或迎着火势的来向倒塌掉落。因此，火灾事故调查人员在现场勘验中，可参照物体火灾前、后的位置和状态变化，通过对比判定出倒塌方向，然后沿着这个方向逐步寻找火势蔓延方向，最终确定起火部位、起火点。

鉴别倒塌痕迹时，对倒塌物体表面形态变化的鉴别并不是主要内容，核心问题是要抓住物体在火场热作用下，由原来位置向失重的方向发生移位、转动的事实。鉴别时可根据物体组合的主要构件，火灾前、后空间位置的变化及其形状变化进行确认。

三、倒塌痕迹的证明作用

倒塌痕迹主要用于证明起火部位、火势蔓延方向和火势蔓延的先后顺序。注意事项如下:①一些特殊结构的物体,比如独脚圆桌、茶几等一个支撑点的家具类物体在火场热作用下,先烧掉或熔化一面失重而失去平衡后,相反方向的起火部位会倒塌;②爆炸造成的物体和构件一般都以炸点为中心向外倒塌;③建筑顶部通风口对应部位(如气窗)即使不是首先起火部位,往往首先被烧穿塌落;④物体火灾前、后倒塌方向不具有证明作用;⑤不规则杂乱倒塌及大面积倒塌状态,一般不宜作为证明起火点的根据。

(一)交叉形倒塌痕迹的证明作用

交叉形倒塌痕迹是指一个物体中心某部位被烧分成几部分后,都向该中心倾斜倒塌或多个物体中的一个物体先被烧倒塌,使相邻的物体都向着先被烧倒塌物体的方向倒塌形成的痕迹。起火部位一般在倒塌重合的相交处。例如人字形屋架,以某一个烧断塌落的屋架为中心,两侧房架相向倒塌,形成交叉倒塌痕迹,起火部位一般在两侧屋架倒塌重合的相交线附近,火势由此处向两侧蔓延。

(二)斜面形倒塌痕迹的证明作用

斜面形倒塌痕迹是指一个或多个物体在火场热作用下,以某条线为轴心线,发生倾斜或倒塌而形成的痕迹。轴心线一般在未倒塌(倾斜)与倒塌(倾斜)物体的连接处,倒塌面呈斜面形。起火部位一般在斜面的低点处。例如,屋架以某一墙体或支柱为轴发生倒塌后,起火部位在屋架的下端处。

(三)一边形倒塌痕迹的证明作用

一边形倒塌痕迹是指多个物体中某个物体的侧面首先被烧倒塌,其他物体被烧失去平衡后,都向着这个方向一个压一个地倒塌的形式。起火部位一般在最先被烧物体或压在最下面一个物体的前方。例如,屋架一边形倒塌痕迹,一般是在靠近建筑物某侧山墙或间墙附近的屋架先起火的情况下形成的。当该部位的屋架先被烧断后,会使该屋顶局部先行倒塌,造成相邻的屋架失去平衡,而朝着这个方向一个压一个地倒塌,起火部位在最下层的屋架前方。斜面形倒塌痕迹与一边形倒塌痕迹的区别在于,后者一般指多个物体都朝着一个方向一个压一个地倒塌,同时其轴心往往会发生移位。

(四)室内家具倒塌、堆垛倒塌及物品塌落移位痕迹的证明作用

物体倒塌时,有时会在周围与之相连、相邻物体上留下一些摩擦和破坏痕迹。在现场勘验中,可根据这些痕迹判定该物体的倒塌方向。例如,屋架支座处的墙体在屋架被烧塌落时,砖块会向屋架塌落的相反方向翘起或掉落。有时屋架倒塌时,还会在墙面上留下划痕,因此也可根据划痕的方向,判定出屋架的倒塌方向。

(五)塌落层次的证明作用

起火部位建筑物和物品的塌落层次与火灾燃烧的先后顺序有一定的关系,在起火点或邻近区域,最底层的应是灰化或炭化物,根据这个特征可判断起火点。物体倒塌的方向一般与火灾蔓延方向相反,通过不同位置物体的倒塌方向也可共同推断起火点。

1.证明火势蔓延顺序

在火灾过程中，起火部位物体首先被烧掉落，形成炭化物（灰化物）。火势蔓延时，相邻的物体开始燃烧并倒塌掉落，将先期被烧的物体覆盖或压埋。一些物体失去平衡塌落到地面，随着火势的发展，附近物体燃烧后的残体又压在其上部形成堆积物。现场勘验时，应对不同部位的堆积物作剖面勘验，结合调查收集到的该部位火灾前物体种类、摆放部位和形式等情况，综合分析、判定物体塌落先后顺序。实践证明，这种倒塌掉落顺序与火势蔓延的先后顺序是相一致的。

2.证明起火部位

火灾中物体倒塌掉落后，它们的残体一般都堆积在地面上，查明堆积物的层次和每层物体起火前的种类、位置，对判定起火点具有重要意义。现场勘验证明，起火点和非起火点部位物体倒塌掉落层次有很大区别。最典型的倒塌掉落层次是单层木结构建筑火灾，其倒塌掉落层次由下向上分别是地面→炭化、灰化物→瓦砾（起火点部位）、地面→瓦砾→炭化、灰化物（非起火点部位）。这种层次的形成是由物体燃烧时间的差别和倒塌的先后顺序决定的。

第五节 木材燃烧痕迹

一、木材燃烧痕迹形成的基本机理和特征

（一）木材燃烧痕迹的形成机理

木材被逐渐加热时，首先开始水分蒸发。当温度达到110 ℃以上时，木材已相对干燥。再继续加热时，木材会分解出可燃气体（如甲烷、氢气等），直到出现有焰燃烧。随着燃烧的发展，没有燃烧的部分木材在热作用下，进一步分解出可燃气体，并发生炭化，木材其他部分的燃烧以同样的方式发展。当木材在未全部燃烧的情况下停止燃烧时，就会在其外部形成炭化痕迹。木材炭化痕迹的轻重程度与火场热作用的温度高低和作用时间长短有关。

实验表明，木材于100 ℃时开始水分蒸发，150 ℃时开始焦化变色，当温度超过200 ℃时，颜色变黑、炭化；热分解速率从250 ℃开始急剧加快，失重速率显著增加；当温度超过360 ℃时，木材会产生炭化花纹。随着温度的升高和受热时间的延长，木材的含碳量增加，炭化层增厚。木材不仅表面形态会发生变化，形成炭化痕迹；整体形状也会发生变化，长度变短、截面变小，形成燃烧痕迹。

（二）木材燃烧痕迹的特征

木材燃烧痕迹是在一定的燃烧条件下形成的，不仅与受热温度有关，而且在不同的受热种类、传热方法和供氧条件等因素的影响下，痕迹形成过程和表现特征也不尽相同。

1.明火燃烧痕迹的特征

木材受明火源加热燃烧后形成的明火燃烧痕迹主要特征有:①木材表面形成鱼鳞状炭化层,有光泽,炭化与未炭化部分界线分明,炭化面软。②木材表面鱼鳞状炭化特征随着燃烧时间、火场温度和燃烧速度的变化而发生不同的变化。一般地,燃烧时间短、火场温度低、燃烧速度快形成的炭化层比较薄(炭化深度浅),裂纹少、裂沟浅;燃烧时间长、火场温度高时,炭化层增厚,裂纹变密、裂沟加深加宽、裂块数量增多。③木材被明火加热时,热能主要以热辐射的形式传播,致使形成明显的受热面(迎火面)。

2.受热自燃痕迹的特征

木材受热自燃痕迹是指木材起火前受热源作用,热量主要通过中间物体(如烟囱瓦管、金属蒸气管等)以热传导的形式传播,使木材受热达到其自燃点引起燃烧而形成的痕迹。这种痕迹的形成过程有别于明火燃烧痕迹:一是受热形式不同,木材受热不是直接作用于本身,而是先加热某中间物体后,再以热传导的形式将热量传播给木材;二是加热的过程缓慢,温度不高,经过长时间间断性的多次热分解和炭化过程,使局部炭化的木材自燃点降低,最终发生明火燃烧;三是木材所处的环境也不一样,一般是在缺氧(通风不良)环境中被逐步加热(如靠近烟囱瓦管的木构件),即使通风较好,但由于接触的物体温度较低,需长时间热分解,因此炭化时间更长。同时,两种痕迹的特征也有较大区别。受热自燃痕迹的特征有:①木材表面形成的炭化层平坦,炭化深度深,无裂纹(通风条件较好时有少量小裂纹),炭化面较硬;②木材炭化与未炭化部分界线不清,有过渡区;③没有形成明显的受热面,炭化部分均匀,受热方向不明显。

3.灼热体灼烧痕迹的特征

灼热体灼烧痕迹是指高温物体(如高温金属块)、电热器具(如通电的电烙铁、电熨斗和白炽灯)等直接接触木材,热量主要以热传导的方式直接传递给木材后所形成的痕迹。这种痕迹具有两个基本特征:①痕迹形成过程中,由于热量主要以热传导的形式直接传递给木材,火灾初起时没有明火作用,且灼热体温度高,特别是通电状态下的电热器具,温度不断上升,与灼热体直接接触的木材表面会发生形态变化,形成不同深度的炭化层,炭化层有光泽。炭化层的深浅程度与灼热体温度的高低和作用时间有关。②灼热体本身与木材直接接触平面的形状决定了其燃烧后在接触部位形成的与灼热体形状相似的炭化坑式孔洞。

4.电弧灼烧痕迹的特征

电弧灼烧痕迹是由电弧直接作用于木材后形成的。电弧的作用时间很短,但温度很高,如果电弧灼烧后木材没有出现明火或者产生火焰后很快熄灭,则灼烧处面积小,炭化层浅,炭化与未炭化部分界线分明。电弧作用下木材炭化的部分将发生石墨化。石墨化的炭化表面有光泽,并有导电性。

5.木材炭化裂纹(形态变化痕迹)的特征

木材被烧后,其表面会形成凸凹不平的鱼鳞状炭化痕迹,这是木材炭化裂纹的形态特征,主要体现在裂纹长度、宽度和单位面积的裂纹数目上。木材裂纹的形态特征是木材燃烧痕迹形态变化的主要表现形式。

6.木材燃烧轻重痕迹(形状变化痕迹)的特征

随着木材燃烧的发展,热传播的基本规律使木材靠近火源的一端先被烧毁或部分被烧细,发生长度和截面的变化,最终导致木材的形状发生变化。火场中由多个木材组成的物体之间也会发生这种烧损程度轻重的区别。这种形状变化特征是轻重痕迹的主要表现形式。

7.低温燃烧炭化痕迹的特征

低温燃烧炭化痕迹是指在不易散热的情况下,木材接触温度相对较低的热表面后,经过长时间缓慢燃烧而形成的炭化痕迹。低温燃烧炭化痕迹的特征与受热自燃炭化痕迹较为接近,炭化区平坦,有小裂纹,炭化区往往超出受热面的范围。

8.干馏着火炭化痕迹的特征

干馏着火是木材在严重缺氧和高温条件下发生的分解、裂解反应,其特征是炭化程度深,炭化层均匀,并出现以木焦油为主的黑色黏稠液体。

9.热辐射着火炭化痕迹的特征

热辐射着火是木材在热辐射的直接作用下,经过干燥、热分解和炭化,而后发生无焰燃烧直至发展为明火燃烧的过程。其炭化痕迹的特点是炭化层厚、龟裂严重,表面有光泽,裂纹随辐射强度的增加而变短。

二、木材燃烧痕迹的证明作用

(一)证明火势蔓延方向和起火部位

1.根据木材被烧轻重痕迹判定

热能传播的规律证明:距火源近的物体先被加热,被烧损程度重;距火源远的物体被加热得晚,烧损程度轻。物体上形成的这种被烧轻重痕迹表明了燃烧的先后顺序,指明了火势蔓延方向和起火部位。对于木屋顶构件(木梁、檩木等)、间墙立柱、门窗框、木楼梯扶手等木质构件和货架、工具箱、桌椅等物体的烧损状态,用同样方法找出受热面和烧损破坏程度的顺序,就可以确定火势蔓延方向。

2.根据木材受热面炭化痕迹判定

木材受热辐射作用后会形成明显的受热面,受热面指向火势蔓延过来的方向和起火部位。可以通过鉴别木质物体上形成的受热面,判定火势蔓延方向和起火部位。

(二)证明起火点

根据木材燃烧轻重痕迹、炭化痕迹可判定起火点。在火灾现场中,木间壁、木货架、木质装饰品被烧形成“V”字形燃烧图形(图形内炭化或烧掉)时,起火点在“V”字形底部。当木质地板形成局部炭化区,并以此为中心向外蔓延痕迹时,起火点在该炭化区中。

(三)证明燃烧时间和火场温度

火场中不同种类的木材燃烧后,形成的炭化深度、炭化裂纹(裂纹长度、宽度和裂块数量)特征与燃烧时间和火场温度之间有对应关系。通过测量某一部位木材的炭化深度、炭化裂纹长度,可计算出相对的燃烧时间和温度或用图表法直接查出对应的数据。

第六节　炭化、灰化痕迹和混凝土、金属受热痕迹

一、炭化痕迹

(一)炭化痕迹形成的基本机理和特征

1.炭化痕迹的形成机理

虽然各种物质的性质、状态不同,受热火源和受热方式不一样,燃烧过程也不尽相同,但是各种物体在火场热作用下形成炭化痕迹的机理是一致的,即火灾后都未充分燃烧并以含炭残留物的形式保留下来。

2.炭化痕迹的特征

火灾现场中有种类繁多的炭化痕迹,每种痕迹都有自己的特征。这些特征主要与物质的种类、性质及起火前的状态、热源的形式等因素有关。

(1)同一种物质在同种热源作用下,物质的形状不同,炭化痕迹的特征也不同。方木和锯末的组成成分虽然是相同的,但在明火作用下被烧后形成的炭化痕迹特征却不相同。方木受热后表面形成鱼鳞状炭化层,炭化与未炭化部分界线分明,外表整体形状没有改变;而锯末被烧后形成一个炭化区,而且炭化与未炭化部分界线不清,存在过渡区。

(2)同一种物质在同等状态下受不同热源作用,形成的炭化痕迹特征也不同。方木在明火作用下形成的炭化痕迹的炭化面不平整,呈现鱼鳞状裂纹,有光泽。随着燃烧时间的延长,炭化面积、炭块增多,炭化层裂纹加深、加宽,炭化与未炭化部分界线分明。木材在非明火作用下,直接接触热源会发生低温自燃,如插入烟囱壁内的木构件、靠近烟道的木构件或接触金属管道(温度为100～280 ℃的工艺蒸气管道)的木材,在较低温度和长时间的热作用下,需经过很长的热分解、炭化过程,在条件具备的情况下发生燃烧。其特征主要表现在炭化表面平坦、炭化层深、有小裂纹,炭化与未炭化部分之间有过渡区域。

(3)同一种物质在同种状态下,受同一种热源作用后形成的炭化痕迹特征基本相同。木材在热辐射的作用下形成的炭化痕迹,因木材与火源的距离不同,除在程度上有轻重区别之外,其表面的波纹状炭化层和鲜明的受热面特征都相同。这表明,在上述条件下,只是炭化程度有所区别,其他特征基本相同。

(4)不同的物质在同种热源的作用下,形成不同特征的炭化痕迹。在明火作用下,木材表面形成波纹状炭化痕迹,木材整体形状没有大的改变;而塑料制品在热作用下,依次发生受热面软化→变形→熔融→燃烧现象,热固性塑料制品受热不软化,但表面变黑焦化、有皱纹、无裂纹。

(5)炭化痕迹有轻重之别。同一种物体在现场中的位置不同,热能传播的规律决定了其外部形成的炭化程度是不同的。距火源近的炭化程度重些,远的轻些。

(二)炭化痕迹的证明作用

1.证明火势蔓延方向

一是根据炭化痕迹的轻重程度分析判断可燃物发生燃烧的先后顺序。由于热能随着传播距离的增加而减少,所以,一般情况下距火源近的可燃物先燃烧,距火源远的可燃物后燃烧,同时先燃烧的可燃物燃烧时间长于后燃烧的可燃物,因此炭化程度也重于后燃烧的可燃物。现场勘验时,可根据炭化痕迹的轻重程度确定发生燃烧的先后顺序,进而判定火势蔓延的方向,炭化越重的部位越接近起火部位或起火点。二是炭化痕迹有明显的受热面。现场勘验时,可根据受热面的朝向判定火势蔓延方向。一般情况下,受热面的朝向就是火势蔓延过来的方向。

2.证明起火点

炭化痕迹有时会表现为局部炭化区。若现场中形成的炭化区具有以此为中心向外蔓延的痕迹,那么这个炭化区就能确定为起火点。

3.证明起火特征和起火原因

根据炭化痕迹,可分析起火特征。例如草垛自燃火灾的认定,它的火源不是明火源,是由于草垛水分过高,发生了物理、化学反应,产生的热能集聚达到了草垛的自燃点引起草垛自燃,起火点处形成局部炭化区,具备阴燃起火的特征。

4.证明燃烧时间、燃烧温度和火势蔓延的速度

根据火场中的木材炭化深度和炭化裂纹,通过计算可判定出火灾的大致燃烧时间和火场温度。通过火场中木材炭化后的表面特征可以判定火流强度的大小及速度。炭化层薄,炭化与非炭化部分界线分明,证明火势强,蔓延快;炭化层厚、炭化与非炭化部分有明显的过渡区,证明火势小,蔓延速度慢。

二、灰化痕迹

(一)灰化痕迹的特征和证明作用

灰烬是可燃物完全燃烧后残存的不燃固体成分,是可燃物充分燃烧的结果。可燃物经过充分燃烧变成灰的过程叫灰化。灰化痕迹是指可燃物完全燃烧后,以灰的形式堆积成的某种形状的痕迹。灰化痕迹是判断起火点、起火物、引火源和认定起火原因的重要证据。

(二)灰化痕迹的证明作用

1.证明起火点

可燃物燃烧后形成灰化痕迹的部位是局部烧得重的标志。在火灾中,由于热能的传播时间不同,燃烧的先后顺序也不同,火场中往往会留下不同的燃烧痕迹,表明火灾发展和蔓延的过程。灰化痕迹是可燃物最先燃烧后留下的,灰化痕迹区往往就是起火点所在的部位。

2.证明起火物

不同的可燃物被烧后形成的灰烬具有不同的特征,一般以不同的颜色和形状表现出来。因此，现场勘验时，要对起火点处的灰烬进行鉴别，根据颜色和形状特征确认起火物。通过宏观鉴别难以确认时，可提取检材，通过技术鉴定后再确认。

三、混凝土受热痕迹

（一）混凝土受热痕迹的形成机理

混凝土是由水泥、水、骨料（沙子、石子）按一定比例组成的人造石材。混凝土在火灾温度作用下，形成的变色、开裂、变形痕迹，除与组成混凝土物质的本身性质有关之外，还与其受热温度和受热时间有直接关系。混凝土在火灾温度作用下，不仅会发生复杂的化学反应，而且其力学性能也会遭到破坏，在受热作用和冷却过程中产生膨胀应力和收缩应力，形成变色、开裂、脱落、折断等外观变化。

实验研究表明，混凝土加热到100 ℃以上时，开始失去毛细孔中的水分；100～150 ℃时，由于水蒸气蒸发促进熟料进一步水化，其抗压强度将增大；200～300 ℃时，由于排出了硅酸二钙、硅酸三钙凝体吸收的水分，水泥组织将硬化；300 ℃以上时，由于脱水增加，混凝土收缩而骨料膨胀，开始出现裂纹，强度开始下降，随着温度上升，破坏加剧，水泥骨架破裂成块状；537 ℃时，骨料中的石英晶体发生晶型转变，体积膨胀，混凝土裂缝增大；575 ℃时，氢氧化钙脱水，水泥组织被破坏；900 ℃时，碳酸钙分解，游离水、结晶水及水化物的脱水基本完成，混凝土的强度几乎丧失。

（二）混凝土受热痕迹的特征

混凝土受热痕迹的基本特征主要表现在颜色变化和结构变化上。

1.混凝土的颜色变化特征

混凝土的外部颜色发生变化，是火灾过程中混凝土发生物理、化学变化的结果。实验研究表明，混凝土形成的不同颜色与火灾持续时间和加热温度之间有着密切联系，即随着被加热时间的延长和温度的升高，混凝土将出现不同的颜色。温度不超过200 ℃时，颜色无变化，随着温度的升高，颜色由深色向浅色变化；100～200 ℃时，无变化；300～500 ℃时，淡红色或红色；600～800 ℃时，灰白色；900 ℃时，草黄色。虽然不同的混凝土被烧后生成的一些化合物的含量不同，在颜色上会有一些差别，但是其总的变化规律基本上是一致的。

2.混凝土的结构变化特征

混凝土在火灾不同温度作用下发生物理、化学变化后，会形成开裂痕迹和变形痕迹。开裂痕迹主要以裂纹、裂缝、起鼓、脱落形式表现，变形痕迹主要以变弯、折断的形式表现。

（三）混凝土受热痕迹的证明作用

1.证明起火部位和起火点

（1）根据混凝土的颜色变化痕迹判定：根据不同部位混凝土的颜色特征，可以反推出该部位在火灾过程中曾受到的温度高低、持续时间变化情况，通过对比找出受热温度最高、持续时间最长的部位来确定起火部位和起火点。

(2)根据混凝土的开裂痕迹判定:在不同温度的作用下,混凝土上会出现起鼓→裂纹→裂缝→脱落等痕迹,这是混凝土受火灾作用后破坏程度的不同表现。一般情况下,破坏程度重的部位靠近起火点。

(3)根据混凝土的变形痕迹判定:受热温度高、受热时间长的部位的混凝土会出现炸裂弯曲、折断痕迹,形成这种痕迹的部位是烧得重的部位。起火部位、起火点一般在这一部位。

2.证明火场温度和起火时间

根据混凝土的变色痕迹、开裂痕迹、变形痕迹特征,可以反推出火场温度和起火时间。大量的实验研究和勘验实践证明,混凝土受火场热作用后,其表面的颜色变化和强度变化与温度和作用时间存在对应关系,因此可以根据混凝土、钢筋混凝土构件残体的外观特征或测定混凝土的回弹值,推算出其受到的最高温度和持续时间,找出受热温度最高、破坏程度最重的部位。

四、金属受热痕迹

(一)金属受热痕迹形成的基本机理和特征

1.金属受热痕迹形成的基本机理

金属在火场热作用下形成的变色、变形、开裂和熔化痕迹除受到火场温度等因素作用外,还与金属本身固有的特殊性质有直接关系。

(1)颜色变化机理:金属表面在火场热作用下的氧化反应速度会加快,从而生成数量不等的金属氧化物。金属是热的良导体,吸热和放热的速度很快。在火灾过程中,处在不同位置的金属,甚至同一金属物体上不同部位的温度差也很大,因此,在金属表面上形成的颜色有明显的区别和层次,特别是受热最高部位形成的颜色与其他部位会形成强烈反差。

氧化作用会使金属物体发生颜色变化和结构变化,并形成界线明显的痕迹。火灾现场温度越高,物体受热作用时间越长,氧化作用就越明显。不同的金属有如下不同的变色特征:①对于没有涂层的钢铁,在火中氧化时,其表面首先变成无光泽的蓝灰色,进一步的氧化还可以使厚的氧化层剥落。火灾之后,受潮的钢铁就会形成锈色氧化物。②对于有镀锌层的钢铁,氧化可以使镀锌层变成灰白色,从而使锌失去对钢的保护作用。如果钢铁再受潮一段时间,就会生锈,最后形成生锈和不生锈的分界线。③不锈钢表面受到高温作用时,首先会氧化形成变色条纹,进一步氧化表面将变成无光泽的灰色。④铜受热时会形成黑红色或黑色的氧化物。铜氧化最主要的特征不是颜色的变化,而是能够形成分界线,而且氧化层的厚度能够表明温度的高低,受热温度越高,氧化层越厚。

(2)强度变化机理:金属材料的强度是指材料抵抗变形和断裂的能力。金属受热后,其强度将发生变化,形成不同特征的变形痕迹。试验研究表明,火灾中金属强度的变化,主要与火灾温度、热作用时间和浮力因素有关。

一般来讲,温度对金属的强度变化影响最大。在受力不变的情况下,多数金属的强度随受热温度的升高而降低,温度越高的部位出现的变形(弯曲、扭曲)程度也越严重。

金属在不同温度作用下的强度变化不同,有色金属在火灾中会很快失去强度,铝、铝合金构件的稳定性在100~225 ℃时就会受到影响,钢材在500 ℃时的强度只有原来的一半。就结构钢材而言,一般地,当温度超过300 ℃时,其强度开始降低,大约在600 ℃时强度会降低2/3,并开始下垂变形,已无法承受荷载。高温作用时间对金属强度的影响也很大。常温下,金属的变形主要与外力有关,与时间没有多大关系。但是,在高温下,金属的变形不仅与作用力的大小有关,而且和作用时间有密切关系。当外力(如重力、压力)大小保持不变时,随着受热时间的增加,金属的变形也会相应地变大。另外,金属的变形痕迹还与受到外力的大小有直接关系,在同一火场的热作用下,受到的外力越大,金属变形、断裂的程度也越大。

2.金属受热痕迹的特征

(1)金属受热后发生热膨胀,形成变形、开裂痕迹特征:物体受热发生膨胀主要与本身的热膨胀系数大小有关,金属的膨胀系数大,热膨胀性能就强。因此,金属受火场热作用时长度会伸长。金属的热膨胀程度除与本身特性相关外,还与被加热温度有直接关系。一般情况下,同种金属受热温度越高,其热膨胀幅度越大,会导致膨胀受限的金属构件、物体出现特殊变形,一些金属容器出现鼓胀、开裂变形。

金属物体受到高温作用会暂时或永久性膨胀变形,在非受限条件下,钢结构的弯曲程度与钢体所承受的负载、受热时间和受热温度成正比。对于受限条件下固定的钢梁,热膨胀是造成钢梁弯曲的主要因素。金属的热膨胀系数越大,受热变形的趋势也越大。在某些情况下,金属梁受热伸长会对墙体造成破坏。

(2)金属受热达到其熔点时发生熔化、形状变化,形成熔化痕迹特征:金属受热温度达到其熔点时会发生熔化而形成熔化痕迹,当受热温度继续升高、作用时间延长时,熔化面积和体积将会扩大。同时,面向火源、火势蔓延一侧先被加热熔化,熔化程度重,形成明显的受热面。熔化过程中,会生成金属熔滴、熔瘤,冷却后形成不同形状的熔化痕迹。因此,通过熔化痕迹能够推算火灾现场的温度,解释金属合金化现象。

(3)弹性变化和金相组织变化:金属在高温中会失去原有的弹性,在不同的加热温度、保温时间、冷却速度下形成不同的金相组织。

(二)金属受热痕迹的证明作用

1.证明火势蔓延方向

根据金属熔化痕迹的特征可判定火势蔓延方向。熔化面(受热面)指向火势蔓延过来的方向。

2.证明起火部位和起火点

(1)根据金属的变色痕迹判定:金属表面上形成的不同颜色,反映了金属在火灾中的受热温度高低和作用时间长短。通过对金属物体上形成的颜色进行观察和鉴别,可依据颜色特征"反推"出该部位在火灾中受到的热作用温度、时间和强度变化情况,找出受热温度最高、持续时间最长的部位,进而综合其他痕迹物证判定出起火部位和起火点。例如,黑色金属受热温度高、作用时间长的部位形成的颜色呈红色或浅淡色,颜色变化层次明显,特别是温度超过800 ℃以上的部位,其表面还会出现发亮的"铁鳞"薄片,质地硬而脆。起火点往往在颜色呈红色、浅淡色或形成“铁鳞”的附近或对应的部位。

(2)根据金属的变形痕迹判定:金属若距火源近,则面向火源一侧首先受热变形、熔化,起火部位一般在变形大的部位或熔化面一侧。在火灾现场中,应注意寻找金属的变形、断裂等痕迹,依据变形、断裂程度判定出金属在火灾时受热温度高低及受热先后顺序,为确定起火部位或火势蔓延方向提供依据。现场勘验时,应当注意寻找和发现金属物质热膨胀而形成的变形痕迹,特别是现场中膨胀受限制、约束的物体,如两端或各面被固定的物体,首先受热和受热温度高的部位上形成的热膨胀变形痕迹,更具有证明作用。例如,两端被固定在立柱或墙体上的钢梁、四面被镶砌在墙体中的铁窗,当其某一部位受热膨胀时产生应力,当膨胀应力大于一定数值时,固定物将发生倾斜和倒塌。即使膨胀应力不足以使固定物发生倾斜、倒塌,那么在其首先被加热的部位,由于强度最先降低,在膨胀应力的作用下,也会首先出现弯曲变形痕迹,且变形程度较重。此外,黑色金属的弹性性能也会随受热温度的变化而发生变化。一般地,受热温度越高、作用时间越长的部位或物体,失去弹性性能的程度越大。

(3)根据金属的熔化痕迹判定:一般情况下,金属物体熔化的一面是受热面,未熔化的一面为非受热面。起火点一般在受热面或熔化程度重的一侧(端)。

(4)根据金相变化规律判定:可以利用金属在火场中受不同温度作用后其结晶及晶格、晶粒大小的变化规律,判定起火部位和起火点。特别是在其他判据不足、一时又难以确定起火部位和起火点的火灾现场,可以采用金相分析结果对比来判定起火部位和起火点。

3.证明火场温度

由于不同的金属有不同的熔点,因此金属在火场中可以起到温度指示器的作用。根据金属熔点及不同种类金属熔化与未熔化或同种金属在不同地点上熔化与未熔化的区别,可判定出火场温度范围或受热温度最高的部位。一般在现场勘验中,在燃烧条件基本相同、所处的水平高度和垂直高度相同的情况下,常用两种方法来判定:一种是同类金属间的对比,同类金属在同等燃烧条件下,熔化的部位温度高,未熔化的部位温度低;另一种是不同金属间的对比,不同种类的金属,熔点低的未熔化,熔点高的却熔化了,说明熔点高的金属处温度高。

总之,金属物体都是热的良导体,对热作用比较敏感,在不同温度的火场热作用和外力作用下,会形成不同的变色变形痕迹。因此,对金属物体的变色变形痕迹应认真对比和鉴别,并注意寻找与起火部位有关的变色变形痕迹。一般情况下,相同物体上形成的变色变形程度相似的痕迹,可能是在火势发展过程中形成的,不具有证明起火点的作用。如果那些不易受到高温、不易形成大的变色变形的部位出现了严重的变色变形痕迹,那么起火点往往就在这些部位附近。

第七节　玻璃破坏痕迹

一、玻璃破坏痕迹形成的基本机理

玻璃破坏痕迹(热炸裂痕迹、外力破坏痕迹、热变形痕迹)形成的原因有以下两方面:一是火场热作用使玻璃发生热炸裂、热变形,二是外力冲击破坏。

(一)温差作用

当玻璃边缘受到窗框的保护时,玻璃的边缘可以免受辐射热的作用,从而使被保护的边缘和未受保护的部分之间出现温度差。当玻璃中心和边缘之间的温度差达到70 ℃时,就会导致玻璃边缘出现裂纹,甚至破碎。玻璃突然遇冷时也会破坏。

(二)爆燃或爆炸等强压力

在建筑物火灾中,由火灾形成的压力通常不足以使窗玻璃破碎或使它们从窗框中脱落(普通窗玻璃的破碎压力范围为2.07～6.90 kPa,而火灾产生的压力范围为0.014～0.028 kPa)。当火灾过程中出现过压时,会导致玻璃破碎,碎块往往分布在窗户周边一定范围内。

二、玻璃破坏痕迹的特征

(一)玻璃热炸裂痕迹的特征

玻璃热炸裂痕迹的特征主要表现在其裂纹和碎块上。

(1)当玻璃被固定在边框中时,由于边框的保护作用,裂纹从固定边框的边角开始形成,并呈树枝状或相互交联呈龟背纹状。裂纹扩大会使玻璃破碎。碎块没有固定形状,表面平直、边缘不齐,很少有锐角,有的边缘呈圆形、曲度大,用手触摸易被划割,有烟迹。

(2)当玻璃边缘没有受到保护时,热辐射作用到整个玻璃上,只有当玻璃在较高的温差下时才可能开裂。试验研究表明,这种情况下,玻璃上只是形成几条裂纹,基本上能保持玻璃的整体形状而不掉落下来。受火焰和高温烟气流冲击形成的炸裂痕迹,玻璃碎片细碎分散,很少有锐角。

(二)玻璃热变形痕迹的特征

1.软化痕迹

软化痕迹表面呈曲线,碎块有卷起、凹凸不平、边缘光滑。

2.熔化痕迹

熔化痕迹完全失去原来形状,呈不规则球状体、条状形态,有多层粘接,边缘呈现一定弧度,无锐角,表面光滑发亮。

(三)玻璃外力破坏痕迹的特征

外力打击的玻璃裂纹一般呈放射状,碎块呈尖刀形、锐利,边缘整齐平直、曲度小。

火灾前打碎的玻璃碎片朝地一面无烟迹，火灾中打碎的玻璃内侧有烟迹。

三、不同原因导致的玻璃破坏痕迹在火灾现场的区别

受到的作用力和形成的时间不同时，玻璃破坏痕迹的位置和状态也不尽相同。

（一）玻璃热炸裂形成的碎块落地点不同

玻璃碎片一般情况下散落在玻璃柜（窗）的两侧，每侧碎片数量相近。冲击波导致的玻璃碎片往往沿着冲击波方向散落得偏多，有些碎片落地距离较远。人为打击导致的玻璃碎片多掉落在打击面的另一侧。

（二）玻璃残留在柜（窗）上的牢固度不同

玻璃在火场热作用下炸裂时，大部分脱落后，残留在玻璃柜上的部分附着不牢，冷却后一般会自行脱落。爆炸、人为打击导致的玻璃破坏，残留在柜（窗）上的玻璃若没有经过火场热作用，一般附着比较牢固。

四、玻璃破坏痕迹的证明作用

（一）证明玻璃破坏的直接原因

一般根据玻璃破坏的裂纹、碎块、形状和碎块落地点和位置差别，以及有无烟熏痕迹和残留在原来物体（门、窗框）上的状态，证明是火灾（爆炸）作用还是人为外力作用。

（二）证明受力方向

玻璃受火场热作用或外力作用破损时，根据残存玻璃的断面、棱边的某些特征判定其受力方向，从而判定爆炸冲击波的方向和外力打击方向，这有助于分析、认定起火原因。

1.根据弓形线判定

破裂玻璃的断面上有弓形线，弓形线以一定的角度和断面的两个棱边相交。相邻的弓形线一端在一个棱边上汇集，另一端在另一个棱边上分开，辐射状裂纹断面弓形线汇集的一面是受力面。

2.根据碎痕判定

断面与玻璃平面形成的两个棱边中，一个棱边上会形成细小的齿状碎痕，另一个棱边上没有齿状碎痕，没有碎痕的一面是受力面。

3.根据辐射状裂纹判定

在外力作用下产生的辐射状裂纹，有时没有延伸到玻璃边缘，裂纹端部有一小部分没有穿透玻璃的厚度，没有裂透的那面是受力面。

4.根据凹纹状痕迹判定

当打击力集中时，会使该集中点非受力面玻璃碎屑剥离，形成凹纹。

（三）证明打击时间

当判明现场某个门窗的玻璃确实受到外力打击后，还要查明是火灾前还是火灾后受到的打击。这对判断火灾性质，分析放火者的进出路线、受害人逃生行动以及扑救经过

均有重要意义。根据不同情况,一般从以下三个方面判定:

1.根据堆积层判定

火灾前被打碎的玻璃,其碎片大部分紧贴地面,上面是杂物余烬和灰尘;起火后被打碎的玻璃一般在杂物余烬的上面。

2.根据烟熏面判定

起火前被打碎的玻璃,其所有碎片贴地一面均没有烟熏;起火后被打碎的玻璃,一部分碎片贴地的一面有烟熏,只要有一块碎片贴地一面有烟熏,就说明它是起火后被打碎的。

3.根据断面烟熏痕迹判定

火灾前被打碎的玻璃,其断面有烟熏痕迹;火灾后被打碎的玻璃,其断面干净或烟尘少。

(四)证明火势猛烈程度

玻璃破坏痕迹的特征表明,玻璃的炸裂并不取决于其整体温度高低,而主要取决于不同点或两平面的温度差值,也就是取决于玻璃的加热速度和冷却速度。因此,可以根据玻璃的炸裂程度判断燃烧猛烈的部位。①玻璃炸裂细碎、飞散,说明燃烧速度高,火势猛烈,蔓延快;②玻璃产生裂纹,还留在玻璃框架上,说明燃烧速度和火势为中等程度;③玻璃软化,说明燃烧速度小、火势发展慢。

(五)证明火场温度

根据玻璃热炸裂痕迹、软化痕迹、熔化痕迹特征可估算火场温度。如果玻璃已经熔化,说明那里的温度曾达到1100~1300 ℃。

(六)证明起火部位

一般根据玻璃的破坏痕迹和烟熏痕迹判定。如玻璃上形成的熔化痕迹、烟熏痕迹和受力方向等。

1.根据玻璃受热破坏程度判定

由玻璃受热破坏痕迹的特征可以看出,同种玻璃受热温度越高,作用时间越长,破坏变形程度就越大。火灾现场中常见的受热破坏痕迹有热炸裂痕、软化痕和熔化流淌痕。在同一火灾现场,这些痕迹形成的一般顺序是无变化→炸裂痕→软化痕→熔化流淌痕。上述痕迹都是在受到一定的火场热作用后形成的,能客观地指示出玻璃所在部位曾受过的热作用温度。因此,通过鉴别这些痕迹,可推断出火灾中各部位曾受过的温度值。在三种痕迹中,炸裂痕受热温度最低,熔化流淌痕受热温度最高。这三种痕迹的特征表明,玻璃破坏程度与其受热温度由低到高的变化顺序相对应,即由轻到重的顺序。这种温度变化层次和破坏程度顺序表明火是由温度高、破坏程度重的部位向温度低、破坏轻的部位蔓延的。相比软化痕、炸裂痕,熔化流淌痕表明玻璃被烧得重,在同等条件下,起火部位往往在熔化流淌痕附近。

2.根据玻璃制品受热面判定

火场中的玻璃制品与火源的位置关系不同,其热变形程度和部位也不同。根据玻璃制品上形成的特征可判定受热面和火源方向。由于玻璃的热导率小，本身不燃烧，因此，距火源近、面向火源的一面热变形大。玻璃变形面和未变形面有明显区别，初期热变形状态表明火势初始传播方向。还可以通过鉴别不同位置上的玻璃制品(如容器)热变形大的部位判定受热面，并根据受热面的一致性确定火势蔓延方向。起火点往往在火势蔓延的逆方向和热变形程度最大的一侧。

3.根据玻璃碎块掉落方向判定

建筑物门、窗玻璃和固定在其他部位的玻璃，受热后首先炸裂，脱离原来位置掉落。实践经验证明，一般情况下多数碎熔块落于受热面一侧，即向着火源方向掉落(爆炸等特殊情况除外)。现场勘验时，可根据掉落的方向和数量来初步判定火源方向，进而确定起火点。

应当指出的是，现场情况千差万别，用玻璃破坏痕迹确定起火部位、起火点时，也应结合火灾现场其他痕迹物证进行综合分析判定。例如，同一高度窗子上的玻璃落在相应的地面上，有的软化、熔化，有的没有软化、熔化，不能简单地判定玻璃出现软化、熔化的部位受热温度高。因为这种软化、熔化有可能是在玻璃没有从窗子上掉落之前受火烧后形成的。后受火烧，即使温度高，由于升温快，玻璃会很快炸裂、脱落，落地后就不易被火场热作用软化、熔化。

总之，只有通过对火灾现场进行全面的综合考查、分析、研究和测定后，才能将玻璃破坏痕迹作为认定的根据。

第八节　电热熔痕

一、电热熔痕的分类

电热熔痕(亦称“电熔痕”)是指带电体在非正常情况下，因电流热效应熔化后而形成的痕迹。电热熔痕通常采用下列两种方法分类：

(1)按形成的原因，可将电热熔痕分为短路熔痕、过负荷熔痕、接点过热熔痕和雷击熔痕等。

(2)按形成的时间，可将电热熔痕分为火灾前形成的熔痕和火灾过程中形成的熔痕。例如，短路熔痕按形成的时间分为一次短路熔痕和二次短路熔痕，其中，一次短路熔痕为火灾前形成的熔痕，二次短路熔痕为火灾过程中形成的熔痕。每种痕迹根据其外观特征又可分为多种类型。从火灾原因调查角度来看，火灾前形成的电熔痕，即一次短路熔痕、过负荷熔痕、接点过热熔痕、雷击熔痕的形成过程，实质上是引起电气火灾的过程，这些痕迹是认定电气火灾原因的直接证据。二次短路熔痕是带电线路、设备在火灾中由于绝缘层被破坏而发生短路形成的，它是火灾热作用的结果，是判定起火部位、火势蔓延方向的有力证据之一。

二、电热熔痕形成的基本机理和表现形式

鉴于不同类型的电热熔痕形成的机理基本相同，下面以导线短路熔痕形成的基本机理为例进行介绍。

（一）导线短路熔痕的形成机理

短路熔痕是指导体在短路电流、电弧高温的作用下，接触处熔化、冷却后形成的不同特征的熔化痕迹。电气线路由于某种原因相接或相碰发生短路时，会击穿空气产生电弧，短路点处会产生2000～3000 ℃的高温，强烈的电弧高温作用会使金属迅速熔化、气化，气化的金属体积膨胀，发生喷溅，形成不同形状的短路熔痕。

（二）短路熔痕的表现形式

按外观特征，短路熔痕一般分为以下几种：

1.短路熔珠

短路熔珠指在短路瞬间导线被熔断后留在熔断导线端部的圆珠状熔痕。短路熔珠的形成与短路电流、接触程度、短路时间等多种因素有关，所以，其体积的大小和形状不尽相同。

2.熔断熔痕

熔断熔痕是指导线在发生短路时，电弧的高温作用和短路产生的爆发力将短路点熔断，在短路体上形成的对称熔痕。在导线上形成的熔断痕熔头呈弧形，表面光滑，熔头略粗于原导线。

3.凹坑状熔痕

凹坑状熔痕常出现在两根导线相对应的位置上，它是在两根导线并行或互相搭接的情况下形成的，因导线绝缘失去作用，接触后又迅速离开，所以，电弧作用时间短，温度很快降低，还来不及将导线熔断，故只在短路点处形成熔痕。这种熔痕的特点是凹坑表面有光泽，但不光滑，有一些小毛刺，有扎手感，有时凹面上还沾有微小的金属颗粒。

4.尖形熔痕

尖形熔痕是在导线接触很紧、短路电流很大、全线过热的情况下形成的。此时，由于电流的趋肤效应，熔断处附近导线的表面层熔化，会在导线上留下尖细的非熔化芯。这种熔痕通常会因失去光泽而呈灰黑色，整个熔化部分与导线之间有一条比较明显的熔化与未熔化的分界线。

5.多股铜芯线短路熔痕

多股铜芯线基本上与单股铜、铝线相似，短路时会产生熔珠。多股铜芯线短路熔痕除短路点的多股线熔化成一个较大的熔珠外，熔珠下面的线仍然是分散的，这一点与火烧熔痕不同。

6.喷溅熔珠

喷溅熔珠是铜导线短路时产生的爆发力将熔化的铜金属向四处喷溅而形成的熔珠。其形状基本上为圆形，颗粒的大小不等。喷溅熔珠的重要特征是熔珠内部有若干空洞。

三、电热熔痕的特征

(一)一次短路熔痕的特征

一次短路熔痕是铜、铝导线因自身故障和其他作用，于火灾发生之前形成的熔化痕迹。短路时产生的电弧只熔化短路点的金属，相邻的导线不会熔化。单股导线短路后，短路点处通常形成熔珠；多股导线短路后，导线部分断开或全部断开，形成熔珠或单股熔化的熔痕。

1.熔珠的外观特征

铜导线的熔珠直径通常是线径的1～2倍，铝导线的熔珠直径通常是线径的1～3倍；熔珠位于导线的端部或歪向一侧；铜熔珠表面有光泽，铝熔珠表面有氧化膜、麻点和毛刺；无熔化过渡痕迹，熔痕与导线之间有明显的熔化与非熔化的分界线；铜质多股软线的线端部形成的熔痕与导线连接处无熔化黏结痕迹，其多股导线仍能逐根分散。

2.熔珠的孔洞特征

熔珠内部孔洞数量少，且分布在熔珠中部；铜导线熔珠孔洞内表面呈暗红色，光泽度差，平滑且有微量炭迹；铝导线熔珠孔洞内表面有一层深灰色氧化铝膜，其他特征与铜熔珠类似。

(二)二次短路熔痕的特征

二次短路熔痕是带电铜、铝导线在火场的热作用下，绝缘层失效发生短路后形成的痕迹。当绝缘导线处于火焰中或受辐射热时，导线的绝缘层熔化，裸露的导线短路形成熔珠。

1.熔珠的外观特征

铜导线二次短路熔珠的直径大于一次短路熔珠，但又小于火烧熔珠，表面有凹坑，光泽度差；铝导线二次短路熔珠表面有氧化铝膜，有小凹坑、裂纹及塌陷，导线上有微熔变细的痕迹。多股铜导线的端部形成熔珠，熔珠与导线黏结在一处，多股细铜丝不能逐根分离。

2.熔珠的孔洞特征

熔珠内部孔洞数量多，铜导线熔珠孔洞内表面呈现有透明感的鲜红色(红宝石色)，光泽度强，有较多炭迹；铝导线熔珠孔洞内表面有一层浅灰色氧化铝膜，光泽度强，呈现出粗糙的条纹或光亮的斑点。

(三)火烧熔痕的特征

火烧熔痕是铜、铝导线在不带电(或者带电但未发生短路)的条件下，在火灾中受火焰或间接热作用被熔化后形成的痕迹。火烧熔痕的形状不规则，熔痕和未熔部分有明显的过渡区，多股导线形成整股粘连的火烧熔痕，有的在熔痕端部有尖状痕迹。

1.熔珠的外观特征

铜导线的熔珠直径通常是线径的1～3倍，铝导线的熔珠直径通常是线径的1～4倍；通常位于熔断导线的端部或中部；熔珠分布广、表面光滑，无麻点和小坑，具有金属光泽。

熔珠与导线之间有熔化过渡痕迹，熔珠附近的导线截面明显变细。

2.熔珠的孔洞特征

火烧熔痕一般没有空洞，有时会在熔珠内形成未被完全熔化的间隙孔。

（四）过负荷熔痕的特征

1.外观特征

过负荷熔痕的外观特征主要表现在两个方面：一是绝缘层的破坏状态，二是线芯的熔态。全回路导线绝缘层从内层向外层老化、烧焦，在导线经过的对应地面上可见到绝缘层被烧熔化滴落痕迹。如果熔痕是由火烧电线或短路引起，则绝缘层由于受到外界高温作用，会紧紧地粘到线芯上，不会出现上述特征。

2.内部晶体特征

导线受火灾加热和电流加热所发生的金相组织变化不同。由于火焰的不均匀性，整根导线不可能都受同样程度的火焰作用，因此火烧导线不同处的截面金相组织不同。过负荷电流的发热是沿着整根导线均匀产生的，因此将沿整根导线的各处截面出现再结晶，全线各处截面的金相组织状态基本相同。

（五）接点过热熔痕（接触不良过热形成的熔痕）的特征

接点过热熔痕是导线之间、导线与接线端子之间、插接件的连接处以及可动触点等因接触不良、接触电阻过大，产生过热导致局部熔化后残留下的痕迹。

接触电阻过大引起火灾的主要形式有三种：一是接触不良引起接触电阻过大产生过热引起的火灾；二是接触松动打火引起的火灾；三是由单纯接触不良过热发展到短路引起的火灾。

接触电阻过大引起火灾的部位多数发生在电气连接部位，即分支线、接户线、地爬线、接线端、压接头、焊接头、电线接头、电缆头、灯头、插头、插座、控制器、接触器、熔断器等处。因此，接点过热熔痕一般发生在上述部位。

接点过热熔痕的主要特征有：①接点处有过热变色痕迹，表面有电弧烧蚀痕，有时局部形成熔结；②接头处局部被电弧击断，端部形成熔珠；③接头处（如垫片、螺杆、螺帽、接线柱处）形成电火花滋痕，如麻点坑，形成缺口或烧结粘接。

四、部分电热熔痕的证明作用

在火灾过程中，电路上可能发生不同的变化，带电部分被烧发生短路形成短路熔痕，不带电部分被烧形成火烧熔痕。短路熔痕数量及形成的时间也不尽相同，但都与起火部位或火势蔓延的先后时间和方向之间存在着内在联系。即短路熔痕形成的先后顺序与火势蔓延的顺序相同，因此，凭借短路熔痕与火烧熔痕之间、短路熔痕与短路熔痕之间形成的先后顺序，就能确定起火部位和起火点在最早形成的短路熔痕附近。在火灾原因认定过程中，短路熔痕能够作为证据，证明起火原因、火势蔓延方向和起火部位。

（一）证明起火原因

在现场勘验中发现的短路熔痕，经宏观鉴定或用金相法、成分法鉴定后，确认为一次短路熔痕，且该熔痕所在的位置又在确定的起火点处，短路时间与起火时间相对应，并排除起火点处其他火源引起火灾的因素，就能认定这起火灾是由短路引起。

（二）证明起火点和起火部位

短路熔痕可以作为判定起火点和起火部位的依据。根据火灾后通过电的变化而形成的痕迹和电气装置的不同状态（如保护装置的动作状态），验证火灾从起始点至终止点发生的一些复杂的变化过程，可信性强、准确性高。

第九节　液体燃烧痕迹

一、液体燃烧痕迹的形成机理和基本特征

（一）液体燃烧痕迹的形成机理

可燃液体一般都具有较强的挥发性、流动性和渗透性，发生跑、冒、渗、漏或人为故意排放、泼洒后，遇到火源即会引起燃烧，形成液体燃烧痕迹。液体燃烧痕迹不仅和液体本身的性质、成分有关，而且与液体接触物体的耐火性能、形状和所处的位置、环境条件等有关。

（二）液体燃烧痕迹的基本特征

液体的流动性使其燃烧痕迹具有连续性，呈不规则流淌图痕；同时，其渗透性和被接触物体的浸润性，有时又会使其燃烧痕迹呈孤立的、有一定深度的特定痕迹。火灾中液体表现形式、形状依液体接触物体的耐火性能和所处状态（与地面平行或垂直）、形状不同，会形成不同特征的燃烧痕迹。液体在材质均匀、各处疏密程度一致的物体平面上燃烧时，不管物体是否能够燃烧，均会留下印记，形成清晰的燃烧图痕。这种燃烧痕迹不管是被掩埋，还是遭到水流冲洗，只要时间不长，都会较好地保存下来。

液体燃烧痕迹的形成不仅与起火部位的环境条件（如坡度大小、封闭状态）、液体与被烧物体的接触形式有关，而且与液体流淌、泼洒数量和被烧物体的耐火性能等多种因素有关。因此，在现场勘验时应注意发现、收集和鉴别液体燃烧痕迹，不能简单地以图痕的面积大小下定论，要注意其基本特征和区别于其他痕迹的特殊特征。特别地，当以燃烧痕迹作为证据认定放火嫌疑案件时，在宏观痕迹不明显的情况下，需要在图痕内或在燃烧后形成的烟尘吸附区域内提取检材，进行技术鉴定后再作出认定结论。

二、液体燃烧痕迹的表现形式

（一）液体燃烧痕迹在不可燃物体上的表现形式

当液体与由水泥、瓷砖、水磨石和大理石等组成的地面接触发生燃烧时，由于地面是不可燃物质，在火场的热作用下形成的不规则燃烧图痕表现为颜色变化和鼓起、变形、开裂、炸裂等形式。有时液体燃烧时的重质组分会分解出游离碳，同时由于液体的渗透性，

烧剩的残渣和少量炭粒会牢固地吸附在地面上。

(二)液体燃烧痕迹在可燃物体上的表现形式

在铺设地毯、人造革、木地板和塑胶等材料的地面上,液体燃烧后形成的不规则图痕以炭化、烧毁的形式表现。由于液体的渗透性和被烧物质的浸润性,液体在可燃物体上燃烧后会形成坑或洞。例如,由于液体会渗入并浸润棉被、床铺和棉质沙发内部,且不易在其内产生流动,因此燃烧后易形成孤立的坑或洞。

三、液体燃烧痕迹的特征

(一)形成低位燃烧痕迹

火势向上蔓延的速度一般大于沿水平方向蔓延的速度,而向下蔓延的速度相对最小。液体的自由流动性和渗透性决定了其起火前先从高处向低处流动和渗透,在通常情况下不易形成痕迹的低处,火灾后却会形成明显的液体燃烧痕迹。

(二)特殊情况下形成的液体燃烧痕迹的特征

液体流淌部位地形、被烧物体的状态和流淌、泼洒方式的不同,导致液体燃烧后形成的痕迹具有不同的特征。

1.门里、门外形成的痕迹特征

一些放火者将易燃液体从门外底部或把门的某一部位破拆后向屋内泼洒,这种火灾形成的痕迹会在门内、门外连成一体。

2.在垂直于地面的物体上形成的痕迹特征

液体洒在垂直于地面的物体上形成的痕迹和在地面上形成的痕迹不同。液体洒在垂直物体上后,一小部分会浸附在物体上面,大部分会流到地面,火灾后会在垂直物体和地面上形成连续的不规则图痕,且底部烧得重,图痕上部有向上蔓延的痕迹。

3.不同形状图痕组成的痕迹特征

从盛装液体的容器中流出的液体初期会浸润在容器周围,随后向低处流淌,形成一定长度的流淌区。火灾后会形成由两种图痕组合成的液体燃烧图痕,即由容器底部形状和与其相连的不规则条状组成的燃烧图痕。一些放火者为便于逃离现场和不被烧伤,会事先用卫生纸、破布、线绳等物体摆成条状引火带与其放火的中心部位相连,然后将易燃液体倒在引火带上再点燃,火灾后即会形成两个由图痕相连的液体燃烧痕迹。

四、液体燃烧痕迹的证明作用

(一)证明起火部位和起火点

液体燃烧属于明火燃烧,火焰明亮、辐射强度大。因此,液体燃烧部位周围的物体受到辐射热的作用,会形成明显的受热面,且受热面都指向火源处。此外,由液体的流动性和渗透性所形成的痕迹中,低位燃烧痕迹和局部烧出的坑、洞痕迹处一般都是起火点。

(二)证明起火原因

现场勘验时,在疑似液体燃烧痕迹处提取检材,经鉴定确认含有易燃液体成分,经调查证实该处起火前没有易燃液体存在,排除其他因素后,就可认定为放火。停放车辆、油桶等部位,由于车辆的油管、开关、油箱或油桶渗漏,造成汽油流淌,遇到火源发生的火灾,现场勘验时通过液体流淌燃烧痕迹,寻找油管(如油管可能落入油箱)、油箱渗漏原因(如偷油者将油箱底部螺丝拧开),就能确定起火原因。

(三)证明火灾性质

易燃液体闪点低,燃烧速度快,用易燃液体放火者和与起火部位易燃液体接触的人,如肇事者、操作人、当事人,在起火时其逃离的速度大大低于液体燃烧的速度,多数人都来不及撤离现场就会被烧伤。这些人员在现场中的位置、动作行为差异,会在他们身体的不同部位留下不同特征的烧伤痕迹。例如,身上和手上沾上汽油的人,往往是衣服被烧毁或皮肤被烧脱。火灾现场中出现的“人皮手套”人或“人皮面罩”人,往往就是肇事者或放火者。

第十节　人体烧伤痕迹

一、火灾致死的原因和特征

火灾中,人员的死亡原因很多,有机械性损伤死亡、电击死亡、爆炸致死等。不同的死亡原因,在尸体上形成的烧伤痕迹的特征也不一样。

(一)火灾致死的主要原因

火灾致死的原因主要有以下三种:①烧伤面积过大,烧伤处皮肤受到强烈刺激而剧烈疼痛,重要脏器出现热凝固或血从烧伤创面大量渗出,出现血浆浓缩等,从而导致人因原发性休克或继发性休克而死亡;②吸入火灾中的高温烟气致使气管烧伤、肿胀,同时吸入大量燃烧产物如烟尘等,导致支气管堵塞,使人窒息死亡;③吸入火灾过程中产生的CO、H_2S、NO_2、HCN等有毒气体后中毒死亡。火灾致死多数是以上三种原因合并作用的结果。

(二)火烧致死尸体特征

火烧致死尸体的特征主要体现在尸体外部特征和尸体内部特征上。

1.尸体外部特征

尸体外部特征有:①尸体四肢、五官发生姿态变化,眼强闭,外眼角起皱,眼皮内残留烟粒。面部与口部周围被烧时,舌向后紧;颈部与口底部被烧时,舌向前方突出。四肢呈弯曲状或双手抱头等。②身体外部形成不同程度的烧伤痕迹。创口处发生生化反应形成充血、出血、水肿、炭化等痕迹。

2.尸体内部特征

尸体内部特征有:①尸体的呼吸道内有异物。火场内有大量的烟尘,被烧者在呼吸急促的情况下,会将炭末、烟尘吸入呼吸道内。解剖时可见咽、喉、气管和各级支气管及肺泡内的黏膜上有炭末沉着或与黏液混合呈黑色线条状。呼吸道内的异物是烧死的重要证据之一。②尸体的呼道内有烧伤。高温的气体及烟尘被吸入呼吸道时,会使呼吸道黏膜烫伤。解剖时可见咽、喉、声带、气管、支气管黏膜充血、水肿、组织坏死,有时可出现浅表性溃疡。③尸体的食管、胃肠及眼皮内、口腔内有烟尘、炭末。由于在火场内吸入的烟尘、炭末经口腔而咽下,因此解剖时常在食管、胃或十二指肠内发现烟尘、炭末。④尸体的硬脑膜外死后血肿,有的颅骨骨折。尸体的头部受高温作用后,脑及硬脑膜收缩,静脉窦或与其相连的血管受到牵拉而发生断裂,将血液挤压到硬脑膜外形成血肿。⑤尸体的血液颜色不同。被火烧死的人,死前吸入CO后,血液中会有CO成分,并生成碳氧血红蛋白,碳氧血红蛋白是樱桃色,故其尸体的血液、内脏及尸斑均呈樱桃红色。

二、人体烧伤痕迹的证明作用

(一)鉴别是烧死还是焚尸,进而证明火灾性质

如果火灾中发现的尸体,经勘验后具备火灾致死特征,且尸体上存在某种程度的烧伤,则证明是烧死。若尸体上发现有火灾前形成的致命伤或呼吸道内无烟尘,则说明很有可能是杀人放火;若尸体的呼吸道内有烟熏痕迹,但尸体被捆绑,则说明是放火杀人;根据是否具有缢死特征及燃气开关是否打开,房门、窗是否内部锁住,可以判定是否属于自杀、自焚等。

(二)证明火势蔓延方向和起火部位、起火点

人在火灾中有极强的逃生欲望,一般都背离火源方向,朝着出口方向逃生。在火场中被烧死者,尸体多数都在出口部位,头朝出口方向。因此,现场勘验时可根据尸体的位置和朝向判定火势蔓延方向或起火部位。此外,一些老弱病残和酒后躺在床上、炕上、沙发上吸烟而引起火灾烧死者,烧伤痕迹的特征与其烧死部位上形成的燃烧痕迹组成一个证据链锁,证明尸体所在的部位往往就是起火点。一些尸体只在某一侧或某一面形成烧伤痕迹,其他部位未被烧,一般形成烧伤痕的一面或一侧迎着火势蔓延方向或爆炸冲击波的方向。

(三)证明起火原因

以下痕迹可证明起火原因:①尸体裸露部分的皮肤均匀烧脱,形成"人皮手套"或"人皮面罩"等,说明是接触易燃液体所致。②尸体衣服和暴露的皮肤烧得均匀,呼吸道污染,没有机械性外力损伤,说明是因气体爆炸致死。③尸体与死者生前位置存在推力性位移,衣服部分撕破剥离,尸体某一方向皮下充血,内脏器官破坏,说明是爆炸所致。④尸体上出现"天文"状烧痕,身体局部(如脚底、鞋底、头顶)烧伤或者穿孔,或者大脑与心脏有电击麻痹状,说明是雷击所致。⑤在床(炕)上、沙发等固定部位因吸烟、电褥子等过热引起阴燃起火的现场,烧死尸体的位置与起火点相对应,其附近有证明火源的直接和间接物证,如打火机、火柴盒、卷烟、烟灰缸、电热毯、电热丝等。尸体外表和内脏有多种烧伤痕迹,尸体靠火源一侧外部烧伤程度重。

第十一节　摩擦痕迹及其他物证

一、摩擦痕迹

(一)摩擦痕迹概述

摩擦痕迹通常指物体与物体接触(撞击)并发生相对运动时,在摩擦力的作用下,在物体表面上形成的不同形状痕迹。物体发生摩擦,不一定都能引起火灾,形成火灾需具备多种条件,只有摩擦力所做的功转换成的热能,足以引燃摩擦物体或附近的其他物体的情况下才会发生火灾。这种热能的交换有直接的,也有间接的,因此各种摩擦也可以直接或间接引起火灾。有的火灾是摩擦产生的热直接引燃摩擦物体而发生;有的火灾是因摩擦力的作用,在物体上形成痕迹(划痕)的同时,部分脱离物体的高温或带火的碎片、颗粒(如产生的金属火花、点着的木质残片等)掉落或传送到其他地方(或部位)引燃该处的可燃物引起。

摩擦痕迹与火灾痕迹的形成机理有本质区别。火灾痕迹是在火灾诸多因素作用下形成的(如燃烧图形、烟熏痕迹等),没有火灾的发生,就没有火灾痕迹的形成。摩擦痕迹是火灾前(无须火灾环境)由于物体与物体之间运动状态发生变化而形成的(如物体与物体接触面突然增大、运动速度加快等),它不是火灾作用的产物,是摩擦产生的结果,是火灾的火源物证之一。

(二)摩擦痕迹产生的具体原因

摩擦痕迹产生的原因多种多样,但主要有以下几种:

(1)以滑动摩擦形式做功的物体,运动状态突然发生变化。一般设备安装不当、维修不及时时,最易发生。例如,皮带转动装置不及时上防滑油或皮带松弛,使皮带与皮带轮之间的摩擦力减小造成“丢转”,皮带与皮带轮就会产生摩擦而形成痕迹。

(2)设备安装不合要求。例如,砂轮、研磨设备与铁器摩擦;动力机与工作机硬性连接不同心,造成轴与轴承的摩擦或加重轴承内的摩擦。

(3)设备故障,特别是机械转动部分的故障。例如,搅拌机、提升机、通风机等设备的机翼、叶片与机壳体撞击、摩擦以及一些转动机件固定装置松弛,造成转动轴变形等。

(4)堵料。例如,各种带外罩的输送设备、生产设备被料卡住。

(5)高速运转的机械设备内混入的金属物体、石块等与运转中的机械撞击、摩擦。例如,梳棉机填料时混入包装用铁丝、铁条;旋转设备制造、安装或检修时掉入碎屑或工具;高压气体通过管道时,管道中的铁锈与气流一起流动,而使其与管壁摩擦等。

(6)操作不当。例如,铁器与坚硬物体表面撞击、碾压;清理易燃易爆危险物品时,操作不当,用力过猛或取送工具的动作过大。

（三）摩擦痕迹的形成部位及特征

摩擦痕迹一般在发生相对运动物体的接触部位形成，每种痕迹有着不同特征。现场勘验中，首先要确认产生摩擦痕迹的物体和形成部位；其次要认真判别摩擦痕迹的表面特征，并及时收集有证明作用的摩擦痕迹和可能产生撞击火花的物件和被引燃的物体。

（1）滑动摩擦形成的摩擦痕迹，一般在直接发生滑动摩擦的对应物体上。①皮带转动形成的摩擦痕迹，主要在传送皮带和皮带轮上：皮带炭化，有时烧断，皮带连接处金属表面磨平、光滑、呈蓝色；皮带轮表面有划痕，局部粘有皮带炭化物。②滑动、转动的轴与轴瓦处形成的摩擦痕迹：轴上有连续划痕，轴瓦有划痕且变色。

（2）设备故障，特别是机械转动部位故障而形成的摩擦痕迹，一般形成在机翼、叶片、壳体部位，如电动机定子和转子表面对应处形成的划痕。①轴与轴承间形成的摩擦痕迹：轴承架磨损变形、变色、表面积炭，主轴变形、有划痕。②机翼、叶片与壳体间形成的摩擦痕迹：机翼叶片变形，有的部分断裂或脱落，其端部有划痕或磨损，壳体内有划痕；磨损严重的，形成开裂、空洞。

（3）砂轮、研磨设备与加工件、设备本身机件间摩擦形成的痕迹，主要形成在加工件及设备本身固定的机件上，加工件和设备机件面积或体积有变化，出现局部缺口等；摩擦面有颜色变化，有时固定机件的螺丝松动，机件有移位痕迹。

（4）高速运动的机械设备内混入铁、石等物体形成的摩擦痕迹，主要形成在设备内壳体和转动部件上。壳体上有间断的不规则划痕，转动部件局部变形、磨损或折断。

（四）摩擦痕迹的证明作用

1.证明引火源

摩擦、撞击产生的高温或火花，往往是火灾、爆炸的引火源。摩擦产生的高温会使一些物体被加热引起火灾，摩擦产生的火花会掉落到附近可燃物上起火。因此，摩擦产生的火花和撞击的物体是认定引火源的直接物证。

2.证明起火点

通过鉴别摩擦痕迹，判定物体及火花运动方向以及摩擦痕迹形成部位、燃烧状态，可确认起火点。例如，通过摩擦痕迹中划痕形成的方向，判定火星掉落的部位，可判定起火点。有时通过形成摩擦痕迹物体的被烧特征，可判别附近可燃物的燃烧状态、蔓延方向及起火点。形成摩擦痕迹的物体局部烧得重或摩擦痕迹周围有炭化区（灰化区）并以此为中心有蔓延痕迹时，起火点就在该摩擦痕迹部位。

二、各种分离物证

分离物证是指互相联系的统一体由于外力作用被分成若干部分或某种状态被改变。火灾现场的分离物证除了因火灾爆炸造成的外，其余主要是人为造成的。不同的分离物证，可以反映当事人的不同活动，证明不同的行为，并反映火灾前曾发生过的事实，这种事实可能与火灾原因有关。火灾现场中常见的分离物证有：

（1）各种阀门、开关的分离状态。例如，化工企业各种物料、液体、气体的输送管道的阀门，在生产或维修过程中，在工艺上有严格的操作要求，如果操作失误，该开的没开、该关的没关，就会导致某个系统压力增大造成爆炸事故。

(2)机械零部件的分离状态。机械零部件的分离可证明其在检修或运行中曾发生过故障及这种故障是否与火灾原因有关。这对分析认定火灾原因至关重要。

(3)入口的封闭状态。销头、锁头被撬，窗户铁栏杆被锯断、掰离等，可作为认定人为故意放火的重要证据。

(4)容器盖的分离状态。一些盛装易燃液体的容器(如桶、瓶、油箱盖)的分离，往往可以反映火灾的发生过程，证明火灾发生的原因。汽车或汽车库发生火灾时，若汽车油箱盖打开、下部放油螺母被拧开或脱离，可证明有过加油或放油的行为。

三、各种计时记录物证

计时记录物证是指由火灾造成的计时记录仪器、仪表指针定格时所显示的数据或打印机打出的各种信息。例如，火灾现场中钟、表被烧停摆或电钟、电表由电源故障造成的停止。根据这些事实可以大致推断起火的时间。

计时记录物证可以反映出火灾过程中的外部影响条件(如气压、温度等)，也可以反映出成套工艺装置生产过程中的各种技术参数。这些数据对查明火灾原因往往有一定的参考价值。例如：发生火灾时，消防控制室中各种仪表指示的数据和打印机打出的信息，可以反映第一报警时间、火灾自动报警探测器的编号和位置等，对分析认定起火部位有着重要作用；企业泄漏检测报警、紧急切断、自动化控制和安全仪表系统等，能够根据采集现场仪表(如温度、压力、流量、液位、浓度等)的信号等作出判断和记录，从而还原事件经过和事发状态，为事故调查提供可靠证据。

下列证据材料可以作为认定起火时间的根据：最先发现烟、火的人提供的时间；起火部位钟表停摆的时间；用火设施点火的时间；电热设备通电的时间；用电设备、器具出现异常的时间；发生供电异常的时间和停电、恢复供电的时间；火灾自动报警系统和生产装置记录的时间；视频资料显示的时间；可燃物燃烧速度；其他记录与起火有关的现象并显示时间的信息。

第三章　专项火灾事故的调查

第一节　电气火灾调查

一、电气火灾的概念和分类

(一)电气火灾的概念

电气火灾是指由于电气线路、用电设备、器具以及供配电设备出现故障性或非故障性释放热能,在具备燃烧条件的情况下引燃本体或其他可燃物而造成的火灾。

(二)电气火灾的分类

按火灾发生在电力系统的位置不同,可将电气火灾划分为变配电所火灾,电气线路火灾,以及用电设备、器具火灾。变配电所火灾主要是指变压器火灾及变配电所内其他电气设备火灾。电气线路火灾主要包括架空线路、进户线和室内敷设线路火灾。用电设备、器具火灾主要包括家用电器火灾、照明灯具火灾、电热设备火灾以及电动设备火灾等。

二、电气火灾现场勘验和调查询问的主要内容

(一)电气火灾现场勘验的主要内容

电气火灾现场勘验主要是对电源、配电盘、线路和用电设备等部分进行勘验。具体采用哪种顺序进行勘验,要根据现场烧毁情况确定。勘验的主要内容如下:

1.配电盘的勘验

在火灾现场烧毁不严重的情况下,配电盘的勘验可按外部勘验、盘面部分勘验、盘后部分勘验的次序进行。配电盘烧毁严重时,应对烧落到地面的配电盘残体进行细项勘验。

(1)外部勘验的内容:①查明配电盘设置的位置与起火部位的位置关系。②查明配电盘外引进线状态,特别注意引进线铁管及临时线走向。③勘验配电盘本身及周围物质

被烧状态,根据配电盘及附近火势蔓延痕迹,判断火是由盘内燃烧到盘外,还是由盘外燃烧到盘内;是配电盘直接起火,还是被周围可燃物引燃。

(2)盘面部分勘验的内容:①查明盘面总闸、仪表、继电器和互感器等装置的安装排列布局、数量,查明总闸、分闸及每个电闸所控制的具体回路。②查明电闸、仪表、继电器、互感器等装置的型号、规格和种类。③查明盘面所有电闸合断状态。先查明总闸,如果处于合闸状态,再查各种分开关的位置和状态。不要急于拨动各开关和打开它们的外壳,先从不同角度仔细观察、照相和录像,然后进行动态勘验。如果刀闸开关处于合闸状态,证明其控制线路是带电的;如果刀闸开关处于拉开状态,证明是断电状态。有时为扑救火灾会将电闸拉开,这时要查明开关是何时何故被拉开的。如果总闸处于拉开状态,证明是断电状态,可不管各分闸状态如何。单极开关误装在零线上时,即使处于断开状态,线路和用电设备仍然带电,而且开关断开时的带电范围比开关合上时的带电范围还大,仍然可能因漏电或短路而引起火灾。④查明配电盘盘面开关、仪表、继电器、互感器的位置和烧毁状态,以及电气仪表或互感器等烧毁是由内热还是外烧造成的。⑤查明保险丝、熔断片品种、规格、安装方法及被烧情况,是否存在用铜、铁等其他金属等代替保险丝和熔断片的情况,保险丝和熔断片是“爆断”还是“熔断”的。⑥检查电闸盖是否有裂纹、烧蚀痕,其内有无烟迹和喷溅粘连的熔珠;检查电闸的闸刀、闸牙有无变色和电弧火花击痕;检查电闸手柄螺孔封漆状态。⑦检查盘面电度表、继电器、电流互感器、磁力开关、空气开关的接点和线圈状态,检查线圈有无全部或局部烧痕,检查各触点、接点是否有烧蚀、粘连等。⑧检查各导线与开关、熔断器、电流互感器等端子接线处是否有熔断、变色、焦化和烧蚀等情况。如果某导线与开关端子有过热痕迹,如变色、产生氧化层、烧蚀、接点附近电线绝缘焦化,说明该电路接触电阻过大。⑨检查盘面本身变化情况,有无局部变色、起泡、烧焦及电弧击穿痕迹。⑩检查开关各导电件用螺丝或铆钉连接的地方,动片活动轴点是否有接触不良、氧化、退火和变色等情况。

(3)盘后部分勘验的内容:①检查配电盘引入、引出导线的情况。导线进出配电盘处有无因摩擦导致绝缘破坏情况,有无短路放电痕迹。②检查各分闸、互感器、继电器和仪表等连接是否有误,导线与导线固定卡件之间的绝缘情况,有无对地短路和漏电痕迹;接点是否包扎,有无变色、焦化、击穿痕迹。③检查零线连接点变化情况。

(4)严重烧毁的配电盘勘验内容:当配电盘严重烧毁脱落到地面,盘内电闸、仪表和互感器等被烧破碎时,最好用逐层勘验法、复原勘验法进行勘验。①向起火单位索要起火部位电气设备、线路的全部设计、安装图。从图上查清配电盘的位置和盘面电闸、仪表、互感器等装置的数量及设置情况。请电工到现场介绍配电盘的设置、结构等情况,然后进行实地勘验。②设置在墙面上的木质结构配电盘被烧脱落后,可勘验电源引入线、引出线残体部位,勘验配电盘所在部位的燃烧图痕。③对配电盘掉落的部位,从上到下逐层勘验,查明配电盘和其他残留物掉落的层次。④对烧落的电闸残体,用复原的方法判定合、断状态。⑤勘验保险丝规格、种类,根据保险丝固定处残体和保险丝固定点处间隙判定原规格。⑥勘验电闸盖残体内有无熔丝喷溅熔珠。⑦勘验引入线、引出线及配管处有无短路熔痕。⑧勘验金属配电盘有无电弧击穿熔痕。⑨勘验配电盘底部物体被烧状态。

2.线路部分的勘验

线路部分勘验的主要内容有导线选型和敷设情况、导线连接点情况、导线故障情况及其他情况。

(1)导线选型和敷设情况:主要查明导线种类、型号是否与使用现场相适应,敷设配线是否符合规范要求。①查明导线种类、型号是否与现场环境相适应。②查明导线截面大小是否与负荷总量匹配。③查明导线的敷设配线方式、部位、走向及线间距离、导线与其他物体之间的距离。④查明导线固定方式,绝缘子型号、种类等。⑤对架空线路主要勘验以下三个方面内容:电杆选材及状态情况,电杆档距、电杆横担状态,导线弧度、线间距离及与其他物体之间的距离。⑥进户线除查上述一般内容外,还应查明下述内容:长度及与地面可燃物的距离;进户部位方式,有无套管、防水弯头,安装是否符合要求;进户线、进户穿管方式及处理情况。

(2)导线连接点情况:主要查明导线连接方式,是否出现松动、过热、烧焦和打火熔化等痕迹。①查明线路中接点位置、数量;②查明接点连接方式及处理情况;③查明接头处有无松动、过热、变色、烧焦和打火痕迹;④查明有无铜、铝接头;⑤查明导线与控制装置、用电设备的接头连接方式和变化情况;⑥查明接头位置与起火点之间的关系;⑦查明接户线与进户线接头位置是否在防水弯头处,有无异常痕迹。

(3)导线故障情况:主要查明故障位置、故障种类以及痕迹特征情况。①查明线路故障位置与起火点关系。②寻找故障点重点部位。检查进户线穿管端头处有无摩擦痕迹、短路痕迹;室外架空线有无线间间距小、档距大、弛度大的部位,有无电热烧蚀熔痕;接触高温、潮湿、腐蚀以及振动的部位;临时连接的部位;导线与绝缘子固定点;线路分支处和接线盒处;导线和设备、控制装置连接处;铜、铝接头处;导线与接地体相接处。③勘验故障点痕迹特征。

(4)其他情况:主要查明导线的被烧状况,拉断、熔化情况,绝缘破坏情况,接地情况。①查明导线被烧状态,如烧焦、烧毁、烧断、拉伸、熔化等;②查明线路中形成的各种熔痕特征以及火烧熔痕等;③查明导线未被烧部位状态;④查明接地线的截面、长度、连接点以及重复接地情况。

3.用电设备的勘验

用电设备本身故障引起的火灾较多。勘验的主要内容有:①了解用电设备的种类、型号及安装规定等;②检查设备与电源连接方式是否符合要求;③检查电源线规格、型号和容量等;④查明用电设备与起火点、现场可燃物的间距;⑤查明用电设备的控制装置是否符合要求;⑥查明用电设备功率与动力电机是否相匹配;⑦勘验用电设备内部和外部的烧毁状态;⑧勘验用电设备周围物质被烧特征;⑨了解用电设备产品质量。

4.电源部分的勘验

电源部分的勘验主要是指低压配电部分的勘验,包括变配电所及其传输、分配、保护控制装置。电源是一个相对概念,对低压变压器来讲本身是电气设备,同时变压器二次侧又作为电源给电气线路供电。电源部分勘验的主要内容有:

(1)检查电源变压器。主要检查内容包括:①种类、型号、容量以及负荷匹配情况;②二次侧接线柱、接点状态,有无松动过热和电弧痕;③二次侧保险容量、所处状态,一次侧保险的状态;④电源线、接地线和零线情况。

(2)勘验总配电盘情况:勘验供电系统、仪表、控制装置和保护装置等情况,勘验内容可参考配电盘的勘验方法。

(3)查明其他情况:查明供电时间、负荷总量以及现场电气故障在总配电盘上出现的反常现象和记录情况等。

(二)电气火灾事故调查询问的主要内容

电气火灾事故调查主要询问电气线路和设备安装、维修(护)、运行和使用人员情况,具体如下:

(1)电气系统供、用电状况,如供电时间和次数、电压浮动情况、线路负荷情况等。

(2)以往故障及处理情况,如电气线路发生过负荷,保险丝熔断,没有查找引起线路过负荷的原因,却把控制装置的熔断能力提高,致使线路过负荷运行。

(3)电气设备和线路使用情况,如火灾前电气线路是否正常通电,通电的时间和操作情况。

(4)查看变电所值班记录,了解故障和供电状况:主要是通过变配电所值班记录和操作记录准确反映电气线路运行,故障状态和时间,保护装置、控制装置动作情况。

(5)火灾前供电情况,如照明状况、现场照明灯的变化。①电灯正常亮,说明供电、用电正常。②电灯突然熄灭,如果不是停电,则有可能是短路或断路。③电灯突然亮一段时间后灯丝烧断,说明电压出现了不正常的突然升高。这可能由三种情况引起:一是误接入380 V电源或者另一相线与零线相混;二是雷电侵入造成电压升高;三是供电变压器高、低压线圈之间绝缘层击穿。如果是误接入380 V电源,电灯突然亮,可达数秒至数十秒。如果是后两种情况,则会出现电灯突然亮和瞬时熄灭的现象。④电灯突然稍暗,数秒内恢复正常,说明有电动机接入,电动机起动电流引起短时间的电压下降,运转正常后恢复正常电压。⑤电灯突然稍暗,并且维持稍暗,说明有电炉等电阻性大的负荷接入,大负荷的大电流引起稳定的电压降。⑥电灯忽亮忽熄或忽亮忽暗,大多是接触不良程度较严重的表现。⑦电灯明显暗淡,说明漏电,原因多是不良接地或变压器一次侧缺相。

三、电气火灾的认定要点

有证据证明同时具有下列情形的,可以认定为电气火灾:

(1)起火时或者起火前的有效时间内,电气线路、电气设备处于通电状态。电气线路只有在通电的情况下才能发生电气火灾,如果在起火时或起火前的有效时间内电气线路不带电,一般认为火灾与用电无关。认定通电状态,还要注意以下三种情况:①开关控制在零线的照明线路,关灯时仍可发生相线对地短路火灾或漏电火灾。②电气设备的余热也能引起火灾。如电熨斗、电炉停止使用后,余热仍能引燃可燃物。③电气故障释放的热能引起可燃物阴燃,在停电较长时间后,才蔓延成火灾。如天棚上的电气线路故障产生电火花,电火花引燃保温材料有一个较长的阴燃过程,停电一段时间后才起明火。

(2)电气线路、电气设备存在短路或者发热痕迹。

(3)起火点或者起火部位存在电气线路、电气设备发热点。认定电气火灾,首先认定起火点,然后在起火点附近的电气线路或电气设备中寻找故障点和发热、发火元件。如果经勘验没有发现曾出现过故障的证据或电气设备的发热、发火元件,不可勉强认定为电气火灾。当然,由于客观条件所限无法找到的则属例外。有时起火点和故障点之间有一定的距离,需要认真勘验才能找到,这时应注意以下三种情况:①电火花的飞溅位置。电火花飞溅的水平距离、掉落的部位取决于短路点的高度、短路电流的大小以及环境条件。通常电火花的飞溅距离以故障点为中心,其半径较近的为几十厘米,远的可达数米。尤其要注意颗粒较大的铝导线熔珠,在飞溅过程中仍保持燃烧状态,发出炽热的白光,落地后可点燃铺在地面上的纸张等可燃物,比铜导线熔珠更具危险性。②热传导因素。电能转换成热能后,即使故障点附近没有可燃物,但产生的热通过金属设备和其他媒介传导后,仍能引燃远处的可燃物,致使起火点与故障点之间有一定的距离。③非短路点处起火。电气线路发生短路时,短路的部位会产生电火花,若该部位无可燃物,不会引起火灾。但整个线路都通过较大电流时,则可能造成另外某处绝缘层薄弱点被击穿产生电火花,若此处有可燃物,就可能造成火灾。若某刀闸开关盖损坏或缺失,当其控制的电路发生短路时,短路电流将使保险丝爆断,产生的火花会引燃配电盘附近的可燃物,从而造成短路故障点在线路处,而火灾发生在开关处。

(4)电气线路、电气设备发热点或者电气线路短路点电源侧存在能够被引燃的可燃物质。电气故障所产生的热量和电气设备的发热、发火元件必须具备点燃可燃物质的足够能量,才能作为认定电气火灾的引火源。如短路时产生的电火花,温度可达2000 ℃以上,但瞬间消逝,有时不能引燃可燃物,所以不是发生短路就必然起火。短路能否引起火灾不仅取决于短路电流的大小,还取决于短路点与可燃物的位置关系以及可燃物质的燃烧性能等。

(5)起火部位或者起火点具有火势蔓延条件。

四、不同种类电气火灾起火原因的认定

(一)变配电设备类火灾起火原因的认定

1.油浸电力变压器火灾起火原因的认定

油浸电力变压器内部绝缘衬垫和支架是用纸板、棉纱布、木材等可燃物制成的。油箱内有大量的绝缘油,在故障情况下过热分解会引起爆炸。油浸电力变压器发生火灾的主要原因是操作不当、维修不及时和产品质量差等,具体原因如下:①过负荷。长时间过负荷使主线圈和副线圈过热,导致绝缘油分解出可燃气体,压力增大,发生爆炸起火。②负载短路。负载发生短路时,变压器会承受相当大的电流,此时就有可能被烧毁。③线圈因绝缘损坏而发生短路。变压器长时间过载或其他原因,会引起线圈发热,使绝缘层老化破损,造成线圈层间、匝间、相间短路或对地短路引起火灾。④接触电阻过大。线圈与线圈之间或线圈与线端之间接触不良或变压器接线柱与母线、电缆的连接头松动等,造成接触电阻过大,引起火灾。⑤套管绝缘性能降低。绝缘套管起火的主要原因是

质量差，如有裂缝，缝内积油分解出的残渣、水分和酸类物质等使套管的绝缘性能降低，遇到过电压，套管与变压器油箱盖会产生电弧引起火灾。⑥铁芯内出现涡流。硅钢片间的绝缘损坏或夹铁芯时使螺栓之间的绝缘层损坏，出现部分磁路涡流，产生大量的热，引起油分解而燃烧。⑦变压器油老化变质。变压器油长时间高温运行，逐渐变质，降低了绝缘性能，导致变压器爆炸起火。⑧变压器遭雷击。变压器遭受雷击引起爆炸起火。

2.高压油断路器火灾起火原因的认定

认定要点如下：①对于运行中的油断路器，必须注意油箱内的油量，使其符合技术标准规定的要求。油量过多，空气少，切断强电流时，油箱内压力增高，可能会造成油箱爆炸；油量过少，会使油气、氢气等从油中析出，导致电弧在油中没有得到足够冷却，与油面上部空间的油气混合物接触后，就有可能发生爆炸。②断路器的断流容量不够，不能切断电弧。电弧高温将使绝缘油分解，产生过多的气体，引起爆炸。③脱扣弹簧老化或螺杆松动造成压力不足或触头表面粗糙，致使合闸后接触不良，分闸时电弧不能及时被切断，使油箱内产生过多的气体。④油质不干净，长期运行后老化或受潮，合闸时引起内部闪络。

3.电容器火灾起火原因的认定

认定要点如下：①过电压造成电容器绝缘击穿起火；②接地不良导致对地漏电，引燃可燃物；③保护装置中熔断器保护电流过大，电容器过负荷运行；④电容器运行中出现渗漏油、鼓肚和喷油等现象，未及时处理遇火源发生火灾。

4.变配电所设备火灾起火原因的认定

在查明起火部位、起火点的基础上，变配电所设备起火原因的认定要点如下：①起火点的位置与变配电所设备的位置相对应；②变配电所设备起火前处于通电状态；③变配电所设备的发热、发火能量足以引燃本体及周围可燃物；④变配电所设备的故障发生在火灾之前。

（二）电气线路起火原因的认定

1.电气线路（包括架空线路）短路火灾起火原因的认定

认定要点如下：①电气线路处于通电状态且短路发生在火灾之前。②认定的起火点与电气线路短路点相对应。③电气线路本体及起火点处存在导线熔（痕）珠，经金相分析鉴定为电熔痕或一次短路熔痕。④起火点处存在能被短路熔珠、电弧引燃的物质。如果由于客观原因无法找到短路熔痕，但有其他证据表明火灾前发生了短路，并且具备除③以外的其他证据，通过调查排除了其他起火因素，也可以认定起火原因。此外，相线与相线短接、相线与零线短接或者三相四线制供电系统断零等都会造成部分或全部用户电压升高，过电压也可能直接造成用电器具烧毁并引发火灾。

2.电气线路过负荷火灾起火原因的认定

认定要点如下：①认定的起火部位与过负荷线路位置相对应。②起火前的有效时间内，该线路处于通电状态。③根据计算，导线在火灾现场中的实际负荷超过导线的安全载流量，并存在起火的危险。现场勘验发现导线呈过负荷痕迹特征。④起火部位（点）处存在能被导线过负荷所产生热能点燃的物质，且现场起火特征与导线过负荷热能引燃可燃物的起火特征吻合。

应当注意的是:有时电气线路过负荷不一定直接引起火灾,但可以使导线接头处尤其是接触不良的接头处发热起火;还有的电气线路过负荷并不严重,但由于散热不良积蓄热量,导致发生火灾。

3.电气线路接触电阻过大火灾起火原因的认定

认定要点如下:①起火点的位置与导线接头位置相对应;②该段导线接头起火前有电流通过;③导线接头处存在绝缘烧焦、金属导线过热变色或熔化痕迹;④导线接头部位的可燃物能够被接触不良所产生的热能引燃。

值得注意的是,导线接头可能会因为客观原因失去鉴别价值,这时要根据其他间接证据形成证据锁链认定起火原因。有时导线接头过热达到了外裹绝缘胶布等可燃物的燃点,但未达到金属自身熔点,也能造成火灾,而由于此时温度未达到金属导线熔点,则可能无明显烧蚀、变色痕迹,不能产生电热熔痕。

4.接零故障火灾起火原因的认定

认定要点如下:①火灾前共用零线的多个回路不同相线上存在过、欠电压的现象,且过、欠电压现象不是由雷击等自然现象或上一级供电系统故障造成的;②同一回路(同一相)控制的用电器具起火前的电压波动征兆相同;③现场勘验确定零线存在故障点。认定时应综合以上要点。

5.漏电火灾起火原因的认定

认定要点如下:①电气设备或导线存在漏电的条件和途径。电气设备或导线必须有电流通过,才可能发生漏电,金属结构或建筑物构件往往是漏电的主要载体。②认定的起火部位(点)与电流漏电途径(点)相对应。设备漏电和相间漏电的漏电点一般就是火灾的起火点。③起火部位(点)处有能被漏电所产生的热能或电火花点燃的可燃物。④现场起火特征符合漏电所产生的热能或电火花点燃周围可燃物的起火特征,并且已排除其他起火因素。

(三)家用电器类火灾起火原因的认定

1.空调器火灾起火原因的认定

认定空调器火灾,应当通过现场勘验和调查询问查明以下主要内容:

(1)现场勘验的主要内容:①准确认定起火点。确定起火点与空调器的位置关系,获取以空调器为中心向周围蔓延的痕迹。查看空调器部位的墙体或物体有无变色或炭化、烟熏痕迹。②勘验空调器机身的燃烧状态。查看机身烧毁程度是否内部重于外部,可根据隔板、电线、外壳等的烧毁状态及烟熏痕迹来判断。③查明电源线及插座故障引起空调器火灾的根据。通过细项勘验,寻找电气线路短路、过负荷、接触不良等故障痕迹。查明插座与空调器功率是否匹配、插座与起火点之间的位置关系以及插座与插头的接线等情况。④对空调器内部元件进行勘验。查明压缩机、蒸发器、控制开关和电容器等故障痕迹。内部元件故障容易留下痕迹,与火烧痕迹有明显区别。对于大型空调器,还要检查电源配置情况,检查热管对地绝缘情况以及风道被烧程度和燃烧方向。

(2)调查询问的主要内容:①空调器的安装情况。电源线种类、截面大小、配置形式、连接方式以及插销插座的种类、保护装置容量和安装位置等情况，是否违规采用铜铝接头、非正规电源线[如线径“缩水”线、“铜包铝(铁)”线等]；对空调器防水、防雨和遮阳所采取的措施。②空调器使用情况及外部供电情况。连续使用时间、停机顺序、启动次数等情况，是否有违反操作规程的情况，三相电源是否存在严重不平衡的问题。③空调器周围可燃物的分布情况。空调器是否紧靠窗帘、可燃装修板等材料。④空调器故障、维修和维护情况。在使用过程中是否出现过故障，了解维修的具体部位。⑤空调器起火前的异常现象。如焦味、较大响声或有规律的碰撞声等。⑥空调器的相关参数。空调器的规格、功率大小、型号、安装时间和使用时间等。

2.电冰箱火灾起火原因的认定

根据电冰箱起火特征和起火部位的不同，火灾现场勘验和调查询问的具体内容也各有侧重。

(1)电冰箱爆炸火灾现场勘验和调查询问的主要内容。如果在电冰箱内存放的易燃液体发生爆炸，现场勘验和调查询问的主要内容如下：①检查箱体是否严重破坏、变形。爆炸后的箱体外鼓并出现向后移位痕迹。②检查温度控制器、保护继电器和启动继电器触点是否有电火花痕迹或炭化痕迹。③寻找盛装易燃液体的容器，并对容器内盛装物质提取送检。④调查易燃液体的种类、数量和存放时间以及盛装容器种类和密封的方法等。⑤向发现人了解爆炸过程，并询问是否听到爆炸响声等情况。

(2)电冰箱本身故障火灾现场勘验和调查询问的主要内容：①勘验电冰箱是否位于起火部位。查明电冰箱周围可燃物质的位置、堆积方式、数量和燃烧状态，其受热面是否均朝向电冰箱，电冰箱靠墙处或其他物体上是否形成“V”字形燃烧痕迹。②勘验电冰箱烧损是否呈内重外轻痕迹特征。③勘验电源线、插座和插销等部位。主要是寻找插销、插座的位置，勘验是否有金属熔融痕迹。④勘验电动机。查明电动机线圈处是否有短路熔痕；电动机轴承和转子有无磨损痕迹，电动机的机械故障可以造成轴承和转子损坏，发生短路起火；电动机电源接线有无过热痕迹。⑤勘验控制开关熔断器的状态。如果控制开关的熔断器呈爆断状态，那么说明电冰箱电气线路发生了故障。⑥勘验温控开关、照明开关和起动继电器被烧状态。若因上述元件故障引起火灾，除具有熔痕外，保护层塑料内壁被烧程度也会严重，且燃烧痕迹呈现从里向外蔓延的状态。⑦查明使用情况。向用户了解冰箱的使用情况，有无连续切断和接通电源现象，有无外部电源故障导致起火的可能。

3.电视机火灾起火原因的认定

认定电视机火灾，应当通过现场勘验和调查询问查明以下主要内容：

(1)现场勘验的主要内容：①准确认定起火点。a.起火点一般在离地面一定高度的电视柜或桌面上，靠墙体时易形成“V”字形烟痕。b.起火部位残留物塌落层次从下至上依次为地面、电视机残体、电视机支撑物残体、瓦砾。对显像管式电视机的火灾现场，屏蔽玻璃残体的勘验十分重要。此类电视机本身引起的火灾，一般是显像管先行爆炸，然后火势向四周蔓延。屏蔽玻璃碎片会先于其他灰烬散落在电视机前地面，呈放射状，碎块呈尖刀形，边缘平坦、曲度小。其他部位的物体残骸倒塌掉落将其覆盖。因此，玻璃碎片朝上一面有灰烬和烟熏痕迹，朝下一面没有。c.电视机残体大部分存在时，其外壳靠高压包或变压器一侧严重被烧变形，电视机内有明显的烟痕。d.电视机周围可燃物质被烧状态呈现从电视机向四周蔓延的特征。②勘验电视机内部元件。a.勘验变压器。变压器线圈和硅钢片燃烧程度呈内重外轻特征，漆包线内层炭化结块，外层只是轻微炭化。线圈匝间、线圈与硅钢片间有短路熔痕，同时，变压器外壳和硅钢片形成变色痕迹，变色痕迹与短路痕迹相对应。b.勘验高压系统。高压电路的显像管、第二阳极、高压包和高压线等有较严重变形，有明显的烟熏痕迹和高压放电打火痕迹，在高压包外壳上形成喷射状的微蓝色痕迹，说明是由高压元件故障引起的火灾。c.勘验电容器。可拆开电容器逐层进行检查，如果呈现由内向外的燃烧痕迹，电容器内部卷着的铝箔和浸有电解液的纸有被腐蚀的小洞，两层铝箔之间有熔痕，则可能为击穿短路或漏电引起的火灾。③检查电源部分获取物证。勘验线路、插销、插座、保险盒和自动开关等，判断通电状态、故障种类等。

(2)调查询问的主要内容：①电视机与周围可燃物的距离。②电视机通电时间、使用时间、电源控制方式和连续使用时间等。查明电视机起火前是否处于通电状态，是否存在电视机开关已关闭但电源线仍通电的情况，如开关故障致使触点不能分离或电源开关接在了零线上。③电视机起火前曾发生的故障及维修情况。④起火前电视机出现的不正常现象。⑤电视机环境状况，如是否潮湿、是否利于散热、有无小动物爬到电视机上以及有无液体进入电视机内等。

4.计算机火灾起火原因的认定

认定计算机火灾，应当通过现场勘验和调查询问查明以下主要内容：

(1)现场勘验的主要内容：①准确认定起火点。重点获取以主机或其电源为中心向周围的蔓延痕迹，如炭化痕迹、倒塌痕迹和“V”字形图痕等。②勘验计算机输入电源。获取插销与插座接通状态的证据、电源线短路熔痕及控制开关通电状态的证据。③勘验电感线圈，获取短路、熔化痕迹；勘验电容器，获取击穿、爆裂、熔融痕迹。④勘验电源输入变压器。获取线圈变色、过热、短路痕迹物证，这是认定电源变压器引起火灾的直接证据。⑤勘验不停电电源系统。获取变压器、电池组变色、过热、短路痕迹和线路板与外壳被烧痕迹。

(2)调查询问的主要内容：①起火前计算机的使用情况。查明使用时间、结束时间及工作结束后是否断电等事实，重点获取起火前计算机的通电状态。②计算机型号及使用时间，特别要搞清楚是组装机还是品牌机。③使用期间出现故障的部位、原因及处理情况。④起火前主机、不停电电源是否出现过异常情况；是否闻到过异味，是否发现电压波动现象等。⑤不停电电源系统的具体部位及与周围可燃物体之间的距离。

5.电熨斗火灾起火原因的认定

认定电熨斗火灾，应当通过现场勘验和调查询问查明以下主要内容：

(1)现场勘验的主要内容：①准确认定起火点。现场勘验电熨斗与可燃物接触处及所在周围是否形成明显的局部炭化区。在烧毁不严重的现场，电熨斗发热易留下与本体形状相同的燃烧痕迹。②查明与电熨斗接触的可燃物种类、性质。检查可燃物的种类能否被电熨斗引燃,引燃后燃烧能否持续。③检查残留电熨斗的颜色变化。如果电熨斗底板边沿和罩壳边沿变色痕迹为以蓝色为主夹杂黄色,并粘有可燃物的炭化物,一般系内热所致。④检查残留电熨斗的内部线路。测两极电源脚电阻:几十欧姆为正常;小于10 Ω为内部发生短路;若读数为无限大,是内部断路。测一电极电源脚与外壳处的电阻:大于500 kΩ为正常,说明绝缘性能良好;小于500 kΩ为绝缘性能下降。⑤检查手柄残体。如果手柄与壳体相对应的一面炭化情况比其他部位更严重,可判别为内热所致,否则为外热所致。⑥检查导电板。导电板(电热元件的接线铜片)出现明显黑色或红褐色的痕迹,是因为发生了化学反应,生成了铜氧化物,这说明是导电板内部过热。⑦检查云母片色泽变化。将压铁从螺丝梗中慢慢退出,要注意防止损坏压铁下的芯子,然后再小心取下云母板或直接在底板上观察。注意观察云母片是否有过热的特征。云母片在400 ℃以下不会变色;在400～500 ℃之间时,云母片会留下电阻丝的印痕;通电加热至600 ℃以上且经过较长时间,云母片会失去透明性。

(2)调查询问的主要内容:①电熨斗的规格型号、使用目的。②电熨斗的通电时间、使用时间及当事人离开电熨斗的时间。③电熨斗的放置位置和放置方式。主要询问电熨斗放置位置周围的可燃物情况及电熨斗的放置方式,确认电熨斗放置位置造成余热引起火灾的可能。④电熨斗曾发生的故障及维修情况。⑤起火前是否突然停电及电熨斗电源处理情况。⑥电源线情况。查明导线种类、截面,开关插座种类、容量等情况。

6.电热毯火灾起火原因的认定

认定电热毯火灾,应当通过现场勘验和调查询问查明以下内容:

(1)现场勘验的主要内容:①准确认定起火点。a.查明是否有以电热毯为中心形成的局部炭化区,并由此向周围蔓延的痕迹。b.电热毯本身的燃烧状态是否呈现内重外轻,垫层炭化程度是否离电热丝近的部位重,远的部位轻。②勘验电热毯是否处于通电状态,具体判别方法如下:a.电热毯插销与插座插在一起,说明电源电路接通或控温装置处于带电状态;如果两者分开,首先要看所在位置是否在同一部位,然后观察其插片、插座的烟熏痕迹,判断通电状态。b.电热丝断头处有电熔痕,说明处于通电状态。c.电源线靠近电热毯一侧有短路熔痕,说明处于通电状态。d.电热毯所在电路,保险熔丝处于“爆断”状态,说明处于通电状态。③勘验电热毯重叠情况。电热毯残体呈重叠状,反映起火前曾多层折叠铺放。④提取电热毯残骸,查明其型号和种类。重点查明电热丝和绝缘层种类及开关的控温装置种类和状态。

(2)调查询问的主要内容:①起火前电热毯通电、使用的情况。查明通电时间、使用时间和断电过程,是拔下插头还是关闭开关。查明使用过程中是否突然停电及停电后是否断开电源。②起火部位电气线路情况。特别要查明电热毯与线路连接方式,插座与电路在何处用什么规格的电线连接,插座固定的位置及型号等情况。③电热毯的种类和型号。特别要查清使用的电压、控温开关规格及通电、断电的习惯方法,是否存在错误操作因素等。④起火前电热毯铺放的位置及铺放形式。特别要注意查明是否有折叠铺放情况。⑤电热毯上部、下部铺盖物。查明铺盖物的品种、数量和厚度,判断散热条件。覆盖物太厚太多,使用时放出的热量积聚不散,失去热平衡,超过一定温度时会引起燃烧。⑥

平时使用情况。a.是否存在被尿或受潮等情况。b.平时有无故障。例如,有无时通时断情况,有无烧焦糊味,有无刷洗、集堆打褶、折叠收放等情况。c.是否有金属等物体砸落、小孩经常蹬踹等事实。d.是否存在私自维修情况。⑦起火部位电路平时电压变化情况和电路保护装置设置情况。查明平时是否存在漏电、过负荷等故障。

7.家用电器类火灾起火原因的认定

认定家用电器火灾时,应当掌握以下要点:①认定的起火部位(点)火灾与家用电器的位置相对应,即火灾是以家用电器为中心向周围蔓延的;②火灾前家用电器处于通电状态;③除家用电器高温部件直接烤(引)燃附近可燃物外,家用电器本体燃烧状态显示为内部烧毁程度重于外部(内部温度高于外部温度)。

家用电器自身起火的具体原因,可以根据火灾发生、发展的特征和外界的条件、征兆以及现场遗留的痕迹物证进行综合分析,必要时可以由相关专家进行技术鉴定。家用电器电源线因接触不良、过负荷、短路等原因引起火灾的认定要点,可参照电气线路同类原因的认定要点。

(四)电动设备、刀闸开关、插座类火灾起火原因的认定

1.电动机火灾起火原因的认定

认定要点如下:①认定的起火部位(点)与电动机的位置相对应,即火灾是以电动机为中心向周围蔓延的。②火灾前电动机处于通电运转状态。③电动机本体燃烧程度内部重于外部。电动机本体起火的具体原因可以根据电动机火灾发生前的征兆以及现场遗留的痕迹物证进行综合分析认定。电动机电源线因接触不良、过负荷、短路等原因引起火灾的认定要点,可参照电气线路同类原因的认定要点。

2.胶盖刀闸开关火灾起火原因的认定

刀闸开关引发火灾的原因主要是熔体爆断和接触点接触不良引燃可燃物。熔体爆断引发火灾的原因认定要点如下:①刀闸处于合闸通电状态,保护罩损坏残缺不全或没有,具备熔体喷溅散落地面的条件。②负荷侧有故障点,刀闸熔体具备发生爆断的条件。现场瓷底座表面有熔体爆断导致的变色痕迹。③认定的起火点与刀闸的位置相对应,起火点在刀闸熔体能喷溅到的一定范围内。④刀闸开关周围存在能被高温熔体引燃的可燃物,且起火特征与高温熔体引燃周围可燃物的起火特征吻合。

3.插座火灾起火原因的认定

认定要点如下:①认定的起火点和插座所在的部位相对应,火灾是以插座为中心向周围蔓延的。②插座有电流通过,连接有用电器具和设备。③插头和插座内金属片有变色、烧蚀或熔化痕迹;插座材料有熔融、变色或炭化痕迹。

(五)照明灯具类火灾起火原因的认定

1.普通白炽灯火灾起火原因的认定

认定要点如下:①认定的起火点与灯泡位置相对应,周围可燃物以灯泡或灯泡溅落熔体为中心向周围烧毁程度逐渐减轻。②火灾前灯泡处于通电状态。③灯泡表面温度、灯泡溅落熔体足以引燃周围可燃物。④现场起火特征符合灯泡烤燃可燃物或灯泡溅落熔体引燃可燃物的起火特征。例如,灯泡烤燃木板、灯泡破碎后的高温熔体溅落到纸箱

表面引燃起火物均呈阴燃起火特征。

2.日光灯镇流器火灾起火原因的认定

认定要点如下:①认定的起火点与镇流器位置相对应,周围可燃物的燃烧程度以镇流器为中心向外逐渐减轻。②起火前的有效时间内镇流器处于通电状态。③镇流器周围存在能被引燃的可燃物,起火特征和现象符合该种可燃物被镇流器热能引燃的特征。④提取电感式镇流器本体上的熔痕做金相分析鉴定,具有二次短路熔痕特征(由于线圈内部过热,达到一定温度时,漆包线绝缘层燃烧,最后导致线圈层间或匝间短路,所以具有二次短路的环境气氛)。电子镇流器在火灾中很难留下可供鉴定的残体,需要通过一系列间接证据形成证据体系进行分析认定。

(六)电热设备类火灾起火原因的认定

1.电烘箱火灾起火原因的认定

(1)现场勘验的主要内容:①勘验电烘箱是否具有爆炸起火特征。a.现场是否以电烘箱箱体为"炸点",被炸变形程度向周围逐渐减轻。b.箱体是否严重变形,外箱壁是否炸裂,箱门是否崩开变形或被炸脱离箱体落于地面。c.箱内支架是否变形向外凸起,料盘烘料是否抛出箱外。d.箱内烟迹情况。爆炸往往烟迹较少,箱门外没有烟气从内向外的流动痕迹。②勘验是否存在温度过高引起火灾的痕迹。a.是否具有阴燃起火特征。箱内阴燃起火特征表现为箱内壁形成大量烟迹,并有明显向外流动滋痕,密封垫内侧严重炭化并有裂口和烟迹。b.烘干物体是否严重炭化,电热元件表面是否粘有烘干物体炭化物。③勘验烘箱是否存在因电气故障引起火灾的痕迹。a.电源线截面是否过小,有无过负荷痕迹。b.炉盘是否损坏。如果电热元件与箱体内壁接触,会形成电火花烧蚀痕,此处隔热材料会严重被烧。c.电源线与发热元件连接处是否有熔断痕,靠近此位置的烘干物局部是否被烧炭化,接头处是否粘有烘干的残留物。d.红外线灯头处是否形成短路熔痕,插口是否严重变色,形成烧蚀痕。④检查温度控制装置是否失控。检查温度控制装置,获取温度是否失控的根据。

(2)调查询问的主要内容:①烘干物种类、数量、状态。特别要查明用易燃液体洗过或用油漆处理过的物体,进箱体前处于何种状态,其表面干燥程度以及液体气味大小。②电烘箱通电过程、通电时间以及控制温度方法,并获取运行记录。③烘干过程中的异常情况。有无异常糊焦味、冒烟情况以及断电情况。④当事人离岗的原因、时间和发现火灾过程。重点获取指明最早冒烟和出现明火的部位,发现时响声、火光和烟雾颜色的特征情况。⑤电烘箱发生事故的次数和具体原因,起火前电烘箱维修部位。⑥电烘箱附近可燃物堆放的品种、数量,可燃物与电烘箱之间的距离。特别要查明电烘箱所在建筑顶棚的结构,电烘箱的高度等情况。⑦电烘箱的型号、功率、加热方式和电路配置情况。

2.小型电炉火灾起火原因的认定

(1)现场勘验的主要内容:①勘验电炉与起火点的位置关系。查明小型电炉是否位于起火点,现场是否呈现以电炉为中心向四周蔓延的燃烧痕迹。主要表现为物体上形成的受热面均指向电炉,烧损程度向外逐渐减轻。②勘验小型电炉是否处于通电状态。

a.电炉电源线是否与电源开关、插座连接在一起。b.电炉电源线和电炉连接端子处是否形成短路熔痕。如果有熔痕,则证明电炉火灾前处于通电状态。因为电炉烤燃附近可燃物起火后,电炉的电源线靠电炉最近的部位先被烧着,由于这种线大多数是两股合并或缠绕在一起的软线,被火烧后绝缘破损发生短路并形成短路痕迹。c.电热丝断头处是否有熔痕。电热丝大多数是由铁铬合金或镍铬合金组成,熔点较高,一般火灾现场温度不能使它熔化,只有当电热丝在通电状态下,遇到外部火源或由于落到电热丝上的物体,造成电热丝短路。d.电闸是否处于合闸状态,熔丝是否呈熔断状态。③勘验电炉盘面是否有炭化物或金属熔化物。检查电热丝表面和盘槽内,是否粘有大量炭化物,且分布均匀。如果电炉烤燃物体呈现燃烧痕迹,从上至下顺序是外部被烧→未烧或较轻→严重炭化程度→炉盘,堆积物底部靠电炉盘部分形成明显炭化层,形状与炉盘相似。如果是铝容器,会熔化成无规则熔块、熔条,有明显的流淌痕,黏附于电炉外侧。铝熔块表面呈淡灰色,用手可捏成粉末。

(2)调查询问的主要内容:①起火前电炉的位置及与周围可燃物的距离。查明可燃物的品种、数量及环境条件。②电炉电源线的种类、截面大小、连接形式、走向等情况。③通电、断电方式及控制开关的位置。④使用情况。电炉通电时间和断电时间,通电和断电的具体措施和过程;电炉的使用目的是取暖、烧水还是做饭;电炉上所放容器的种类、容量,以及容器放在电炉上的时间;电炉在使用过程中是否出现过异常或意外情况,如突然断电,以及电炉位置变化情况和是否拉闸断电。⑤当事人在电炉通电后的活动情况,特别是离开时间和去向等情况,并质证核实。⑥电炉功率、型号,是否有缺陷及已经使用年限等情况。

3.电烙铁火灾起火原因的认定

(1)现场勘验的主要内容:①准确认定起火点。查明是否形成以电烙铁为中心向周围蔓延的痕迹。如果电烙铁放置在木质工作台面上,会在起火点处形成明显炭化区。②勘验是否处于通电状态。a.插头与插座是否处于连接状态;b.电源线与电烙铁连接处是否有短路熔痕;c.电热丝与电线连接处或电热丝熔断处是否有熔痕;d.电烙铁电源回路保险丝是否呈爆断状态;e.绝缘元件、云母片是否失去透明度形成变色痕迹。

(2)调查询问的主要内容:①电烙铁电源线型号、规格,插头、容量大小及线路配置形式、走向和插座固定位置情况。②起火前电烙铁的位置及附近可燃物堆放情况。③电烙铁断电时间和断电方式,是拔插销还是拉闸。④电烙铁维修使用情况及放置部位。⑤使用过程中发生过的异常情况。查明突然停电的时间,停电后处理情况。⑥电烙铁使用年限、功率、型号等情况。

4.电热设备类火灾起火原因的认定

认定要点如下:①认定的起火部位(点)与电热器具的位置相对应,现场形成以电热器具为中心向周围蔓延的痕迹;②电热器具在起火前的有效时间内处于通电工作状态;③电热器具的发热、发火必须足以引燃本体及周围的可燃物;④调查未发现其他起火因素。

第二节　爆炸类火灾的调查

一、爆炸的分类及特点

（一）按照爆炸物质性质的变化分类

1.物理爆炸

装在容器内的液体或气体，体积迅速膨胀，使容器压力急剧增加，由于超压力和（或）应力变化使容器发生爆炸，并且爆炸前后物质的化学成分均不改变的现象，称为物理爆炸。例如，蒸汽锅炉因水快速汽化，压力超过设备所能承受的强度而发生的爆炸；压缩气体或液化气钢瓶、油桶受热爆炸等。物理爆炸可能直接或间接地引发火灾。

2.化学爆炸

因物质发生化学反应，产生大量气体和高温而发生的爆炸，称为化学爆炸。例如，可燃气体、蒸气、粉尘、液滴与空气或其他氧化介质形成爆炸性混合物发生的爆炸，炸药的爆炸，煤矿瓦斯的爆炸等。

3.核爆炸

由于原子核裂变或聚变反应，释放出核能所形成的爆炸，称为核爆炸。例如，原子弹、氢弹、中子弹的爆炸就属于核爆炸。

（二）按照爆炸传播的速度分类

按照爆炸传播的速度分类，化学爆炸可分为爆燃、爆炸、爆震。

1.爆燃

爆炸物质的传播速度为每秒数十米至百米，爆炸时压力不激增，没有爆炸特征的响声，无多大破坏力。气体爆炸性混合物在接近爆炸浓度下限或上限时的爆炸属于爆燃。

2.爆炸

爆炸物质的传播速度为每秒数百米至千米，爆炸时在爆炸点引起压力激增，有震耳的响声，有破坏作用。被压榨的火药受摩擦或遇火源引起的化学反应属于爆炸。

3.爆震

这种爆炸的特点是突然升起极高的压力，爆炸物质的传播是通过超音速的冲击波实现的，每秒可达数千米。这种冲击波能远离爆震发源地而存在，并引起该处其他炸药的爆炸（称为殉爆），具有很大的破坏力。

（三）按照爆炸物质的状态分类

1.气相爆炸

气相爆炸指物质以气体、蒸气、粉尘云和雾滴状态发生的爆炸。

2.液相爆炸

液相爆炸指物质以液体状态发生的爆炸。

3.固相爆炸

固相爆炸指物质以固体状态发生的爆炸。

(四)按照爆炸现场的特征分类

1.固体爆炸性物质爆炸

固体爆炸性物质爆炸指具有爆炸性的固态危险物品所发生的爆炸,简称"固体爆炸"。

2.泄漏气体爆炸

泄漏气体爆炸指可燃气体、液化可燃气体、易燃可燃液体蒸气泄漏到空间发生的爆炸,简称"气体爆炸"。

3.粉尘爆炸

粉尘爆炸指悬浮于空气中的可燃粉尘触及明火或电火花等火源时发生的爆炸。

4.容器爆炸

容器爆炸指高压贮运容器或反应容器发生的爆炸或爆破。

二、炸药爆炸、气体爆炸和容器爆炸

(一)炸药爆炸

1.炸药爆炸的主要特征

炸药爆炸的主要特征包括:炸点明显;炸点附近的抛出物细碎且量多;爆炸冲击波强度大,传播方向均匀,衰减快,能够导致人、畜等的内脏器官机械损伤;部分固体爆炸在炸点和抛出物的表面上有比较明显的烟痕。

2.炸药爆炸残留物分布的规律

(1)第一地带为爆炸产物直接作用的范围:该范围的半径为装药半径的7~14倍,爆炸产物温度高、压力大,所以扩散速度快。此处爆炸痕迹通常表现为形成炸点。爆炸中心周围介质被炸碎并抛散,人体组织被炸碎而被抛出炸点外,爆炸残留物大部分被抛出炸点外。通常情况下,这一地带的炸药残留物较少。

(2)第二地带为爆炸产物和冲击波共同作用范围:该范围的半径为装药半径的14~20倍,爆炸产物和空气冲击波的作用大致相等。宏观爆炸痕迹表现为燃烧和高温作用现象。破坏介质可被抛散,但抛离距离比第一地带近。爆炸产物和空气冲击波开始分离。未分解的炸药原形物降落开始增多。

(3)第三地带为冲击波作用范围:该地带半径大于装药半径的20倍,由于爆炸产物已与空气冲击波分离,因此会在冲击波后形成较大的负压区。炸药残留物较多,形成残留物分布高密度区。随着冲击波扩散和压力逐渐降低,冲击波的破坏力逐渐减小,爆炸残留物呈现出由多到少的趋势,直至减少到不存在。

3.炸药爆炸现场勘验和调查询问的主要内容

(1)现场勘验的主要内容:①查明炸点情况。通过查明炸点的位置、形状、大小及靠近炸点物体的破坏情况,判断药量和破坏程度。②查明抛出物的气味。通过抛出物的气味,可判断炸药种类,如三硝基甲苯(TNT)有苦味,黑火药有硫化氢味、涩味等。③勘验有无烟痕。现场烟痕不明显，在炸点边缘的物体上容易发现烟痕，收集烟痕时要连同其载体一并提取送检。根据烟痕的气味、颜色可初步判定炸药种类。④勘验燃烧痕迹，辨别爆炸物类别。根据可燃物燃烧痕迹的特征，可以大致判断爆炸物品的类别。一般情况下，有比较明显的燃烧痕迹的，为低爆速炸药爆炸；没有燃烧痕迹的，为中爆速炸药爆炸；仅有局部燃烧痕迹的，为高爆速炸药。通常情况下，在炸药生产、存储和使用的场所，爆炸能引起燃烧。⑤勘验抛出物分布情况。查清抛出物在现场的分布方位、密度，典型抛出物距炸点的距离。较大块的抛出物要测距、称重、照相、绘图并作做记录。⑥检查抛出物上的痕迹。检查抛出物表面烟痕、燃烧痕、熔化痕、冲击痕及划擦痕迹，分析上述痕迹物证，判断爆炸物种类、数量、状态及破坏威力。⑦提取残留物做分析鉴定。提取的爆炸残留物主要包括爆炸物的原形物、分解产物、包装物和引爆物的残体。勘验时注意在下列部位提取：a.在炸点及其附近提取；b.在抛出物体上提取；c.在包装物的残片上提取；d.在爆炸尘土上提取。爆炸物的原形物在现场以炸点为中心向周围呈马鞍形变化，第三地带含量最高，半径为装药半径的20～30倍，重点在此区域取样。还应在炸点冲击波方向上取样。一般做法是5 m之内每隔0.5 m收集一次，5 m以外每隔1 m收集一次。每次样品取土面积不小于0.3 m^2，收集细土不少于10 g。收集的距离可根据炸药量来决定，一般爆炸现场10～20 m的范围，药量很大的现场50～100 m的范围。最后在现场附近、爆炸尘土落不到的地方采取空白尘土，以便做空白对比样。⑧以炸点为中心向不同方向勘验。主要是勘验建筑物倒塌、断裂、变形、移动等破坏情况。勘验不同房间内放置的物品被摧毁情况，炸点与倒塌的建筑物之间的距离，测出不同破坏程度的半径，从而估算爆炸物的数量和爆炸能量。勘验伤亡人员的具体位置、姿态、朝向、损伤部位及原因，衣服剥离、毛发被烧情况并提取相关物证送检。

(2)调查询问的主要内容：①通过发现人了解爆炸现象，如声、光、火焰、烟、气味等情况。爆炸物质不同，爆炸后的现象也不一样，通过爆炸现象可判断爆炸物。②爆炸发生的详细经过。主要是爆炸发生的时间，爆炸发生后的声响，爆炸的震动和冲击波情况。③现场爆炸前后的物品变化情况。例如，爆炸前现场物品的位置状态及爆炸后物品变动的情况。④生产、储存、运输爆炸物品中的违章、违规情况，主要是爆炸品来源和保管的情况以及用火、用电的情况。查明事主及相关人员使用、接触爆炸物品的情况。⑤事主的经济、政治、社会关系，生活等情况，以查明案件因果关系。

(二)气体爆炸

1.气体爆炸现场的特点

(1)没有明显的炸点：通常将引火源的位置定义为炸点。可以根据现场抛出物的分布情况推断引爆点。根据周围物体的倾倒、位移、变形、碎裂、分散等破坏情况分析引爆点时，要注意可燃气体在空间分布的不均匀性，破坏最严重的地点不一定是引爆点。气体爆炸区容易形成负压区，新进入的空气引起可燃物燃烧，造成二次破坏。

(2)击碎力小、抛出物大：空间气体爆炸除能击碎玻璃、木板外，很少能击碎其他物品，而且抛出物块大、量少、抛出距离近。

(3)冲击波作用弱、燃烧波致伤多：空间气体爆炸压力不大，只产生推移性破坏，使墙体外移、开裂,门窗外凸、变形等。可燃气体能够扩散到家具内部,有时能将大衣柜的门、桌子抽屉鼓开或拉出。爆炸燃烧波作用范围广,能迅速燃烧,使人、畜的呼吸道烧伤,冲击波机械致伤明显。

(4)烟痕一般不明显:空气充足时,可燃气体燃烧充分,不会产生或较少产生烟痕。只有含碳量高的可燃气体爆炸燃烧时,可在部分物体上留下烟痕。例如,乙炔、烷烃类高分子有机化合物爆炸燃烧时会留下烟痕。

(5)易引起燃烧:可燃气体爆炸能引起整个空间大面积燃烧,具体有下列四种情况。①可燃气体没有泄尽,在空间爆炸后会在气源处发生稳定燃烧;②可燃性液体挥发后发生的气体爆炸,会在可燃液体表面发生燃烧;③室内发生气体爆炸时,可引起室内可燃物起火;④可燃气体泄漏量小,接近气体爆炸下限时,只发生爆燃,可能引发火灾,也可能不引起燃烧。

(6)泄漏气体的低位燃烧痕迹:液化石油气等密度比空气大,易聚集到低洼区域,发生爆炸燃烧后,现场可能发现某物体下方或者一般火灾烧不到的低洼处,存在细微可燃物的烧焦痕。

2.气体爆炸现场勘验和调查询问的主要内容

(1)现场勘验的主要内容:①查明泄漏点。a.泄漏气体在外部空间爆炸。泄漏气体在外部空间爆炸时,泄漏点很容易找到,同时也很容易找到泄漏的容器。对于工矿设备引起的气体泄漏,可检查泄漏容器,并寻找泄漏点和泄漏原因。b.外部空间和容器内部都发生爆炸。这种情况下,要仔细查找事故单位有史以来的设计、安装、生产、贮存等情况,以前发生泄漏事故的原因,并从调查询问中获取线索,分析泄漏点的位置及泄漏原因。c.居民住宅中的泄漏气体爆炸。居民住宅中的泄漏点寻找:气体爆炸后,若泄漏点仍在燃烧,则比较好找。气浪将泄漏点火焰熄灭或者气体泄净燃尽时,泄漏点不容易寻找。这时要在保证安全的情况下,听声、闻味迅速寻找。②勘验引火源。气体爆炸的引火源,按存在的时间分为持续性引火源和临时性引火源。若多个火源同时存在,则要根据火源的性质、与泄漏点的距离、气流方向及泄漏气体密度,分析哪个是引起爆炸的火源。居民家中的引火源主要有炉火、电气开关火花和吸烟产生的火花等,要查明在爆炸前或火灾前是否有操作电气开关、吸烟等行为。③查明爆炸的中心部位。气体爆炸没有明显的炸点,可根据引火源情况、现场建筑物破坏倒塌痕迹以及证人证言进行综合分析,认定爆炸的中心范围。

(2)调查询问的主要内容:①发生爆炸时的现象和过程。②泄漏气体种类、设备及泄漏位置。③泄漏的原因及采取的措施。④爆炸前可燃气体的生产、使用、贮存情况,有无特殊现象。⑤设备的设计、施工和检修情况。⑥以前是否发生过泄漏事故,什么原因,如何处置的。⑦爆炸中心部位有什么经常性的引火源和临时性的引火源。特别要询问电工和相关技术人员,了解电气线路敷设情况,附近电气设备是否防爆,选择的什么类型的防爆电器。

（三）容器爆炸

1.容器爆炸现场的特点

在容器爆炸现场，容器裂片明显，而且抛出物数量不多、块大、距离不定，有时没有抛出物，只是容器整体抛出或移位。其爆炸冲击波具有明显方向性，指向容器裂口。

2.容器爆炸现场勘验和调查询问的主要内容

（1）现场勘验的主要内容：①检查容器本身破坏情况。a.破裂断面的勘验。用放大镜仔细观察断口截面及断口附近容器内外壁的颜色、光泽、裂缝、花纹，找出其断面特征。必要时取破裂口附近的材质，进行化学分析、力学性能检验和焊接质量鉴定。b.破坏形状的勘验。应测量裂口长、宽，容器裂口处的周长和壁厚，并与容器原来尺寸作比较，计算裂口处的圆周伸长率和壁厚减薄率，估算出容积变形率。c.碎片和抛出物的勘验。测定、记录碎片及抛出物的形状、数量、质量、飞出方向和飞行距离。根据大块抛出物的质量及飞行距离计算其所需的能量。在容器整体被抛出的情况下，其所获得的动能为爆炸总能量的1/30～1/20。d.收集残留物。爆炸容器内的物质一般应该是已知的。但是为了证明是否发生过误充装、误加料等，就要取样检验鉴定容器内的残留物，寻找带有容器内喷溅痕迹的物体，同时要记录残留物和喷溅物的形态、颜色、黏度、数量和种类。如果固体、液体在容器内蒸发或发生分解反应，生成的残留物就会发生变化，这种情况要引起重视。②勘验安全附件情况。a.勘验压力表。如果压力表冲破，指针打弯，说明产生超压；如果指针在正常工作点及附近卡住，说明失灵。b.勘验安全阀。检验安全阀是否有开启过的痕迹，是否有失灵现象。对安全阀重新实验和拆开检验，看其内部腐蚀情况、介质附着情况和阀门动作情况。c.勘验液位表。检验液位表是否与主容器连通，是否有假指示现象，通过印痕检查爆炸前液体数量，检查残余液体的量，检查液位表的破坏情况。③检查造成的破坏及伤亡情况。检查容器爆炸对建筑物、设备等的破坏情况；检查受伤人员受伤的部位、受伤的程度等；检查现场尸体所在的方位、姿势、衣着情况等。

（2）调查询问的主要内容：①爆炸容器的名称、用途、型号、使用年限、质量、生产厂家等；②爆炸时间、爆炸时的现象、冲击波方向；③容器爆炸前内容物种类、数量、配比，是否超量；④容器正常情况下的温度和压力，如何正常操作；⑤爆炸前的温度和压力有什么不正常变化；⑥压力表、减压阀和液位表是否经常失灵；⑦设备的使用性质和工艺，设备的设计、施工、使用、检修情况；⑧爆炸容器附近有什么可燃物。

3.容器爆炸原因的认定

认定要点如下：①爆炸现场残留有盛装容器、管道的壳体和残片，残留壳体有向外扩张痕迹。②根据容器内部盛装物料及其爆炸特征，判定容器内部发生的爆炸是物理爆炸还是化学爆炸。③针对容器爆炸的性质认定爆炸原因。如果是物理爆炸，应从材料性质、焊接工艺、内部超压等方面分析判别；如果是化学爆炸，应从爆炸性混合气体、引火源等方面分析判别。

三、爆炸现场的勘验程序

(一)初步勘验

1.确认爆炸或火灾以及爆炸物类型

根据现场破坏痕迹特征,判断是先发生爆炸还是先发生火灾,并根据爆炸是发生在地面,还是发生在空间或者容器内,初步判断爆炸物类型。

2.分析爆炸特征

分析爆炸特征,确定是固体爆炸、气体爆炸,还是粉尘爆炸、容器爆炸。

3.确定炸点

根据爆炸冲击波方向,应用爆炸动力学进行分析,沿着力的方向从损坏程度最轻的地区到最严重的地区进行勘验,确定炸点的位置、形状和大小。通常将破坏最严重的区域认定为炸点,有时炸点也包括炸坑或其他局部严重损坏区域。气体和蒸气爆炸,其炸点一般定为密闭容器或起爆房间。

4.确定爆炸物来源

可通过如下途径来确认爆炸物来源:①现场残留的爆炸物。②燃气设施或盛装易燃液体的罐体的状况、位置。③加工过程中的副产物、粉尘,主要包括:农产品;碳质的物质,如煤和焦炭;化学品;药品,如阿司匹林和维生素C;染料和颜料;金属粉,如铝、锰和钛粉;塑料以及树脂,如合成橡胶等。④易爆容器的情况。

5.确定引爆源

根据爆炸类型,确定引爆源。固体爆炸:引爆源可能是雷管或其他烟火装置等。泄漏燃气和粉尘爆炸:要确定潜在的引爆源,如热表面、电弧、静电、明火、火花、化学物质等。容器爆炸:要考虑容器内部压力上升的原因。

(二)细项勘验

1.勘验内容

借助初步勘验结果,对爆炸造成的破坏和残骸进行详尽的检查和分析。应对发现物进行详尽的标注、照相、绘图,并按要求对样品进行收集和保存。

2.确认爆炸前或爆炸后所致损坏

确认火烧或热损坏是由爆炸前发生的火灾还是爆炸的热效应引起的。

3.确定爆炸的破坏效应

爆炸产生的扩散型热波和压力波导致了爆炸特有的破坏效应。仔细检查现场,分析现场的破坏来自下述哪种爆炸破坏效应:①冲击波效应,破坏和死伤的主要原因;②霰弹效应,可以造成极大的破坏和人员损伤,而且霰弹片常常能割断电线、切断煤气或其他易燃燃料供应管道,扩大爆炸后火灾的范围和强度或引起连带的爆炸;③热效应,燃烧爆炸释放出的大量热能够将周围空气加热,并能点燃附近的可燃物或烧伤附近的人员;④震动效应,爆炸导致建筑物倒塌撞击地面产生的震动能够对建筑及其地下设施、管道、油罐或电缆产生额外的破坏作用。

4.**分析爆炸破坏因素**

爆炸对建筑的破坏程度与许多因素有关，主要包括爆炸物种类、爆炸物浓度、紊流效应、封闭空间体积、点火源的大小和位置、通风情况以及建筑物的强度。

5.**物证定位和确认**

爆炸的威力大，物证碎片的分散范围会很大，应对物证进行定位和确认，主要包括：提取爆炸受伤者的衣服用于检查和分析；记录受损和移位的建筑构件状态和位置，如墙体、天花板、地板、屋顶、房地基、支撑柱、门、窗、走道、车道以及院落的情况；记录任何受损或被置换的建筑内部物品的状态和位置；记录公共设备的任何损坏和移动的情况和位置。

第三节　自燃类火灾的调查

一、自燃物质的主要特征与分类

自燃物质指自燃点低、在空气中易发生氧化反应、放出热量、可自行燃烧的物质。

（一）自燃物质的主要特征

(1)化学性质活泼，自燃点低，易氧化而引起自燃着火(如黄磷)。

(2)化学性质不稳定，容易发生分解而导致自燃(如硝酸纤维素)。

(3)有些自燃物质的分子具有高的键能，容易在空气中发生氧化作用(如桐油酸甘油酯)。

（二）自燃物质的分类

1.**根据自燃的难易程度及危险性大小分类**

(1)一级自燃物质：此类物质与空气接触极易氧化，反应速度快，同时，它们的自燃点低，易于自燃，火灾危险性大，如黄磷、铝铁熔剂等。

(2)二级自燃物质：此类物质与空气接触的氧化速度缓慢，自燃点较低，如果通风不良，积热不散也能引起自燃，如油污、油布等含有油脂的物品。

2.**根据热量生成途径分类**

(1)氧化放热物质：这些物质与空气中的氧气发生氧化反应放热，主要包括以下几种。①油脂类物质。这类物质因含不饱和双键，能氧化生热。②低自燃点物质。该类物质的自燃点低于常温，接触空气会发生燃烧，如三乙基铝的自燃点为－52.5 ℃，白磷的自燃点为40 ℃。③其他氧化放热物质，如动植物油类、煤、橡胶、棉籽、含油切屑和废蚕丝、骨粉、鱼粉等，金属粉末和金属屑也能直接与空气中的氧气反应而放热。

(2)分解放热物质：如硝酸纤维素、硝化甘油等，它们易发生水解而放热。

(3)发酵放热物质：常见的植物茎秆、果实等，于一定水分、一定温度下，在微生物的作用下会发酵生热，当温度达到70～80 ℃时再经过吸附、氧化等生热过程，若条件适宜，达到自燃点即会引起火灾。

(4)吸附生热物质:活性炭表面吸附空气生热。炭粉类物质既能吸附空气生热,又能与吸附的氧进行氧化反应生热。这类物质主要有活性炭末、木炭、油烟等炭粉末。

(5)聚合放热物质:如丙烯、苯乙烯、甲基丙烯酸甲酯等单体在缺少阻聚剂或混入活性催化剂、受热光照射时自动聚合生热。

(6)遇水燃烧物质:遇水发生化学反应,产生大量反应热,生成物质自动燃烧。例如,钾、钠等在空气中遇水产生氢气,引起爆炸或燃烧。

(7)混触爆炸物质,是指强氧化剂和强还原剂物质混合,发生爆炸或者起火的物质。

二、自燃类火灾发生的条件和特征

(一)自燃类火灾发生的条件

在空气中、常温常压下,无任何外来火源作用,物质发生自燃必须具备的条件是体系内部产生的热量大于向外部散失的热量。

1.放热速率

自燃体系内放热速率越高,自燃体系升温越快,越有利于自燃的发生。影响放热速率的因素有以下几个:

(1)温度:反应速度受温度影响很大,自燃体系温度越高,自燃反应的速率越快,越有利于自燃的发生。

(2)放热量:放热量是单位质量的自燃性物质自燃时释放出来的热量。其大小由自燃物质的种类和引起自燃的反应类型不同而有差异。一般可从有关理化手册中查到。

(3)水分:水分对于发生自燃的化学反应,几乎都具有催化剂的作用,适量的水分能降低反应的活化能,使自燃反应速率加快。对于植物纤维、金属粉末以及堆放的煤,如果存在适量水分,就容易自燃。

(4)比表面积:反应速率与两相界面的表面积成正比,比表面积越大,自燃反应的速率越快,就越容易自燃。其原因有三个方面:一是比表面积大到一定值,能增强化学反应的活性;二是比表面积大,增大了单位体积自燃物质与空气接触的面积,使反应的概率增大;三是比表面积大的物质内部通常都存在许多空隙,空隙中静止的空气具有良好的隔热保温作用。例如,铁块不能自燃而铁粉能够自燃就是这个道理。

(5)催化作用:在自燃体系中存在对放热反应具有催化作用的物质,自燃的反应就会加快,自燃火灾就更容易发生。例如,油酸中含有微量重金属及脂肪酸皂,对油酸的自燃发热会起到促进作用。二氧化氮对硝酸纤维素自燃的发生也有很强的催化作用。

(6)老化程度:某些自燃性物质的老化度对自燃的发生有重要影响。例如,硝酸纤维素越是陈旧或者受热时间越长,越易发生分解,自燃的危险性就越大;而煤、活性炭、油烟和炭黑等物质越新,越容易发生自燃;干性油和半干性油氧化成固体后,则无自燃的危险。

2.热量的积蓄

物质自燃必须有良好的热量积蓄条件。在没有外界能量作用的情况下,自燃体系热量的积蓄条件越好，自燃体系升温越快，越有利于自燃的发生。

（1）热导率：热导率越小的物质，具有的蓄热保温作用越好，越利于自燃的发生。在气体、液体、固体物质中，气态物质的热导率最小。处于粉末状、纤维状或多孔状的物质具有这种特性，蓄热保温好。

（2）堆积方式：堆垛越大，越利于自燃体系热量的积蓄，越有利于自燃的发生。大块的物质即使堆成大垛，也不利于热量的积蓄。纤维状、粉末状的物质堆成大垛，利于热量的积蓄，内部蓄热条件好，容易升温，利于自燃的发生。

（3）空气流速：空气流速越低，越利于热量的积蓄，越易发生自燃。空气流动能促使自燃体系内部与外界的对流传热，致使体系内部温度下降，使蓄热条件变差，使自燃反应速率降低。空气流动状况，要综合考虑当时当地的天气、风向、风速以及建筑物的门窗数量和开闭情况等。

（二）自燃类火灾现场的特征

柴草堆垛等自燃火灾一般具有阴燃起火的特征：①自燃火灾发出明火前，有升温、冒白烟，后冒黑烟、有异味等异常现象。②起火部位物质有明显烟熏痕迹。③起火点处有较重的炭化痕迹，且呈现出由内向外逐渐减轻的蔓延痕迹。④起火点处有明显的残留结块，炭化区比较大，炭化深度比较深。⑤火灾现场可能形成多个起火点。⑥一般形成低位燃烧痕迹。自燃火灾多从低点开始向上燃烧，并向四周蔓延，而且起火点范围可能比较大。

三、自燃类火灾现场勘验和调查询问的主要内容

（一）现场勘验的主要内容

进行现场勘验时，主要是按照自燃火灾现场的特征认定起火点：①查明起火点的位置，确认是否呈现低位燃烧痕迹。②查明起火点的数量。确认在堆垛大的情况下，是否有多个起火点。③查明起火点的特征。注意自燃类火灾起火点的范围一般比较大。④勘验现场起火点处是否有明显的残留结块，是否有一定范围的炭化区，并呈现出由此向周围蔓延火势的痕迹。

（二）调查询问的主要内容

1.查明起火前堆放的物质种类及性质

查明起火前现场堆放有何种物质，这些物质是否为自燃物质。

2.查明起火特征

查明是否具有阴燃起火的特征，以及多个起火点的特征。了解火灾前起火部位是否有升温、冒白烟、冒黑烟和异味等异常现象。

3.查明自燃发生的条件

主要查明如下条件：①查明自燃物质的自燃特性，如自燃点、碘值、过氧化值增长率、发生自燃的初始温度、发生自燃所需要的含水量等。②查明影响自燃放热速率的条件。火灾前现场的温度，自燃物质的发热量、含水量、表面积、老化程度、催化作用等。③查明

发生自燃前的气象状况。火灾发生前现场的气象状况,如温度、湿度、风向、风力甚至雷暴天气等,往往对自燃事故的发生有着重要影响。专业气象台出具的起火有效时段内的气象资料证明,是十分重要的证据材料。④查明影响自燃散热速率的条件,如现场物质的热导率、含水量、堆垛方式、堆垛大小、空气流动情况等。

4.查明曾发生自燃火灾的原因

查明起火单位以前发生的类似自燃事故的相关情况,包括自燃物质种类、性质、状态、形态、堆垛大小、现场条件和自燃原因等,以此作为起火原因认定的参考。

四、自燃类火灾起火原因的认定要点

认定自燃类火灾,起火点或者起火部位应当存有自燃物质,具有生热、蓄热条件和阴燃特征。下列特征可以作为认定自燃起火原因的根据:①起火点处存在足够数量的自燃类物质;②有升温、冒烟、异味等现象出现;③自燃物质有较重的炭化区、炭化或者焦化结块,炭化程度由内向外逐渐减轻;④起火点处物体烟熏痕迹比较浓重。

五、不同自燃类火灾起火原因的认定

(一)氧化自燃类火灾起火原因的认定

1.油脂类物质自燃火灾起火原因的认定

通过现场勘验和调查询问应查明以下事实:

(1)准确认定起火点:油脂起火属于阴燃起火,应检查是否具有阴燃起火的特征,是否有由堆垛中心向外部蔓延火势的痕迹。

(2)查明油脂类物质和自燃的参数:查明油脂类物质的种类、性质、数量、含油率以及评价自燃能力的有关危险性参数,如碘值、过氧化值增长率、自燃初始温度、蒸气压等。

(3)查明油脂的固态载体基本性质:查明浸渍油脂载体的种类、数量、性质及浸渍的具体原因、浸渍的程度等情况,判断混合比等引起自燃的条件。

(4)查明油脂的固态载体存在状态:查明浸渍油脂的载体存放的具体时间、具体位置、存放的形式、堆垛的大小,并查明存放时的环境条件,包括环境温度、湿度、通风条件等。

(5)查明起火前的异常现象:查明起火前是否有冒白烟、异味等异常现象。

2.棉籽、含油切屑和废蚕丝、骨粉、鱼粉自燃火灾起火原因的认定

(1)棉籽自燃火灾起火原因的认定:棉籽中所含有的棉籽油在一定条件下氧化发热,产生的氧化热积蓄,达到自燃点就能引起自燃。棉籽油的主要成分是亚油酸甘油酯,所以它与一般油脂的自燃机理完全相同。认定棉籽自燃火灾的起火原因时,需通过现场勘验和调查询问查明以下事实:①获取燃烧特征的根据。棉籽燃烧剧烈,火灾初期冒白烟,逐渐转变为冒黑烟,燃烧时还会发出植物油脂烧焦的特殊臭味。②获取原棉自燃的根据。a.原棉的自燃是由混在原棉中的棉籽所含油的氧化热积蓄造成的,所以首先要查明因为原棉中是否混有碎棉籽;b.应判断原棉是否存在内部炭化较重的情况;c.调查原棉蓄热条件,要详细调查原棉的数量、通风状况、环境温度等情况;d.查明原棉的存放时间、堆放形式及起火时间。

(2)切屑自燃火灾起火原因的认定:认定切屑自燃火灾的起火原因时,需通过现场勘验和调查询问查明以下事实。①获取燃烧特征的根据。切屑堆着火,开始不剧烈,也不出火焰,而是首先从中心部位开始发热,边缓慢冒烟,边向四周扩展,使周围可燃物燃烧,呈阴燃起火特征。②获取熔融块状物痕迹。切屑发生自燃,火灾现场中心部位可见到熔融块状物,在块状物周围的灰化部分,可见到橙色和褐色粒状物。③查明切屑的蓄热条件。挤压或践踏切屑堆使其密度增大,会使切屑的蓄热条件变好。切屑堆发生火灾时,要调查是否受过挤压或践踏,同时还要详细调查切屑的堆放量、通风情况、环境温度变化情况等。④对切削油的调查。调查所用切削油的种类、组成。查明切削油是否和铝、锌、镁或其合金的切屑混堆在一起,如果堆放在一起,则火灾危险性更大。金属粉末自燃的原因与切屑自燃的原因基本相似。一般来说,块状金属除几种特殊金属外,由于热导率都较大,不会因为氧化发热使温度升高而发生自燃。但是对于像锉屑之类的金属粉末来说,由于颗粒很小,与空气接触的表面积大大增加,又受到空气的包围,热导率下降显著,氧化反应速度增加,产生的热量不易散发,因此很容易因氧化发热而自燃。

(3)废蚕丝自燃火灾起火原因的认定:认定废蚕丝自燃火灾的起火原因时,需通过现场勘验和调查询问查明以下事实。①查明废蚕丝的种类和环境条件。查明自燃的废蚕丝是否为含蛹油的废蚕丝,并查清废蚕丝的含油率和处理情况。另外,湿度对废蚕丝的自燃有较大的影响,湿度越大,对废蚕丝的自燃越有利,所以还应调查湿度、气温、通风及有无余热等情况。②查明桑蚕丝的蓄热条件。从废蚕丝堆积数量等方面分析是否具备蓄热条件。由于内部的蓄热条件比外层好,所以废蚕丝自燃一般也是从中心部位开始的。因此,火灾现场勘验时要注意观察是否存在从废蚕丝堆内形成的炭化区。

(4)骨粉、鱼粉自燃起火原因的认定:认定骨粉、鱼粉自燃火灾的起火原因时,需通过现场勘验和调查询问查明以下内容。①获取燃烧特征的根据。骨粉、鱼粉自燃时会发出特有的恶臭,多数情况下,在脱臭塔或干燥库等有余热的场所起火。②调查骨粉、鱼粉是否有余热。骨粉、鱼粉之类的物质着火,一般是在有余热的情况下发生的。调查骨粉或鱼粉是否有余热,并在余热情况下大量堆积或在脱臭塔、干燥库的角落里长期堆积。③调查骨粉、鱼粉的存放方式。调查骨粉、鱼粉在干燥库、脱臭塔的清扫情况、堆积数量等,堆放地点是否易受热。

3.煤、橡胶类物质自燃火灾起火原因的认定

(1)煤自燃火灾起火原因的认定:认定煤自燃火灾的起火原因时,需通过现场勘验和调查询问查明以下事实。①获取燃烧特征的根据。a.煤燃烧初期,会散发出强烈的石油臭味,产生水蒸气、燃烧不完全的一氧化碳和乙烯等气体。测定化学反应生成的一氧化碳和乙烯气体,就可以在一定程度上掌握自燃的规律。在内部发生不完全燃烧时,发烟最旺盛。b.判断燃烧是从煤堆内部发生的,还是从表面延燃到内部的。c.勘验煤堆上面局部的燃烧点,冒烟、冒火处的底部往往就是起火点。其基本特点是炭化区面积“内大外小”。d.获取接触煤堆部位的燃烧状态。如果可燃物的燃烧程度靠近煤堆部位的炭化重于其他部位,可能是因煤堆自燃后,引燃上述可燃物蔓延成灾。②查明煤的自燃场所。

煤的自燃一般易发生在煤矿的坑道内或者大量煤炭堆积的贮煤场所。③查明煤的状态。查明煤的新旧程度和粉碎程度。④查明煤的含水量。含适量水分的煤比干燥的煤更容易氧化自燃。⑤查明起火前煤堆内部温度。煤堆内部温度超过60 ℃时,就有发生自燃的危险。因此,煤发生自燃时,应当调查起火前煤堆的温度。⑥查明煤的种类。弄清楚自燃的煤是不是炭化不充分的褐煤、泥煤等,是否还混杂有能促进煤炭粉化的硫铁矿等。

(2)橡胶自燃火灾起火原因的认定:认定橡胶自燃火灾的起火原因时,需通过现场勘验和调查询问查明以下事实。①获取燃烧特征的根据。a.橡胶自燃时,一般从堆放的橡胶类物质内部散发出橡胶烧焦的臭味,同时产生大量黑烟。查明燃烧残渣内部残存的不完全燃烧的未燃物是否发出橡胶臭味。b.由于发热部位在内部,所以燃烧初期见不到火焰,随着燃烧的发展,发烟量加大,堆积状态崩溃时,会出现有焰燃烧。②调查橡胶屑粉末。越细小的粉末越易被氧化,也就越易起火。空气向粉末内部渗透的流通性,应从粉末的密度等方面来考虑,由粉末的密度可以看出内部蓄热和空气供给条件。③调查橡胶堆垛的环境温度。查明橡胶堆垛是否有余热,附近是否存在其他热源或环境温度是否过高。④查明其他可燃物。查明与生橡胶混合的可燃物或杂质的种类、数量等情况。

(二)分解自燃类火灾起火原因的认定

一些物质在空气中会发生分解,释放出热量,造成自燃,常见的是硝酸纤维素。

1.硝酸纤维素概述

将硫酸和硝酸经不同配比混合,混合的酸作用于棉纤维就可制成硝酸纤维素。强硝酸纤维素可用于制造无烟火药,与硝化甘油混合可制造黄色炸药;弱硝酸纤维素可制造照相用的胶卷,也可用于制造合成塑料、漆片、人造纤维、涂料、人造革等。

2.硝酸纤维素的自燃机理

硝酸纤维素在空气中不稳定,易水解和热分解。硝酸纤维素的水解是由于空气中含有微量水分,水解的产物是纤维素和硝酸。在水解反应中,如果有氢离子和氢氧根离子存在,会对硝酸纤维素的水解起催化作用,使水解反应的速率加快。另外,生成的硝酸又会氧化纤维素而生热。在一定的温度下,硝酸纤维素分子中与硝基连接的链断裂而分解发热。由于放热提高了反应物的温度,反应速度显著增加,因而又加速了硝酸纤维素的分解。当反应速度足够大,温度达到180 ℃时,硝酸纤维素便会发生自燃起火现象。

3.硝酸纤维素的自燃条件

硝酸纤维素储存在添加乙醇的溶剂中,其中醇溶液和硝酸纤维素的比例是1:3。由于乙醇吸收硝酸纤维素分解产生的微量一氧化氮、二氧化氮,会使硝酸纤维素失去催化作用,提高硝酸纤维素的稳定性,因此一般认为乙醇湿化的硝酸纤维素不存在自燃的可能性。硝酸纤维素分子中含有硝基,在密闭容器中也能燃烧爆炸。硝酸纤维素漆片与干硝酸纤维素一样,燃烧很剧烈,燃烧时有二氧化氮气体产生,会出现冒烟现象。

硝酸纤维素的自燃条件有以下几个:

(1)硝酸纤维素处于干燥状态:硝酸纤维素的自燃一般是在乙醇等保护性溶剂流掉或蒸发干、长时间储存、现场温度高或阳光直射的情况下发生的。

(2)硝酸纤维素制品大量堆积:大量的硝酸纤维素制品密实地储存在朝阳、通风不良的室内仓库里，长期不翻动，同时温度持续上升的时候，容易发生自燃。

(3)硝酸纤维素漆片存在余热：硝酸纤维素漆片一般是在有余热存在的条件下着火的，一旦冷却到常温就不会着火了。但也有因摩擦或其他原因引起硝酸纤维素漆片起火的例子，燃烧完后只留下少量灰烬。

4.硝酸纤维素的自燃特征

(1)有刺鼻气味：硝酸纤维素制品在自燃发出明火前，会产生棕色的二氧化氮气体，并带有刺鼻的气味。

(2)燃烧产物残渣很少：硝酸纤维素制品在自燃发出明火后，燃烧特别剧烈，产生的烟很少，一般现场有多孔性网状的灼烧残渣，但残渣较少。

5.硝酸纤维素自燃火灾现场勘验和调查询问的主要内容

(1)查明硝酸纤维素自燃起火的特征。硝酸纤维素在发出明火前会产生二氧化氮和一氧化氮气体，所以能发现现场冒棕色气体，有刺鼻的气味。一旦产生明火，燃烧剧烈，在没有空气或在密闭容器中的硝酸纤维素也会产生燃烧爆炸现象。

(2)调查硝酸纤维素的保管情况，如存放时间、地点、保存的数量等情况。

(3)调查现场环境条件，如现场通风保温情况、阳光直射情况、温度、湿度、气象情况等。

(4)查明硝酸纤维素的湿润和干燥情况、干燥时间和老化变质情况。

(5)查明硝酸纤维素杂质的情况，可检查同批的硝酸纤维素是否含有铁锈、残留的酸等杂质，因为这些杂质会加速硝酸纤维素的分解。

(三)发酵自燃类火灾起火原因的认定

1.发酵放热物质自燃的原因

发酵放热物质主要包括植物秸秆、枝叶、种子及其制品。发酵自燃是指稻草、棉花等植物纤维类物质氧化放热引起的自燃。发酵自燃物质呈堆垛状态时，因为含水量比较多或因为堆垛顶部遮盖不严密而使雨雪漏入内层，致使其受潮、发酵，生热升温，加之堆垛大、保温性好、导热性差，当温度升到自燃点时即会着火。自燃过程通常分为三个阶段，即生物阶段、物理阶段、化学阶段。

(1)生物阶段发酵放热过程：①微生物在呼吸的过程中，产生的能量一般有40%～60%被微生物自己利用，其余的能量以热能的形式释放出来。②微生物大量繁殖，易引起堆垛物质腐烂发酵，导致堆垛内温度逐渐升高。温度是微生物生长繁殖的必要条件，大多数微生物生长繁殖的最适宜温度为20～40 ℃。少数嗜热微生物生长繁殖的最高温度为70～80 ℃。在环境温度超过生长最高温度时，微生物会立即死亡。水分是微生物生命活动的必要条件，没有水分，微生物的生命就不能存在。例如，要使稻草堆垛内部发酵生热，其含水量必须超过20%。

(2)物理阶段吸附生热，化合物分解炭化过程：①当温度达到70 ℃以上时，微生物死亡，但温度却持续上升。②发酵放热物质中有些不稳定的化合物开始分解，生成黄色多孔炭，它的比表面积大，并且具有强烈的吸附能力，会吸附大量气体，放出吸附热而使堆垛内部温度持续升高。靠这种热发酵放热物质的温度可达到100 ℃。③当温度达到

100 ℃时，又有新的化合物分解炭化，生成多孔炭，多孔炭的比表面积更大，更易吸附气体，产生更多的热，使堆垛内部温度升高到150～200 ℃。

(3)化学阶段氧化自燃的过程：①当发酵放热物质内部温度升到150～200 ℃时，纤维素就开始热分解、焦化、炭化，并进入氧化阶段。②氧化过程中会放出大量的热，使堆垛内部的温度以较快的速率升高。温度越高，氧化越快，放热速率也越大。当温度达到200 ℃时，纤维素分解成碳，与空气中的氧发生反应。如此下去，温度持续上升，达到物质的自燃点就会起火。例如，通常情况下，稻草堆垛的危险温度是70 ℃，含水量是20%，炭化点是204 ℃，自燃点是333 ℃。

2.发酵放热物质的自燃条件

发酵放热物质自燃的关键是满足含水率和热量积蓄条件。

(1)发酵放热物质要含有一定量的水分。没有水分，微生物不易生存和繁殖。当发酵放热物质含水量达到20%时，自燃就容易发生。

(2)发酵放热物质要具有一定的温度。发酵放热物质一般在夏季易发生自燃事故。如果堆垛漏雨雪或堆垛内过潮或堆垛内部已经霉烂，即使在寒冷的冬季，也有发生自燃的可能。

(3)发酵放热物质要有一定的数量。只有当发酵放热物质堆积成较大的堆垛时，才能保证有较好的蓄热条件。

3.发酵放热物质的自燃特征

(1)起火前堆垛冒白色蒸气，并散发出异味。

(2)起火前发酵放热物质堆垛顶部局部塌陷。

(3)起火点一般处于堆垛中心部位或局部漏雨雪处所对应的内层，起火点处的发酵放热物质从中心向周围呈炭化、霉烂、不变化的痕迹特征；颜色呈黑色、黄色、不变色的层次特征。

(4)在堆垛内部，能够发现明显的不同炭化程度的结块。这些炭化结块因所处部位的受热温度和受热时间不同，可呈现出黑色、黄色、褐色不同的颜色。这种炭化物体轻、结构疏松，但有一定的强度。

4.发酵放热物质自燃火灾现场勘验和调查询问的主要内容

(1)现场勘验的主要内容：根据发酵放热物质的自燃特征，认真勘验现场，准确认定起火点。①调查认定起火点的位置。起火点一般处于堆垛中心部位或局部漏雨、漏雪处对应的内层。②调查现场是否具有比较明显的阴燃起火特征。③稻草等植物秸秆自燃起火时，腐烂变质物一般没有燃尽，内部温度仍然很高，翻动时有刺鼻酸味。

(2)调查询问的主要内容：①调查起火前现场是否存放着发酵放热物质及堆放的时间和气候条件。②调查起火前现场是否具备自燃发生的条件，如起火前的气象情况，现场是否具备发酵所需的温度、湿度、水分、保温条件。③调查堆垛顶部遮盖情况。④了解起火前堆垛顶部有无出现局部塌陷的情况。由于发酵放热物质在自燃过程中，其自身及堆垛体积空隙会变小，在重力的作用下，炭化程度严重部位将塌陷，因此起火前塌陷部位往往就是起火部位。⑤调查起火前是否有许多老鼠等从堆垛下蹿出“搬家”的现象。堆垛内积蓄到一定温度时，躲在堆垛内的老鼠等穴居动物受到高温会在起火前"搬家"逃离，这是堆垛自燃的前兆。⑥了解起火前堆垛上有无冒气、散发异常气味的现象。⑦调查是否有其他火源引起火灾的可能。

（四）物质吸附自燃类火灾起火原因的认定

吸附自燃的物质主要有活性炭、木炭等，这类物质具有多孔性，比表面积较大，在刚粉碎不久的粉末表面上都具有活性，会对空气中的各种气体成分产生物理和化学吸附，并释放出吸附热。其中对氧吸附时，氧还会与碳发生氧化反应，进一步释放出氧化热。吸附热和氧化热共同作用，如果蓄热条件较好，则会发生自燃。

在空气中，炭粉类物质的吸附活性，随着存放时间的延长而降低，因为炭粉表面的活性点吸附各种气体后，会达到饱和吸附状态而失去活性。

1.活性炭自燃火灾起火原因的认定

活性炭是指那些具有特别大吸附活性的炭。根据制作原料的不同，可将活性炭分为动物性活性炭（由牛骨、血、肉制成）和植物性活性炭（由木材、锯末、椰子壳、木炭、褐煤、泥煤制成），而常见的活性炭指的是后一种。活性炭呈黑色细粉状或颗粒状，直径为2～6 mm，被广泛用于吸附剂、脱色剂和脱臭剂。

调查活性炭自燃火灾时，应注意查明活性炭的新旧程度，颗粒大小，是否处于大量堆积状态。活性炭自燃初期阶段，由于蓄积了吸附热，可见到轻微冒烟和内部温度上升的情况，燃烧不剧烈，有烟和不完全燃烧生成的一氧化碳从堆积的活性炭粉内部产生。活性炭发热实验表明，其开始无焰燃烧时表面温度大约在84 ℃。

2.炭粉自燃火灾起火原因的认定

炭粉是将木材厂的锯末、刨花、碎木片等，放在炉子中不完全燃烧后，进行水浇，制成烟熏炭（软炭），再经粉碎机粉碎而制得。炭粉的挥发成分占10%～25%，燃点为200～270 ℃。炭粉在制作过程中，如果不经充分散热，即在蓄热良好的仓库等场所大量堆积，加上本身产生的吸附热，往往会发生自燃而引发火灾。

在炭粉自燃火灾的起火原因调查中，要查清炭粉的制造日期，存放时间和数量；如果为最近生产的炭粉，要调查是否带有余热或留有火种的可能性，若制造时水浇得不充分，往往会留下火种。炭粉起火时，由于挥发组分的燃烧，会发出特有的挥发性臭味。炭粉燃烧不剧烈，且是在内部进行，冒烟明显。

（五）聚合自燃类火灾起火原因的认定

下面以聚氨酯泡沫塑料自燃火灾为例，介绍聚合自燃类火灾起火原因的认定。

1.聚氨酯泡沫塑料自燃火灾起火原因的认定

聚氨酯泡沫塑料密度小，比表面积大，热容小，吸氧量多，热导率低，不易散热，易发生自燃。

（1）聚氨酯泡沫塑料的放热机理：在聚氨酯泡沫塑料生产中，主要放热反应如下：①多异氰酸酯与多元醇的反应；②多异氰酸酯与水的反应。

（2）聚氨酯泡沫塑料的自燃特征：聚氨酯泡沫塑料生产中用水量越大，放热越多，越易发生自燃;多异氰酸酯用量越大,放热越多,越易发生自燃。

(3)聚氨酯泡沫塑料自燃火灾现场勘验和调查询问的主要内容:①调查认定起火点。a.查明火灾现场是否形成块状熔体,并有以此为中心向外流淌的痕迹。此外,起火点附近表面有明显的烟熏痕迹。b.查明首先发现冒黑烟、蹿火的部位,首先冒黑烟、蹿火的部位或对应部位往往就是起火点的位置。c.调查现场是否有阴燃起火的特征。②调查分析起火时间。查明配料搅拌时间、发泡时间、熟化时间、出模时间、入库时间、发现焦化时间、发现冒烟时间、发现起火时间并进一步分析判断起火时间等。③调查原料配比。查明生产原料配料比例、水的质量分数和多异氰酸酯的用量。④调查工艺条件和安全操作规程。要查明发泡、熟化、出模后的生产工艺要求和实际的温度和持续时间。⑤调查仓库保管条件。查明聚氨酯泡沫塑料堆积时间或入库时间,在车间或仓库内堆放的位置、堆垛的大小、蓄热条件、现场起火前的温度、通风散热条件等。⑥查明以往发生自燃火灾的情况。

2.聚合放热物质自燃类火灾起火原因的认定

(1)查明化工生产中易聚合单体的种类、性质、火灾危险性,如发生聚合的条件、放热量、反应速率、燃点、闪点、自燃点、沸点等。

(2)查明易聚合单体的储存和运输情况。在化工生产中,易聚合单体的储存和运输情况包括加入阻聚剂的种类、数量、性质、时间,有无失效、沉淀,有无遇到高温、阳光直射、振动等情况,有无因运输中摩擦产生静电和放电情况,有无因遇到其他火源而燃烧的现象。

(3)调查易聚合单体的生产情况。调查生产工艺情况、生产过程、现场安全操作情况和出现故障情况等。

(4)调查生产和使用中的异常现象。调查起火前,在聚合放热物质生产和使用过程中出现的异常现象,如异常的升温、声音、气味等。

(5)调查曾经发生事故的情况。调查以前曾经发生过类似事故的情况,可作为分析判断这次事故原因的参考。

(6)提取现场残留物。提取现场残留物,进行化学分析,鉴定其单体的种类、含量,阻聚剂的种类、数量,并鉴定其中是否存在催化性的杂质及存在的种类和数量,以及是否会产生不稳定的物质等。

(7)模拟实验。当有必要和条件许可时可进行模拟实验,以验证火灾和爆炸事故发生的可能性。

(六)遇水自燃类火灾起火原因的认定

1.遇水燃烧物质的分类及常见物质

(1)遇水燃烧物质的分类:遇水燃烧物质是指遇水发生剧烈反应,产生大量反应热,引燃自身或反应产物,导致火灾发生的物质。根据反应的剧烈程度,这类物质可分为一级遇水燃烧物质和二级遇水燃烧物质。①一级遇水燃烧物质,主要有碱金属和部分碱土金属及其氢化物、硼氢化物、碳化钙、磷化钙、有机金属化合物等。它们遇水反应剧烈,产生大量易燃易爆气体,并释放大量热,容易引起燃烧或爆炸。②二级遇水燃烧物质,主要有保险粉、氯石灰、锌粉、氢化铝等。它们遇水后反应较缓慢，释放的热量较少，产生的可燃气体必须在有火源的情况下才能起火。

（2）几种常见的遇水燃烧的物质：①碱金属和部分碱土金属及其氢化物。a.碱金属。碱金属主要包括钠、锂、钾、铷、铯，这些物质遇水后都会发生剧烈的化学反应，引发燃烧甚至爆炸。碱金属物质平时浸泡在饱和碳氢化合物（如煤油等）液体中与水隔绝。金属钙和锶遇水后会发生反应产生氢气，引起燃烧或爆炸。例如，金属钠为银白色柔软物体，往往由于空气中有少量水分存在而使本身燃烧起火，有时就是在干燥空气中，也会因为与氧发生反应而燃烧。将金属钠投入水中，会发生爆炸性燃烧，反应产生的氢气往往也会起火或爆炸。生成的氢氧化钠对金属等材料有腐蚀作用，会使容器破损而泄漏造成二次灾害。钠燃烧时会产生过氧化钠和氢氧化钠的白烟，强烈刺激皮肤、鼻、咽喉等器官。钠遇水燃烧的火焰为黄色，并在水面上频繁跃动飞溅。b.金属氢化物，主要有氢化钠、氢化锂、氢化钡等，它们遇水反应产生氢气，引发燃烧或爆炸。遇水或在潮湿空气里能产生氢气，易燃烧的金属氢化物主要有氢化钙、氢化铝钠、氢化铝、硼氢化钾、硼氢化钠等。②金属碳化物和磷化物。金属碳化物主要有碳化钙、碳化钾、碳化铝，它们遇水反应后放热，引燃与水反应产生的低级烃。金属磷化物主要有磷化钙、磷化锌、磷化铝，它们与水反应的产物磷化氢具有燃烧特性。例如，碳化钙又称“电石”，遇水反应生成乙炔气体，反应热会使乙炔气体起火爆炸，电石粉末遇水会燃烧。磷化物如磷化铝，常用于熏蒸剂，其产生的磷化氢能够抑制虫体内的细胞酶活性，也会对人的呼吸系统造成损害；其蒸气具有高毒性且能够自燃，遇到痕量其他磷的氢化物如乙磷化氢，会引起自燃。③其他遇水燃烧的物质。a.有机金属化合物，主要有三乙基铝、丁基锂、甲基钠等，它们属于低燃点物质，在空气中氧化就可燃烧。若遇水，则产生的热量能引燃产物低级烷烃，并引燃本身。b.金属硅化物，主要有硅化镁、硅化铁等，它们与水反应的产物四氢化硅具有可燃性。c.金属氰化物，主要有氰化钾、氰化钠，它们与水反应产生的热量能引燃生成产物氰化氢气体。d.钾汞齐。钾汞齐又称“钾汞膏”“钾汞合金”，为银白色液体或多孔性结晶块，遇水、潮湿空气、酸类会发生化学反应，放出氢气和大量热，引起氢气的燃烧或爆炸。在空气中加热时，钾汞齐会发生强烈爆炸或燃烧。e.钾钠合金，为银白色软质固体或液体，遇酸、二氧化碳气体、潮湿空气或水时，会发生剧烈的化学反应，放出的氢气会立即燃烧，有时甚至发生爆炸性燃烧。

2.物质遇水燃烧火灾现场勘验和调查询问的主要内容

（1）准确认定起火点：遇水燃烧物质火灾现场起火点的认定，除获取一般认定根据外，还应获取如下根据。①物质遇水本身就能燃烧，现场起火具有明火起火或爆炸起火的特征，故重点获取明火爆炸特征的痕迹。②遇水发热的物质并不会立即燃烧，经过蓄热能够引起燃烧的，起火点处具有阴燃起火的特征。要注意获取局部炭化区的证据和以此为中心向外蔓延的痕迹。③询问发现人，获取最初冒烟、蹿火的具体部位和烟、火焰的颜色。

（2）查明遇水燃烧物质的情况：查明遇水燃烧物质的种类、性质、数量以及存放的具体部位、包装种类、存放的具体形式以及环境条件等。

(3)查明物质与水接触的情况:查明遇水燃烧物质与水接触的具体原因、根据,特别要查明水的来源,接触的具体途径和形式。

(4)查明接触可燃物的情况:查明与遇水发热的物质接触的可燃物种类、数量、性质。重点查明接触的形式,是完全埋入还是局部接触。

(5)查明遇水反应的原理:查明遇水反应的原理和过程,注意获取反应产生的热量值、反应速率等有关参数。

(6)查明金属碳化物、磷化物遇水燃烧的根据:金属碳化物、磷化物遇水起火现场,可用相同物质做光谱分析、定量分析判定其质量的优劣,含有磷、硫等杂质的情况。

(7)查明遇水发热起火的根据:遇水发热使接触可燃物起火的现场,要对燃烧物质做必要的光谱分析和化学分析,通过判定各种元素的含量和杂质的含量,确认燃烧物质的主要成分,判定起火的可能性。

(8)查明酸类物质的化学反应情况:查明酸类物质(如硝酸)与木材、布匹、棉花、纸张等固体可燃物接触炭化燃烧的痕迹,可提取残留物并查明其数量及和其他可燃物接触的形式和火势蔓延痕迹。

(9)获取盛装酸类物质容器残体:一些酸类物质往往用密闭容器盛装,与水混合时体积会剧烈膨胀,使容器破裂。

(10)查明气象条件:查明气象条件及其他有关促进燃烧的证据。

(11)模拟实验:有些火灾可做模拟实验,获取必要数据后进一步确认。

(七)混触自燃火灾或爆炸的原因认定

混触自燃火灾或爆炸是指强氧化性物质和强还原性物质的混合后,由于强烈的氧化还原反应而自燃,由此引发的火灾或者爆炸。

1.混触爆炸的原因

(1)氧化剂和还原剂接触:当还原性物质或可燃性物质与氧化性物质共存时,受到热或冲击、摩擦、搅拌等就可能起火或爆炸,有时在常温常压下也会发生起火或爆炸。

(2)混触生成爆炸性产物:氧化剂与还原性物质、可燃性物质混合接触,有时会生成不稳定的爆炸性产物;有时虽然不会导致爆炸或起火,但会加快起火的时间和过程,增加火灾危险性。还有一些在配合上存在禁忌的物质,特别是有些物质相互接触会长期缓慢地反应,最后也会导致起火爆炸。

(3)常见的几种混触爆炸原因:①氧化剂与还原剂混触爆炸。强氧化剂与还原剂一经接触或稍加触发,如摩擦、碰撞、加热,立即会发生起火或爆炸。一般的氧化剂与还原剂接触,强氧化剂与一般可燃物接触,有的需一定的时间和热量积蓄才能起火。氧化剂包括下列物质:硝酸及其盐类,如硝酸钾、硝酸钠、硝酸铵、硝酸钙、硝酸钡;氯酸及其盐类,如氯酸钾、氯酸钠、氯酸铵、氯酸钙、高氯酸铵、高氯酸钙;次氯酸及其盐类,如次氯酸钠、次氯酸钾、次氯酸钙;重铬酸及其盐类,如重铬酸钾、重铬酸钠、重铬酸铵;溴酸盐类,如溴酸钾、溴酸钠、溴酸锌;碘酸盐类,如碘酸钾、碘酸钠、碘酸银;亚硝酸及其盐类,如亚硝酸钾、亚硝酸钠、亚硝酸铵、亚硝酸银;其他氧化剂,如无水铬酸、二氧化锰、高锰酸钾、过氧乙酰、过氧化苯甲酰、过氧化氢、液态空气、氧、氯、臭氧等。还原剂主要有:大部分的有机物，如烃类、胺类、苯及其衍生物、醇类、有机酸、油脂等；无机还原物，如磷、硫、硫化砷、锑、金属粉末（铁、锌、铝、钡、锰粉）、木炭、活性炭、煤；植物类的可燃纤维及其制品等。②强酸与氧化性盐混触燃烧。氧化性盐主要有亚氯酸盐、氯酸盐、高氯酸盐、高锰酸盐等，与浓硫酸等强酸混合接触，除了产生热量外，还会产生与盐相应的氧化性更强的酸，因此易引燃共存或接触的可燃物。③混触后产生不稳定物质。有些物质混触后，会生成极不稳定的产物，而这些产物具有分解爆炸性或强氧化性，能引起燃烧或爆炸。

2.混触爆炸火灾现场勘验和调查询问的主要内容

对于混触爆炸火灾现场，应通过现场勘验和调查询问查明以下事实：

(1)准确认定起火点：混触起火现场起火点的认定，除获取一般根据外，还应获取如下根据。①一般混触起火具有明火起火或爆炸起火的特征。要注意获取火势蔓延痕迹，如查明被烧轻重程度和受热面的痕迹，或证明炸点的痕迹、倒塌方向和证明爆炸点的根据。②调查获取起火前存放氧化剂、还原剂的具体部位。一般情况下，起火点在存放氧化剂、还原剂部位的一定范围内。③查明火灾最初冒烟的具体部位，烟、火焰的颜色，以此判定起火部位。

(2)查明混触起火物的情况：查明混合物的名称、性质、数量、存放的具体部位、包装种类、存放的具体形式以及环境条件。

(3)查明混触的条件：查明氧化剂、还原剂及可燃物之间混合的具体条件，特别要注意获取人为因素和客观条件的变化情况。

(4)查明混合反应的原理和过程：特别要获取反应中产生的热量值和反应速度的根据。只有那些反应热大、反应速度快的物质相互接触才能立即发生剧烈燃烧或爆炸。反应速度不仅取决于物质，还取决于它们的分散状态、接触面、温度等条件。

(5)查明起火部位可燃物堆放情况：获取最初被点燃物质和造成火灾蔓延的可燃物堆放情况。

(6)查明环境因素：查明气象条件（温度、湿度）及有关压力等其他因素的影响。

(7)提取反应物、残留物：在起火点处提取反应物、残留物做检测和实验，认定起火前的反应物。

（八）低自燃点物质火灾的原因认定

1.低自燃点物质的种类

低自燃点物质由于自燃点低，在常温下能以极快的速度氧化，一旦接触空气便会自燃。这类物质主要有黄磷、还原铁、还原镍、铂黑、磷化氢、氢化钠、联膦、环戊二乙基钾、苯基钾、环乙基钠、苯基钠、乙基钠、苯基铷、苯基铯、乙基二氯化铝、二乙基氯化铝、二甲基氯化铝、三乙基铝、三正丙基铝、倍半甲基氯化铝、二乙基锌、二甲基锌、二乙基镁、二甲基镁、二乙基铍、二甲基氧化铋、三乙基铋、乙硅烷、硅烷、丙硅烷、二甲卤化锑、二甲基磷、三异戊基硼、苯基银、六甲基锡、甲基铜等。

2.几种常见的低自燃点物质的性质

下面以黄磷、烷基铝、磷化氢、氢化钠为例介绍这类物质的自燃特点。

(1)黄磷：黄磷与氧化性物质接触时会发生爆炸；与浓碱作用时会产生磷化氢；在空

气中燃烧时，因为熔点低，往往会流动扩散，发出黄色的火焰。黄磷在潮湿的空气中于45 ℃左右就会起火，即使在十分干燥的空气中也会慢速氧化发热。当温度达到60 ℃时，小片黄磷也会起火。在常温下，氧化反应产生的热量会使黄磷温度上升而导致火灾发生，并在周围散发令人恶心的臭味。

(2)烷基铝：在常温下，碳四以下的烷基铝除一部分是固体外，其余全部是无色透明的液体。这类物质由于极易氧化发热，与空气接触就会自燃。此外，烷基铝能与水、水蒸气、卤代烃等发生剧烈的反应而起火，在高温下能产生易燃易爆的碳氢化合物和氢气。

(3)磷化氢：磷化氢是磷和氢的化合物，属高毒性且自燃气体。气态的磷化氢(PH_3)称作膦，液态的磷化氢(P_2H_4)称作联膦。纯净的膦相对密度为1.17，熔点为－133 ℃，沸点为－87.7 ℃，在空气中的着火点是150 ℃，自燃点为100～150 ℃；剧毒，具有大蒜臭味，微溶于冷水；受热易分解，具有还原性。空气中含痕量P_2H_4可自燃；浓度达到一定程度时可发生爆炸，与空气混合物的爆炸下限为1.79%(26 g/m^3)。磷化氢如果遇到痕量其他磷的氢化物如乙磷化氢，会引起自燃。气态磷化氢中若含有联膦，常温下会自燃，生成磷酸酐和水。磷化锌、磷化钙、磷化钠等磷化物与水反应时，很容易产生磷化氢。用碳化钙制造乙炔时，因原料中一般夹杂有磷化钙，所以也伴有副产物磷化氢的生成。人和动物身体中含有磷，在死后尸体腐败后会产生磷化氢，遇空气能够自燃，但火源通常很小且仅有火焰，热量很少，发出青绿色“冷光”，又由于燃烧的磷化氢会随风飘动，因此常被人们误解为“野火”甚至“鬼火”。

(4)氢化钠：氢化钠除了遇水自燃外，细粉状氢化钠在空气中还会分解，并立即起火燃烧，即使空气中氧气的浓度为6%～10%，燃烧也能继续。

3.低自燃点物质火灾事故调查需查明的内容

需要查明的内容有：①低自燃点物质的理化性质；②起火过程和起火特征；③起火前这类物质保管使用以及处理的情况；④提取起火点处的燃烧残留物，进行物质种类及理化性质的鉴定。

第四节　汽车类火灾的调查

一、汽车的分类和总体构造

(一)汽车的分类

汽车的分类方式较多，如可按用途、结构性能参数、动力装置、行驶道路条件、行驶机构特征以及发动机和驱动桥在汽车上的位置等分类。

1.按用途分类

按用途，可将汽车分为轿车、客车、载货汽车、越野汽车、牵引汽车、自卸汽车、专用汽车等。

2.按动力装置分类

按动力装置,可将汽车分为活塞式内燃机汽车、电动汽车、燃气轮机汽车等。

(二)汽车的总体构造

汽车的类型较多,具体构造有所不同,但基本构造大体相同,都是由发动机(电动机)、底盘、电子与电气设备及车身四大部分组成。下面以常见的燃油汽车为例,剖析汽车的构成。

1.发动机

发动机(电动机)是汽车的动力装置,其作用是使供入其中的燃料燃烧后产生动力(将热能转变为机械能)或电力直接驱动(将电能转变为机械能),然后通过底盘的传动系驱动车轮使汽车行驶。

汽油发动机由曲柄连杆机构、配气机构、燃料供给系统、冷却系统、润滑系统、点火系统和起动系统组成,简称"两大机构五大系统"。柴油发动机气缸中燃料的着火方式为压燃式,所以无点火系统。

(1)曲柄连杆机构和配气机构:通常,将发动机的机体列为曲柄连杆机构,机体包括气缸盖、气缸盖罩盖、气缸体及油底壳等。同时,曲柄连杆机构还包括活塞、连杆总成和带有飞轮齿圈的曲轴等。这是发动机借以产生动力,并将活塞的往复直线运动转变为曲轴的旋转运动而输出动力的机构。配气机构包括进气门、排气门、液力挺杆总成、凸轮轴、凸轮轴正时齿轮。其作用是将可燃混合气及时充入气缸并及时从气缸排出废气。

(2)燃料供给系统:①汽油机燃料供给系统。汽油机燃料供给系统有两种基本形式:化油器式汽油机燃料供给系统和汽油喷射式汽油机燃料供给系统。a.化油器式汽油机燃料供给系统。在化油器式汽油机燃料供给系统中,多采用机械驱动的膜片式燃油泵。由于这种燃油泵与发动机相连,因此只有在发动机运转的情况下,机械式燃油泵才能正常工作。从燃油箱泵出的汽油进入化油器的浮子室。浮子室的汽油从主喷管被吸出而开始雾化,并与空气按1:15的质量比混合,经进气管进一步蒸发,从而形成可燃混合气并分配到各气缸的燃烧室,受活塞的压缩后被火花塞点燃。b.汽油喷射式汽油机燃料供给系统。在汽油喷射式汽油机燃料供给系统中,大都采用电子控制汽油喷射系统,同时最常用的是滚柱式电动燃油泵。这种燃油泵的最大特点是当点火开关位于发动位置时,燃油泵始终带电。大多数新车型中,电动燃油泵受发动机电控单元控制,当发动机停止运转时,电动燃油泵随即关闭。油箱上或油箱附近的电动燃油泵把汽油从油箱内泵出,进入安装在发动机上的燃油分配管中,燃油压力调节器控制供油总管的油压(一般为0.25~0.30 MPa),再送入各缸喷油器或低温起动喷油器,其喷油方式比化油器多,且具有燃油使用效率高和节省燃油的优点。此外,这种装置可精确地控制空燃比,从而可降低环境污染。汽油喷射式汽油机燃料供给系统大都含有回油装置,以便把多余的汽油按其泵出压力送回油箱。②柴油机燃料供给系统。柴油发动机汽车常使用输油泵,把柴油从油箱中泵出,经粗滤器和细滤器滤去杂质后,送至喷油泵,喷油泵将柴油压力进一步提高至10 MPa以上。喷油泵根据适当的点火时间,向各个喷油器输送定量的柴油。与柴油混合的空气有两种进气方式,分别为常规进气和涡轮增压进气。③天然气和液化气燃料供给系统。天然气和液化气都可作为汽车的燃料，它们以液态的形式存放在压力容器中，以气态的形式流向调节器供发动机使用。这种燃料供给系统在高压条件下运行。大多数以天然气或液化气为燃料的汽车采用化油器装置，将气体燃料与空气按一定比例混合。

(3)润滑系统：汽车发动机由很多零部件构成，发动机工作时这些零部件都同步运行。为保证发动机正常工作，所有零部件必须精密地装配在一起，许多零部件还需润滑和冷却。绝大多数汽车采用烃类润滑油。润滑油储存在发动机底部的油底壳内。润滑油受机油泵的作用在油路内循环，并且受重力作用流回油底壳。大多数机油泵以240～415 kPa的压力运转。

(4)水冷系统：发动机采用水冷或风冷。发动机的水冷系统是封闭式的，由发动机缸体水套、水泵、软管、节温器和散热器构成。冷却液受水泵的驱动在冷却系统内循环。发动机运行时能达到一定的温度，冷却液也随之升温。当冷却液的温度超过节温器的预设温度(通常在80～90 ℃之间)时，节温器打开使冷却液流入散热器进行热量的交换。散热器主要由上下水箱、散热器芯和散热器盖等组成。散热管四周的气流能够降低其内部流过的冷却液的温度，较低温度的冷却液而后再流入发动机。汽车低速行驶或停车后，电动风扇为散热器提供气流。冷却系统工作的正常压力为110 kPa。多数冷却液为50％的乙二醇(防冻液)和50％的水组成的混合液。天气寒冷时，冷却液内乙二醇的比例需要加大。

(5)风冷系统：风扇和风道构成发动机的风冷系统，风扇为发动机提供冷却气流，这些风扇多为皮带传动。如果皮带断开，发动机就会过热，并导致发生故障。

(6)发动机的附属设备：与发动机相连的机械设备有空调压缩机、动力转向泵、水泵和机油泵等。

2.底盘

底盘接受发动机的动力，使汽车产生运动，并能按驾驶员的意志操纵使其正确行驶，由传动系、行驶系、转向系和制动系等组成，简称“四大系”。

(1)传动系：传动系将发动机的动力传给汽车的驱动车轮。它主要由离合器、变速器、万向传动装置和驱动桥组成。变速器的种类有机械变速器和自动变速器等，变速器内的活动机构需要润滑。①机械变速器。机械变速器通过离合器接收发动机的机械能。离合器安装在发动机和变速器之间，由与发动机飞轮接合的压盘和与变速器输入轴连接的飞轮盘等零件构成。挡位操纵杆和分离杠杆用于选择传动齿轮。齿轮的润滑油储存在集油器内。②自动变速器。通常称液压变速器为自动变速器。液力变矩器把发动机产生的机械能传递到自动变速器中。当少量传动液流过液力变矩器内的叶片时，汽车处于怠速状态。随着发动机转速的不断升高，传动液停止从叶片间流动，从而将发动机产生的机械能传递至自动变速器。变速器根据发动机的转速和汽车负荷等因素，自动选择变速齿轮。自动变速器内的传动液流入发动机散热器内进行冷却。适量的传动液能确保变速器在正常工作温度下怠速运转，因此变速器设有液面标记位。

(2)行驶系：行驶系将汽车各总成及部件安装在适当位置，以保证汽车正常行驶。它由车架、车桥、车轮及悬架等组成。

(3)转向系:转向系保证汽车按驾驶员选定的方向行驶。它主要由转向操纵机构、转向器和转向传动机构三部分组成。

(4)制动系:制动系可使汽车减速或停车,并保证驾驶员离开车后能使汽车可靠地停驻原地。它主要由制动器和制动传动机构组成。

液压制动系的传力介质是制动液,常用于轿车和轻型车。制动回路常采用对角线布置形式。制动时,踩下制动踏板,踏板力经真空助力器放大后,作用在制动主缸上,制动主缸将制动液加压后,分别输送到两个制动回路,到达制动轮缸中,作用于制动器,油液高压使制动蹄上的摩擦片(或制动钳上的摩擦片)与制动鼓(或制动盘)相互接触,二者产生的摩擦力矩的方向与车轮旋转方向相反,对车轮产生制动作用。

3.**车身**

车身安装在底盘的车架上,用于驾驶员、旅客乘坐或装载货物。除轿车、客车一般是整体结构的车身外,货车车身一般由驾驶室和货箱两部分组成。

汽车车身主要包括车身壳体、车门、车窗、前后板制件、车身附件、车身内外装饰件、座椅及通风、暖气、冷气、空调装置等。

现代汽车的车身面板材料多采用塑料、高分子材料或玻璃纤维材料等。

4.**电子与电气设备**

(1)特点:①两个电源,即蓄电池和发电机。蓄电池主要供起动用电,发电机主要是在汽车正常运行时向用电器供电,同时向蓄电池充电。通常,从蓄电池至起动机和从蓄电池至发电机的导线,是汽车电路中规格最大的导线。这些线路没有过流保护装置。②低压直流。由于蓄电池充放电的电流为直流电,所以汽车用电均采用直流电,常用电压为12 V和24 V。③并联单线。汽车用电的设备很多,但基本是并联的。汽车发动机、底盘等金属机体为各种电器的公共并联支路一端,而另一端是用电器到电源的一条导线,故称为并联单线。导线规格决定其耗电量,导线越长耗电越多。④负极搭铁。汽车电气系统采用单线制时,电源采用负极搭铁。

(2)种类:汽车电子与电气设备由电源和用电设备两大部分组成,包括以下系统。①电源系统,由蓄电池、发电机和调节器等组成;②起动系统,主要由蓄电池、起动开关、起动机和继电器等组成;③点火系统,主要由蓄电池、发电机、点火线圈、分电器和火花塞等组成;④照明系统,主要由外部照明系统、内部照明系统和灯光信号系统三部分组成;⑤信号系统,包括音响信号系统和灯光信号系统两类;⑥仪表系统,包括各种电气仪表,如电流表、油压表、燃油表等;⑦电子控制系统,包括发动机控制单元、制动防抱死和制动力自动分配模块、自动变速器模块等。⑧辅助电器系统,包括电动刮水器、洗涤器、电动汽油泵、电动门窗、中控门锁、导航系统及行车记录仪等。

(3)铅蓄电池:铅蓄电池用的极板材料是铅,电解液是硫酸溶液,因此也称铅酸蓄电池,主要由外壳、正负极板、隔板、电解液、联条、极桩和加液孔盖等组成,将电能转换并储存为化学能;也能反向进行,将化学能转换为电能。

(4)12 V电压电路系统:除大型卡车、大客车和重型机械车辆等大型汽车采用24 V

电压电路系统外,一般汽车均采用12 V电压电路系统。蓄电池作为电源,由正极的引出线将电能传递给汽车的各个用电设备,该电路大都受线路保护装置的保护,防止负荷端线路发生过负荷故障。与建筑物电路的根本区别在于,汽车电路的车架、车身和发动机体为搭铁体。发动机停止工作以及点火开关关闭之后,仅少部分电路带有12 V电压。这些电路包括从蓄电池到起动机的线路,从蓄电池到发电机的线路,从蓄电池到点火开关的线路,部分从点火开关到时钟或点烟器等辅助电气设备的线路等。直接加装在蓄电池上的用电设备(具备或不具备过流保护装置),在发动机停止工作后有可能带电。①起动机和发电机。现代汽车广泛采用的起动机是电磁操纵和强制啮合式起动机,主要由直流串励式电动机、传动机构和操纵机构等三部分组成,由直流电动机产生动力,经传动机构带动发动机曲轴转动,从而实现发动机的起动。现代汽车广泛使用的发电机是硅整流交流发电机,多是由一台三相同步交流发电机和一套六只硅二极管组成的镇流器所构成。②点火系统。传统点火系统主要由电源(蓄电池)、点火开关、点火线圈、断电配电器、电容器、火花塞、附加电阻等部件组成,将低压直流电转变为高压电,再经过配电器分配到各缸火花塞,使两极间产生电火花,点燃工作混合气。目前,电子式点火系统也得到广泛应用,由点火线圈和晶体三极管将低压电转变为高压电。③空调系统。汽车空调系统主要由制冷压缩机、电磁离合器、冷凝器、贮液干燥器、膨胀阀、蒸发器、控制电路及保护装置组成。④鼓风机。可以根据需要向驾驶室内及风窗玻璃送暖风或冷风。⑤照明与信号系统。照明与信号系统主要由灯具、电源和电路(包括控制开关)三大部分组成。而灯具大体分为照明用的灯具和信号及标志用的灯具:照明用的灯具有前照灯、防雾灯、后照灯、牌照灯、顶灯、仪表灯和工作灯等,信号及标志用的灯具有转向信号灯、制动灯、小灯、尾灯、指示灯和警报灯等。⑥风窗玻璃洗涤器。风窗玻璃洗涤器主要由洗涤液缸、洗涤液泵、聚氯乙烯软管及喷头等组成,与刮水器配合使用。⑦中央接线盒。中央接线盒将各种控制继电器与熔断丝安装在一起,正面装有继电器和熔断丝的插头,背面是插座,用来与线束的插头相连。

二、汽车起火的主要原因

汽车由上万个零件组成,结构复杂,集电路、油路、气路等于有限的空间内,各部分都存在火灾危险性。汽车火灾发生的原因有很多,一般分为两大方面:一方面是汽车本身的原因,主要有电气故障、油品泄漏、机械故障等;另一方面是汽车外部的原因,主要有放火、遗留火种、外来飞火、操作不当和物品自燃等。在这些起火原因中,电气故障和放火占有很大比例。

(一)明火源

1.化油器回火和未熄灭的火柴

化油器式汽油机汽车出现的回火引燃泄漏的汽油,是这类汽车常见的起火原因。造成化油器回火的因素有可燃混合气的比例调节不当、点火过早或者点火顺序错乱等,在这种情况下,车辆常出现加速不灵。如果急剧加油,也会导致汽化器回火或排气管放炮,甚至排出火星引燃可燃物。未熄灭的火柴可点燃烟灰缸内的其他可燃物,导致仪表盘或座椅起火引发火灾。

2.放火

人为放火基本分为恶意报复放火和为骗取保险金放火两种。多采用易燃液体汽油(占90%以上)作为助燃剂,且主要将汽油或其他易燃液体如柴油、油漆稀料等直接泼洒在驾驶室内、发动机部位或汽车轮胎处,然后用火点燃。

3.操作不当失火

焊补水箱时不切断蓄电池电源线,当清洗用的毛刷金属箍不慎碰到裸露电线时,打出电火花,可能引燃汽油蒸气起火;检修车辆时违章用火,直接用明火烘烤发动机或者偷油、抽油时使用明火照明引燃油蒸气酿成火灾;车用可燃液体泄漏后被点燃等。

(二)电气故障

发动机停止工作后,蓄电池是汽车唯一的电源。此时,大部分汽车用电设备不与蓄电池相连,因此这些设备不会出现电气故障。但是有个别汽车用电设备,如交流发电机、点火开关等在发动机熄火且点火开关关闭的情况下仍与蓄电池相连,并能够在汽车停车数小时后出现电气故障。汽车电路中常用的线路保护装置有熔断丝、继电器和易熔线等,任何一个线路保护装置经改动、加设旁路或失灵后,都会影响汽车的正常运行。在某一线路上安装附加的用电设备如音娱系统,也会影响这一线路上保护装置的正常工作。汽车电路采用直流电路系统和单线制接法,即蓄电池正极引出线经熔断丝盒后连接到各用电设备,负极引出线与车身及发动机缸体相连,而车架、车身壳体和发动机相互连接,作为汽车用电设备的搭铁端(即负极)。这样一来,汽车电路的搭铁点就不止一个。任何带电的导线、接线端子或零件接触到搭铁端,都将形成完整的回路。

1.导线过负荷

线路中自发的高电阻故障可导致导线的温度高于其绝缘皮的熔点,特别是在散热条件差的地方,如线束内部或仪表盘下方的导线经常出现这种现象,而且故障发生时,线路保护装置不会产生动作并切断电路。电动座椅和自动升降门窗等大电流用电设备的线路故障,能够引燃导线绝缘皮(绝缘材料)、地毯织物或座椅缝隙间堆积的可燃尘垢。部分汽车配备了自动调温的座椅加热器,线路故障可使加热元件持续工作,从而导致过热。有些故障会改变加热丝的布线,使加热部分的线路缩短,造成局部过热。加装额外的用电设备和音娱系统,也可导致汽车导线过负荷。

2.短路和电弧

车内通电导体(主要为导线)的绝缘皮出现磨损、脆化、开裂或其他形式的破损后,与金属导体相碰会产生电弧。液体泄漏致使接插部位外绝缘材料的绝缘性能下降或者接插部位受到挤压,都可导致接插件松动或断裂,从而产生电弧。汽车受到猛烈冲撞时,导线也会因压损或断开而产生电弧。特别是蓄电池引出线和起动机电缆等未经线路保护装置的线路,通过的电流大,较容易产生电弧。此外,被撞碎的蓄电池本身也可以产生电弧。产生的短路熔珠和电弧遇泄漏的汽油等可燃物可引发火灾。

3.破碎灯泡的灯丝

破碎灯泡内的灯丝具有一定的点火能量,正常情况下,前照灯使用时其灯丝的温度为1400 ℃,在有可燃气体、可燃混合气存在或可燃液体呈雾状喷射、弥散的情况下,破碎灯泡的灯丝能够引燃可燃混合气发生火灾。

(三)排气歧管和其他排气装置等炽热表面

排气歧管和其他排气装置产生的高温,足以点燃雾态下的柴油,而且能使汽油蒸发。自动变速器的液力传动油,特别是因过载荷变速而升温后,滴落在炽热表面上能被点燃。发动机燃油和部分制动液(DOT3和DOT4)滴落在炽热表面上同样能被点燃。汽车停车后,这些可燃液体被点燃的可能性仍然存在。因为停车后,通过发动机零部件表面的气流减弱,这种气流能够吹散油蒸气,并冷却灼热的发动机外表面,汽车停车后气流随之消失。此时,排气歧管的温度自然上升,并达到足以点燃可燃液体蒸气的温度。催化转换器在正常工作时外表面温度可达315 ℃,通风条件或空气环流受到限制时其外表面温度会继续升高。

炽热表面不仅能够点燃滴落于其上的可燃液体,而且能够烤燃周围可燃物引发火灾。汽车的炽热表面有催化转换器、涡轮增压器、排气歧管和其他排气装置。炽热表面不能点燃汽油,但是电弧、电火花和明火能够点燃汽油。当炽热表面的温度比可燃液体的自燃点高200 ℃时,才能观测到可燃液体在敞开空间中被炽热表面点燃。除自燃点之外,炽热表面点燃可燃液体的影响因素还包括通风条件,可燃液体的闪点、沸点和饱和蒸气压,炽热表面的温度和粗糙度,可燃液体量和其在炽热表面滞留的时间。

(四)摩擦生热

汽车在行驶过程中,运转的零部件发生金属与金属的接触后或靠近路面的零部件发生金属与路面的接触后产生的火花,能够点燃可燃气体或可燃液体蒸气,引发火灾。装运金属捆绑物的汽车,金属和车厢摩擦产生的热或打出的火花易引燃货物。例如,装运棉花包、草捆的车辆,因货物一般用铁丝捆绑,车辆在行驶过程中,尤其遇颠簸路段时,容易剧烈摩擦生热引燃货物。传动皮带、轴承和轮胎可因摩擦生热起火。汽车轮胎充气不足、拉运货物超载或车轮夹带杂物时,易造成轮胎、杂物和箱体间摩擦生热起火。

(五)遗留火种

能够引发汽车火灾的遗留火种情况有:烟头掩埋在纸张、薄纱等堆积物之下或者接触到座椅,能够引发火灾;未熄灭的火柴,能够点燃烟灰缸内的堆积物并引发火灾;车内的一次性打火机,被挤压、受热均可能发生爆炸等,从而引发火灾。聚氨酯泡沫类坐垫燃烧迅速,一旦被引燃,就会增大汽车燃烧的剧烈程度。

(六)油品泄漏

大量汽车火灾事实证明,油品泄漏遇火源引发火灾是汽车火灾的常见原因。汽车内除可燃固体物质和可燃气体(液化气和压缩天然气)之外,还有发动机燃料,如汽油、柴油、齿轮液压油、助力转向油、刹车油、冷却液和润滑油等可燃易燃液体。这些油品一旦泄漏,有可能被引火源引燃。

发动机与许多的连接件和配合件表面都能发生机油泄漏的故障。例如,机油能从油底壳垫片四周、损坏的缸体泄漏出来,滴落在炽热的排气管上,遇引火源起火。燃油管、化油器或发动机的某一部位出现泄漏小孔后，泄漏的燃料可以从微小的气雾发展成大片的蒸气，遇引火源就会发生火灾。排气净化系统中的活性炭罐或真空管容易出现油蒸气泄漏的故障，泄漏的油蒸气贯穿整个发动机系统，遇引火源可起火。

油品泄漏导致火灾的原因有很多。例如，油气两用客车化油器浮子室顶针失灵，油面升高，燃油从上下接合处的橡胶垫片缝隙溢出，遇汽车电火花起火。发动机冷启动时，使用的喷射器燃油管处于弯曲状态，油管常年使用会出现龟裂，导致燃油泄漏，遇到火花会引发火灾起火。机械故障导致某些零部件从发动机中高速飞出，活塞和连杆能够击碎缸壁并破坏发动机外部的其他零部件，曲轴箱内的机油（蒸气）从机械故障形成的小孔中泄漏，被炽热的表面点燃。由于发动机机油老化以及油量不足，靠近曲轴的连杆大头烧结导致连杆损坏，从缸体中漏出的机油喷到高温排气管上引发火灾。

三、汽车火灾现场勘验和现场记录的主要内容

（一）现场勘验的主要内容

汽车火灾的现场勘验工作应当在汽车火灾发生地进行。但是有许多原因会导致无法在发生地完成勘验工作，比如在调查人员到达火灾现场之前汽车已被拖动等。所以在大多数情况下，只能在报废车停车场、汽车维修厂或仓库等地点，进行现场勘验并完成勘验笔录。

1.环境勘验

观察火灾现场全貌，包括汽车周围的建筑物、公路设施、植被情况、其他汽车、轮胎留下的痕迹等。观察汽车车身燃烧痕迹。根据上述物体的燃烧残留痕迹，分析并确定火灾蔓延方向。

2.确定起火部位

观察车身燃烧痕迹、玻璃烧损和破碎痕迹、轮胎及底盘燃烧痕迹、汽车内部各部位燃烧痕迹以及汽车周围可燃物燃烧残留的痕迹等，确定火灾蔓延的方向，从而确定起火部位。根据汽车的构造，汽车火灾的起火部位可以分为汽车外部、发动机舱内、驾驶室内和后备厢（或货车的货厢）内。使用叉车或其他升降设备将汽车升起，能够有效地对汽车底盘进行勘验。

3.汽车勘验

火灾事故调查人员确定起火部位之后，按照烧损最轻至烧损最重的顺序，对汽车进行更为细致的勘验，确定起火点的具体位置。同时，有针对性地对火灾涉及的系统进行勘验，确定其烧损状态，分析能够引发火灾的各种危险性。

（1）识别汽车：火灾事故调查人员通过鉴别，确定汽车的构造、类型、年代和其他识别标志，记录相关信息。汽车的车辆识别号码提供了汽车制造商、产地、车身类型、发动机类型、年代、装配厂和生产序列号等信息。车辆识别号码牌通常由铆钉固定，安装在发动机舱内右后壁上。如果车辆识别号码牌在火灾中得以保留，那么火灾事故调查人员通过车辆识别号码可准确地对汽车进行鉴别。此外，大部分汽车制造商会在发动机舱的侧壁上附加一个含有部分信息的车辆识别号码牌。如果车辆识别号码牌无法辨认或者怀疑

此号码被涂改过,就应当向交通管理等部门寻求帮助。为便于比对勘验,调查人员还可以找到与发生火灾的汽车年代、构造、类型及装置相同的汽车,仔细进行比对或者查阅相关维修手册。

(2)勘验汽车主要系统:①发动机系统。汽车发动机由很多零件构成,工作时这些零件同步运行。为保证发动机正常工作,所有零件必须精密地装配在一起,许多零件还需润滑和冷却。发动机出现的导致汽车火灾的故障有:a.机械故障。一种是发动机零部件从工作位置高速飞出,割破油管或导线,从而引发火灾。另一种是润滑油从机械故障形成的小孔中泄漏,并且被炽热表面点燃。b.润滑油泄漏。润滑油从油底壳垫片处泄漏,并滴落在排气管上;润滑油从气缸盖垫片处泄漏,并滴落在排气歧管上,均能引发火灾。汽车停车后,润滑油泄漏故障仍可导致汽车火灾的发生。发动机内缺少润滑油,能够导致机械零件发生突然失效,从而引发火灾。c.发动机过热。发动机风扇的传动皮带断开,会导致发动机过热,发生灾难性失效并引发火灾。②燃料供给系统。燃料供给系统出现的导致汽车火灾的故障包括:a.化油器式燃料供给系统的压力部分出现泄漏。压力部分如油管、化油器或发动机零件的某一部位出现泄漏点后,泄漏的燃料从微小的喷雾发展成大片蒸气。这时,如果存在明火或火花,就会发生火灾。b.燃油喷射式燃料供给系统出现泄漏。如果泄漏发展到一定程度,系统的压力可把汽油蒸气喷出0~3 m远。这一系统的进油部分发生泄漏后,汽车的行驶状况会出现异常,如起动困难、行驶不稳定和抛锚等驾驶员可觉察到的现象。高压燃油系统的回油部分发生泄漏对汽车的行驶状况影响不大,驾驶员不容易发现,因此回油部分的泄漏故障更为严重。c.柴油发动机燃油供给系统的零件因发动机振动而松动,导致发生泄漏故障。与汽油不同,柴油能够被炽热表面点燃。当汽车内可燃液体的蒸气从发动机的空气进气装置进入进气系统后,就存在发动机失控的危险。其后果与一直给汽车加速相同,情况严重时,发动机的某一部分会开裂并爆出火球。d.混合气燃料供给系统故障。天然气和丙烷气都可作为汽车的燃料,它们以液态的形式存放在储液罐中,以气态的形式供发动机使用。这种燃料供给系统在高压条件下运行。大多数天然气或丙烷气燃料汽车采用化油器装置,由于这种压力系统连接件与管件的材料热膨胀系数不同,因此在连接部位很难发生泄漏故障。所以,调查过程中发现泄漏故障点,不一定都是在火灾发生前出现的。燃料本身的火灾危险性,是这种燃料供给系统最大的隐患。一旦该系统发生泄漏故障,可燃气体会随着泄漏的发展喷出很远的距离,能够被某种微弱引火源引燃,并且存在爆炸的危险性。天然气或丙烷气的储液罐,因火的热作用爆裂的危险性很小。火灾发生后储液罐内快速聚积的压力无法及时排放,是大部分储液罐爆裂的原因。③排气净化系统。该系统由EGR控制阀、活性炭罐、各种橡胶真空管和传感器等组成,并安装在发动机舱内。能够导致汽车火灾的故障有:a.活性炭罐或真空软管出现油蒸气泄漏的故障;b.油箱加油过量可导致汽油进入活性炭罐,引发汽油溢出故障;c.EGR控制阀出现阻塞故障,导致燃料浓度很高的可燃混合气直接进入排气系统,并被废弃在循环系统循环使用,造成汽车的怠速不稳定、抛锚、回火或催化转换器过热等故障。④汽车电气系统。电气系统导致汽车火灾的故障有:a.汽车受到冲撞后,铅酸蓄电池外壳破损并释放氢气,能够被微弱的引火源点燃。但是，炽热表面很难点燃氢气。b.汽车停车、发动机停止工作或者点火开关关闭之后，汽车仍有一少部分电路带有12 V(或24 V)电压，并且存在发生电气故障并引发火灾的危险性。这部分带电电路包括蓄电池接线柱引出线、蓄电池至起动机的线路、起动机至发电机的线路、蓄电池至中央接线盒的线路、部分从点火开关到时钟或点烟器等辅助电气设备的线路等。c.直接加装在蓄电池上的用电设备，在发动机停止工作后，存在发生电气故障的危险性。d.汽车的电气线路或电气设备出现电气故障。电气故障发生后，汽车导线、插接件、电气连接件、电气设备能够形成金属熔化痕迹。⑤传动系统。汽车的变速器有齿轮变速器和液力变速器，变速器内的零件需要润滑。传动系统导致汽车火灾的故障有：a.齿轮变速器齿轮的润滑油储存在集油器内，如果这部分的机械失效发生故障，会与发动机机械失效故障同样严重。b.齿轮变速器润滑油的加油口位于汽车底部，存在泄漏到排气系统上的可能。c.自动变速器的传动液过量情况下，传动液会从量液管内溢出，滴落到排气系统上。d.自动变速器的传动液从密封垫片处泄漏，并滴落到排气系统上。e.汽车超载或者变速器内添加的传动液的型号有误，造成传动液喷溅。⑥液压制动系统。液压制动系统导致汽车火灾的故障有：a.液压制动系统在高压条件下工作，微小的泄漏能导致制动液喷溅，并能被引火源点燃；b.制动过载，刹车片与制动鼓发生过热，能够引发火灾。

(3)起火点在汽车内部的勘验：起火部位在汽车内部时，应当根据上面介绍的汽车系统的火灾危险性，对起火点附近的汽车火灾痕迹进行勘验。①勘验油路的泄漏痕迹。主要检查下列痕迹：a.检查油箱和加油管状态。检查油箱是否破碎或局部渗漏。加油管通常为两节，中间用橡胶管或高分子软管连接。部分汽车加油系统的橡胶或高分子衬管或衬垫，深入油箱内部。车祸可能导致连接管出现机械性破损，并出现燃油泄漏故障；外火也可烧毁连接管。汽车受到撞击之后，能造成加油系统的漏斗颈装置与油箱断开连接，并导致燃油泄漏。b.检查油箱盖状态。记录油箱盖是否存在，加油管尾端是否烧损或存在机械损伤。许多油箱盖含有塑料件或低熔点金属件，这些零件在火灾中能被烧毁并导致部分金属零件的脱落、缺失或掉进油箱。油箱受热或受火焰的作用后，其外部能形成一条分界线，反映出起火时油箱内油面高度。c.检查供油管和回油管状态。检查供油管和回油管是否破裂或被烧损。油管之间通常用一个或多个橡胶管或高分子软管连接，这些连接管处可发生燃油泄漏。检查并记录催化转换器附近的油路管、靠近排气歧管的非金属油路管、靠近其他炽热表面的非金属油路管和容易受到摩擦的油路管的情况。d.检查机油等情况。检查机油、润滑油、传动油、转向油等容器及连接管路情况，是否有过热燃烧现象或泄漏到排气(歧)管上，形成燃烧炭化痕迹残留在上面。②勘验电路的电气故障痕迹。一般来讲，如果是车本身电气线路或电气设备出现故障，则会找到带有金属熔化痕迹的电气线路、各种插接件和连接件、电气设备等。重点检查蓄电池、发动机线束、左右发动机室线束、电瓶接线柱、保险丝盒以及起动机、发电机、压缩机、风扇电机、左右前灯具等及其线束。检查驾驶室内仪表板内线束、中央接线盒、车内其他线束等。重点检查后备箱内尾灯线束等。主要检查下列痕迹：a.汽车用电设备导线的熔痕；b.导线和用电设备接插件的熔痕；c.熔痕周围金属件的熔痕；d.用电设备内部电气连接件的熔痕；e.

熔断丝规格,用大阻值的熔断丝代替额定规格的熔断丝,导致汽车导线形成过负荷痕迹;f.蓄电池极柱与其电源线连接件的接触不良痕迹。③检查开关、手柄和操纵杆的位置。主要检查下列位置:a.驾驶室内各开关的位置,确定开关是否处于“开通”状态;b.玻璃托架位置,确定门窗玻璃开闭状态;c.变速操纵杆的挡位;d.点火开关的位置,如果可能的话,还需检查有关钥匙的痕迹或车锁破碎的痕迹。虽然这些部件的材料容易被烧损,但是起火后的残留物同样有助于汽车火灾的调查工作。④检查发动机和排气歧管处异物。重点检查是否有报纸、油棉纱等可燃物掉落在高温的发动机或排气(歧)管附近,有时会有炭化物或未完全燃烧的部分残留在外壁上。⑤区分吸烟遗留火种和明火燃烧的痕迹特征。应重点鉴别汽车门窗玻璃是机械力破坏造成的炸裂,还是明火燃烧造成的炸裂。观察窗玻璃炸裂的形状、烟熏程度、玻璃落地的位置来判断火源种类和起火特征。对于吸烟遗留火种引起的火灾,起火点多在驾驶室或后备箱的可燃货物上,由于具有阴燃起火的特征,会造成驾驶室内一侧的窗玻璃烟熏严重且烧熔,燃烧严重的部位是上部。对于明火如使用助燃剂的放火火灾,具有猛烈燃烧的特征,短时间内造成的大量热能会使玻璃在没有形成积炭前就破碎或达到其熔点,温度的迅速上升通常会使窗玻璃因不均匀的热膨胀而破碎且烟熏轻微。值得注意的是,使用助燃剂放火,在车门窗封闭较严情况下,也会出现大量浓烟附着在窗玻璃上的现象。⑥检查车内携带的危险品。汽车火灾还涉及轿车的后备厢,卡车或货车的储货舱等。应当进一步确定储物区域内存放的物品,并对燃烧残留物进行勘验,从而确定货品是否存在火灾危险性并引发火灾。检查仪表板上、驾驶室座椅上等阳光照射到的部位,是否存在一次性气体打火机、气雾剂等储压危险物品。

(4)起火部位在汽车外部的勘验:放火、排气管或催化转化器烤燃地表可燃物、轮胎过热等原因引发汽车火灾后,火灾的起火部位大都在汽车外部。现场勘验中,除按照上述内容勘验外,还需开展以下工作,才能做到全面勘验。①勘验是否存在放火嫌疑的痕迹。放火者通常使用汽油、柴油等作为助燃剂在轮胎附近对汽车放火,但也有在车顶盖上、驾驶室内及后备箱内等处实施放火。使用助燃剂的放火火灾,具有猛烈燃烧的特征。短时间内,大量的热能导致玻璃在没有形成积炭前就开始破碎或熔化,且烟熏轻微。调查人员在确定起火点之后,应当检查是否存在盛装助燃剂的物品,如塑料瓶或棉布等。对起火点附近提取的玻璃烟尘、车身烟尘、炭化残留物及地面泥土等物证进行助燃剂检测,能够有效地确定汽车火灾是否由放火引起。②勘验排气管或催化转化器。要重点勘验车辆底盘下地面燃烧情况,是否有干草、树叶和其他可燃物夹带在排气管或催化转化器上,以及是否存在过热等情况。③勘验是否存在轮胎过热起火的痕迹。经调查确定汽车过载或长时间行驶后,对轮胎部位的燃烧痕迹进行细项勘验。汽车下坡长时间制动,其制动鼓过热能够引发轮胎起火。检查轮胎和车厢体是否有摩擦痕迹或是否存在轮胎充气不足、双轮胎货车其中一个轮胎爆裂的现象。

(二)现场记录的主要内容

1.勘验记录和调查询问

(1)勘验记录:对于原始现场,火灾事故调查人员应当绘制火灾现场简图,该图能准确地表示出汽车发生火灾时的位置,同时标明目击者的位置及其与汽车的距离。对火灾现场进行拍照,通过照片反映火灾现场全貌,包括周围的建筑物、公路设施、植被情况、其他汽车、轮胎留下的痕迹和脚印等。勘验并记录上述物体的烧损情况和燃料的流淌痕迹,有助于分析火灾蔓延的方向。为便于分析,应当把勘验笔录按照汽车零件或汽车系统详细分类,同时记录已散落的汽车零部件和火灾现场残留物的位置和状况。记录能够反映出火灾蔓延方向、起火部位和起火点特征的,汽车各部位及汽车周围物体的燃烧残留痕迹。

(2)调查询问:通过调查询问,查明汽车起火前的技术状况,对于准确认定汽车起火原因有着重要意义。建议分别对驾驶员、乘客、目击者、消防(灭火)人员和警方人员进行独立的调查询问,从中获得有助于现场勘验的信息。除此之外,为获得火灾发生前汽车工况的相关信息,火灾事故调查人员应当向驾驶员或车主询问以下问题:①汽车最后一次行驶的时间及行驶的距离;②汽车行驶的总里程数;③汽车运转是否正常(是否有失速、电气故障的情况);④汽车最后一次维护的时间(换油、维修等);⑤汽车最后一次加油的时间及汽车的油量;⑥汽车停车的时间、地点和周围环境及气象条件;⑦火灾发生前确定看到汽车;⑧汽车配置情况和自行加装电器情况,有无加装设备,如收音机、视频机、车载电台、移动电话、电动门窗及踏板、附加座椅、特制车轮、防盗装置、行车记录仪、倒车影像等;⑨汽车内是否存放私人物品(如服装、工具和物品等)。如果汽车在行驶过程中起火,还应当询问以下问题:①汽车已经行驶的距离;汽车最后一次加油的时间及汽车油量;②汽车行驶的路线和道路状况;③汽车是否装有货物,是否加拖车,是否快速行驶,等等;④汽车运转是否正常;⑤在何时,从何处首先出现异味、烟或火焰;⑥汽车行驶过程中有何异常(如失速、发动机空转、显现出电气故障等);⑦驾驶员的行为表现;⑧当事人或发现人观察到的现象;⑨采取何种措施进行扑救及如何扑救;⑩消防队到达之前,火灾持续燃烧的时间;⑪火灾燃烧的总时长。

2.现场拍照

应当从不同的角度,拍摄汽车车身、底盘及车厢内部全貌的照片和能够反映火灾蔓延方向、起火部位及起火点特征的照片。

(1)对汽车外部进行全方位拍照:包括汽车顶部和汽车所在地面在内。将汽车拖走之后,可对汽车所在地面进行拍照。如果有条件,还应当记录汽车被拖以及汽车在拖动过程中受损的情况。汽车被拖走之后,即使被汽车遮盖住的地面或路面没有明显的火灾烧损痕迹,也应当对这部分进行拍照,同时记录掉落的玻璃和残留物的位置。绘制简图并标注说明,使照片文档更为完善。

(2)从不同角度记录并拍摄汽车内部全貌:对汽车内部、外部的烧损和未烧损部位,都应当有针对性地进行拍照。汽车地板上的火灾残留物包括车内的物品、汽车钥匙和点火开关等,清理之前应对其进行拍照,以便记录各个物品的原始位置。

四、汽车火灾物证的技术鉴定

应当提取能够确定起火原因的汽车火灾物证,包括烟尘、炭化物、外来易燃液体及容器、车内储存的火灾危险品、泄漏的油品、带有熔痕的导线或金属电气元件、用电设备、失效的零件等。

（一）电气火灾物证的提取和鉴定

一般来讲，如果是某些车内构件发生断裂等，可以通过一系列的失效分析，确定其失效的原因；如果是车本身电气线路或电气设备出现故障，则要找到带有金属熔化痕迹的电气线路、各种插接件和连接件、电气设备等。经过对电气火灾物证的宏观分析、扫描电镜分析、能谱分析、金相分析和热分析等，可以得出金属熔化的性质。

车用导线的特征有：①导线为铜质低压多股软线。②除电源线外，线径较细，股数较多。③多根线路包成线束走线。④不同品牌的汽车线束布局不同。虽然汽车电路回路处于直流低电压状态，但是一次短路和搭铁短路均会产生强烈电弧和大量电火花，并伴随发光和放热，其剧烈程度与电压值成正比。搭铁短路持续进行，可击穿负极铁，实验测得12 V搭铁短路时，电瓶线击穿负极铁需要120 s。同时测得，短路发生时电流有明显增加，但一次短路和搭铁短路过程很快，无法获得精确的短路电流。模拟实验表明，直流低压电线的短路可以形成明显的熔痕，而且不同电气故障的短路熔痕，在宏观形貌、金相组织等方面互不相同，这给汽车火灾电气线路熔痕的鉴定提供了有效的依据。对于实际汽车火灾的物证鉴定，若提取的熔痕样品为火灾前一次短路熔痕，在基本排除其他起火原因的前提下，可以确定起火原因为汽车电气线路故障；若提取的熔痕样品为火灾后二次短路熔痕，可排除相应线路存在电气故障的可能性，对其他的物证鉴定起辅助作用。

（二）助燃剂物证的提取和鉴定

汽车火灾中有关助燃剂方面的物证鉴定技术，关键在于针对汽车火灾的特点，在确定起火部位或起火点的基础上，有针对性地提取物证，如窗玻璃烟尘、车轮附近烟尘、车内残留物、地面泥土烟尘以及其他附近物体上的烟尘等。

(1)在勘验汽车放火现场时，首先要先了解当时的天气情况，特别是风向、风力的情况，因为火的蔓延方向受风向的影响，而且风力也起着加速火势的作用，这对勘验火灾的蔓延方向和确定起火点非常重要。

(2)一般情况下，在汽车放火案件中，放火者为了达到目的，往往都会将车烧得很彻底，而且可能多部位放火，勘验现场时要对现场遗留下的痕迹特征进行综合分析。

(3)在用汽油放火时，由于汽油的挥发性很强，在用量比较多、点燃不及时的情况下，会产生大量汽油蒸气，在点燃的瞬间会有爆燃现象发生，这时放火者的身上会遗留一些特征，比如头发、眉毛、眼睫毛或者手上的汗毛会被部分甚至全部烧掉，严重时放火者的皮肤或者衣物也会被烧焦。

(4)在提取物证样品时一定要有科学性，提取泥土炭化物时一定要先确定起火点，提取烟尘时要尽量寻找那些火灾初期由助燃剂产生的烟尘。这些烟尘附着在玻璃表面，而后玻璃炸裂掉落到地面保存下来。

(5)检查汽车的周围是否有盛装液体的容器或者打火机等，有的放火者在实施放火时因为紧张或者意外，将盛装液体的容器遗留在车内或者车周围。

(6)当事人在描述起火时汽车是处于开动状态还是静止状态时，要仔细观察钥匙开关和操纵杆的具体位置,以确定当时汽车的状况和当事人是否说谎。

(7)要仔细观察火灾后门窗的关闭状况,确定起火前汽车门窗的原始状态,以便确定火灾的蔓延方向和起火点。

(8)要识别汽车金属颜色的变化,因为汽车的金属物质在受到高温后会发生变色,特别是在周围可燃物比较少的情况下如果变色严重,通常情况下很可能使用了助燃剂。

(9)汽车放火火灾的物证样品提取非常重要,要根据起火点具体位置的不同分别提取物证样品,同时要避免汽车本身燃料带来的干扰,提取的样品包括窗玻璃烟尘、金属外壳表面烟尘及残留物表面烟尘、起火点周围残留炭化物、起火点对应车下部泥土等。

五、汽车火灾起火原因的认定

汽车本身是个复杂的整体,存在多种条件引发火灾的情况,而且外来起火因素更为复杂多样。各种原因导致火灾的特征和特点是不同的,在实际火灾认定过程中要善于抓住各自的特征和特点,特别要重视调查询问工作,从中快速、准确地找到突破口,初步判断存在的起火因素,进而有目的地开展汽车火灾事故调查工作。

(一)基本认定条件

汽车火灾原因的基本认定条件为:分析火灾蔓延方向,确定起火部位及起火点;根据实际火灾情况收集、提取相关的物证,并进行必要的物证鉴定;综合现场勘验和物证分析的情况,认定汽车火灾的原因。

(二)认定要点

1.常见引发火灾因素的认定要点

汽车起火的原因是多种多样的,这里主要介绍电气故障、油品泄漏、放火和遗留火种四种引发火灾因素的认定要点。

(1)电气故障火灾起火原因的认定要点:①根据火灾燃烧痕迹特征,经现场勘验和调查询问等工作,确定起火部位(点);②起火部位(点)大多在发动机舱或仪表板附近;③在起火部位发现电气线路或电气设备可能的故障点,并提取相关金属熔化痕迹等物证;④经火灾物证鉴定机构对相关电气物证进行鉴定分析,结果为(一次)短路熔痕或(火前)电热熔痕等结论;⑤综合火灾现场实际情况,可以有根据地排除其他起火因素。以上要点可以根据实际情况选择使用。

(2)油品泄漏火灾起火原因的认定要点:①一般情况下汽车处于行驶状态。②起火部位可以确定在发动机舱内或底盘下面。③在发动机舱内重点过热部位,如发动机缸体外壁、排气歧管、排气管等处,发现有机油、传动油等高闪点油品燃烧残留物黏附在其表面,同时找到可能的泄漏点。泄漏的汽油一般不能被炽热的表面点燃。④经现场勘验,在发动机舱内未发现电气线路或电气设备可能的故障点或者其他相关电气物证,经现场分析或专业技术鉴定熔痕均为二次短路熔痕等。⑤发动机舱内油品燃烧后残留的烟熏痕迹较重,同时,起火初期大多数情况下冒黑烟,且当事司机反映汽车起火前动力有不正常现象。⑥结合现场勘验和调查询问情况,可以排除放火等人为因素的可能性。

(3)放火嫌疑案件的认定要点:①根据火灾燃烧痕迹特征,经现场勘验和调查询问,基本可以确定起火部位。②判断可能有一个或一个以上起火点，且大都在驾驶室内、发动机舱前部、前后轮胎、油箱附近等。③经调查询问等一系列工作，发现存在骗保或报复放火的可能因素。④在起火部位附近有选择地提取相关物证，如窗玻璃附着烟尘、车体外壳附着烟尘、炭化残留物、地面泥土烟尘、可疑物品残骸以及事发现场附近墙壁、树干、隔离带等表面附着烟尘等。送到专业鉴定机构进行检测分析，结果为存在汽油、煤油、柴油和油漆稀料等助燃剂燃烧残留成分，且定量分析出样品量较大。同时，可以排除汽车所使用燃油的干扰因素和其他可能的干扰因素。⑤经现场勘验检查，在起火部位未发现有电气线路或电气设备可能的故障点或者即使存在相关电气物证，经现场分析或专业技术鉴定均为火灾作用的结果，如二次短路熔痕和火烧熔痕等。⑥虽然在起火部位提取的相关物证经技术鉴定分析未检出助燃剂成分，但经现场勘验确认起火部位无电气火源存在，同时可以排除遗留火种等其他可能性。以上条件需根据实际情况选择使用。

(4)遗留火种火灾起火原因的认定要点：①经现场勘验和调查询问，可以确定起火部位。②起火部位绝大多数在驾驶室。对于货车来说，起火部位可能在储物舱(货厢)内。③经现场勘验，在起火部位未发现有电气线路或电气设备可能的故障点或者即使存在相关电气物证，经现场分析或专业技术鉴定均为火灾作用的结果，如二次短路熔痕等。④在起火部位存在阴燃起火特征，且有局部燃烧炭化严重现象。⑤可以排除人为故意因素的存在，特别是放火骗保的可能性。⑥汽车火灾中遗留火种主要指烟头，注意调查的吸烟人员离开时间与起火时间应吻合。以上条件需根据实际情况选择使用。

2.特殊情况下的认定要点

(1)勘验不在火灾现场的汽车：在对汽车进行勘验之前，火灾事故调查人员应当尽量收集火灾现场的相关信息，包括汽车移走的日期、时间、地点，驾驶员、乘客和目击者的笔录，警方和消防救援机构的报告，汽车当前的存放位置和被移走的方式等。汽车零件如果缺失，就应当确定该零件是在火灾发生前已经缺失，还是在火灾发生后掉落或缺失的。此外，汽车受环境的影响较大，特别是金属表面的痕迹容易发生氧化。存放发生火灾的汽车时，应当用帆布或其他毡布遮盖整个汽车。即使汽车已从火灾现场移走，现场勘验工作对汽车火灾原因的认定仍然有所帮助。因此，火灾事故调查人员在勘验汽车之后，应当对汽车火灾现场进行勘验。

(2)建筑物内的汽车：停放汽车的建筑物发生火灾后，如果汽车停放位置在起火点处，火灾事故调查人员应当先确定该火灾是否由汽车火灾引起。勘验过程还需进行以下工作，包括将汽车从整个火灾现场的残留物中移出，拆除发动机舱盖和汽车顶棚，清理车厢内的残留物，将汽车吊起检查汽车底盘的情况等。有的汽车为了维修或改装，停放在建筑物内，记录火灾发生时这些工作的情况尤为重要。建筑物内其他部位先起火，当火灾蔓延到汽车停放的位置后，火焰在汽车上形成明显的燃烧痕迹。火焰能够破坏汽车的燃料系统(包括油管、油箱等)或其他系统的零件，并导致汽车漏油。

(3)完全烧毁：完全烧毁的汽车，起火点的确定和火灾原因的认定都存在特殊的问题。火灾事故调查人员进行现场勘验时，应当全面记录汽车烧损的状态，确定汽车的构造，并尽力确定起火时汽车的状态。勘验汽车下方地面和汽车四周的残留物，以确定是否存在放火的可能性。

(4)失窃汽车:已失窃的汽车或声称失窃的汽车需特殊对待。火灾非常小,是失窃的汽车发生意外火灾的共同点。但对于火灾后的汽车,同样要进行全面的勘验。汽车被盗的原因有很多。有的犯罪分子为了得到汽车零件而盗窃汽车,这些零件很难复原,如果将其复原之后,则很容易确定该零件被拆卸过。容易丢失的零件有车轮、车身面板、发动机及变速器、安全气囊、音响系统和座椅等。另一种偷车的动机是,犯罪分子用汽车进行其他犯罪活动。这些犯罪分子烧毁汽车,以此掩盖指纹之类的犯罪证据。他们不会拆卸车内的零件,而是用车内的物品放火。有的当事人故意烧毁汽车,然后谎称汽车被盗。这类存在欺诈行为的汽车火灾具有一种明显的特征,即汽车的某些零件,如车轮、音响等被更换为次品。

(5)专用汽车:专用汽车包括消防车、救护车、矿山开采用车、林业用车及大型农用车等满足专业行业要求的汽车。专用汽车除存在普通汽车的火灾危险性之外,其特有结构也存在相应的火灾危险性,除按规定进行常规勘验之外,还应当了解该汽车的特殊构造及其工作原理,分析各种火灾危险性。

第五节　放火嫌疑类案件的调查

一、放火的动机和特点

(一)放火的动机

每一起放火案件的发生都有其特定的犯罪动机并表现出独有的特征,尽管这些动机和特征形形色色,但归纳起来有以下几种:

1.刑事放火

例如,贪污、盗窃、杀人、强奸等罪犯作案后往往以放火手段焚烧犯罪现场毁灭证据,制造失火假象掩盖犯罪活动,干扰公安机关的侦察方向。

2.报复放火

报复放火是放火案件中最常见的一种类型。其特点是放火者与被害者之间有一定的矛盾,如因对领导不满而放火,因婚姻、恋爱破裂或家庭纠纷而放火,因与邻居、同事、朋友不和或有利益冲突而放火等。

3.诈骗放火

诈骗放火的犯罪分子多为企图通过放火的手段来获取非法的经济利益或骗取保险公司的赔偿。

4.精神病人放火

犯罪心理学专家经过研究发现:精神分裂症患者、精神发育不全者、癫痫病患者,在发病期常由于感知异常、思维异常、情感异常或智能低下等因素而实施放火,此类放火的特点表现在放火者决不会放一次火就善罢甘休。他们往往会在一段时间里,在一条线路上或周围的道路旁连续制造多起放火事件,而且几次放火的行为方式具有相同的特点,放火的方位基本相同,同时,他们又常常会出现在火灾现场的围观群众中。

5.自焚

自焚的原因有婚姻受挫折、生活所迫、动迁达不到个人的要求、在经济上补偿不足或住房得不到满足、体衰多病等。

6.其他类型放火

在上面提到的几种放火动机中,放火犯罪分子与受害者之间多少都有一些联系,但有些放火犯罪分子与受害者之间却没有任何联系,如只是为了提高自己在单位同事中的信任度和好感度或为了证明自己的存在而去放火,并在放火后去英勇救火来达到自己的目的。

(二)放火案件的特点

与其他火灾相比较,放火案件有以下特点:

1.放火犯罪分子的动机比较明显

放火犯罪分子绝大多数有明显的动机,有的是因为婚姻家庭纠纷、奸情和债务关系而放火;有的是因为对单位领导不满,对改革触及自己的既得利益不满而放火;也有的是因为杀人、贪污或盗窃后,为掩盖罪行而放火。

2.放火时间和地点有一定的规律性

犯罪分子一般选在当事人上下班前后、节假日、当事人开会、当事人上课、当事人外出和夜深人静现场无人时,在偏僻易逃离现场的地点放火作案。每当火情被发现时,往往已形成大火。

3.着火有一定的突发性

对于用火不慎或电气设备不良、阴燃等引起的火灾,人们往往事前能闻到异味或发现异常现象,如收音机、电视机等有"咔嚓"的响声,电灯忽亮忽暗,而放火一般无上述迹象。放火人往往将助燃剂撒在物资集中、堆放易燃物品多的部位,趁人不备时放火并为火势的蔓延创造有利条件,为灭火工作制造障碍。因此,放火案件有一定的突发性,蔓延迅速,发现前无迹象,发现时往往火势已大。

4.有一定的预谋过程

犯罪分子作案前一般会对放火的时间、地点和方法等进行周密的考虑,并准备引火物,选择好放火点和进出路线,甚至设想出被发现时的脱身办法和作案后如何免受他人怀疑的办法。

5.其他常见的放火嫌疑的现象和疑点

其他现象和疑点包括:①在同一地区或同一建筑物内,曾连续发生过几次火灾,且起火时间、起火特征有关联;②在几次火灾中都涉及同一人;③火势猛烈,蔓延迅速,以一种非同寻常的方式传播;④发现引火物,如装有易燃液体的容器、浸有油类的木柴、稻草和废纸等;⑤起火部位奇特,此部位正常情况下没有引火源;⑥起火前,单位和个人在经济困难的情况下,增加了被烧建筑和物品的保险金,在公安部门介入保险理赔调查后,便不再提保险要求；⑦在发生火灾前，建筑报警器或其他灭火装置被人为破坏；⑧在发生火灾后，火灾现场证据被某个有利害关系的当事人销毁；⑨某个有利害关系的人员在出乎意料的短时间内到了现场；⑩强行进入建筑物内，有物品被移动、被搜寻的证据；⑪有证据表明死者在着火前被捆住或已经死亡；⑫在着火前接到恐吓与警告，火灾与某些重要政治事件同时发生。

二、放火现场的特征

与一般失火火灾现场相比，放火现场具有以下不同的特征：

(一)现场有多个起火点

犯罪分子为了加速火灾的形成，往往在数处放火，因而火灾现场会出现几个起火点。这是区别放火和一般火灾的一个明显特征，这种情况尤其在犯罪分子未用助燃剂时更为明显。

(二)起火点位置奇特

起火点位置奇特指起火处起火前没人到达，经调查又不存在其他电源、火源等起火因素，发现这样的起火点则可认为存在放火的可能性。

(三)有明显破坏痕迹

放火现场有如下破坏痕迹：①门锁有撬痕，门边和门框有撬压痕迹。犯罪分子破门而入留下的撬压痕迹，尽管在火中可能被烧，只要门边或门框的炭化层不脱落，撬压痕迹仍然存在，通过检查门颌，可以认定门在着火时处于开或关的状态。②有被打碎的玻璃块。被火烧炸裂的玻璃呈龟裂纹状，向火灾现场一面的玻璃块有烟熏痕迹，而在着火前被打碎的玻璃块由于受外力破碎其边缘呈棱角状，玻璃碎块大小不一，玻璃表面没有烟迹。如果打碎的玻璃块掉在室内，则表明是犯罪分子进入现场的方向；如果玻璃块掉在室外，则表明犯罪分子是逃离现场的方向。③门窗被锁死，用重物顶上，用铁丝拧住。④现场附近的消防设备、通信设施被破坏。

(四)现场中有放火遗留物

放火现场的起火点附近会有烧余的火柴梗、油棉花、稻草、煤油、汽油瓶、导火索等专门用来引火的物体和材料。

(五)物品有被翻动和移动的痕迹

放火现场的物品地点与证人提供的物品原始地点不同，且物品有被翻动的痕迹，如办公桌的抽屉被翻、锁被撬等。

(六)可燃物位置变动

放火现场内物体有明显位置变化，在起火点处会发现起火前没有的物体残骸，可燃气体、液体管道开关，液化气、煤气灶开关被打开等。

(七)现场破坏大、物证分散

从物证的分布讲，放火案件的物证与失火的物证有所不同，后者一般在起火点的部位，而前者的物证有时却较分散，起火点处有，其他地点也有。物证分散是放火案件的特征之一。

三、放火案件调查询问的对象与内容

(一)放火案件调查询问的对象

调查询(讯)问的对象主要包括起火的家庭、起火单位、参加灭火的消防人员、单位参加灭火的职工、小区的居民以及参加灭火的其他人员(起火时曾在现场的目击者、第一报警人员)。

(二)放火案件调查询问的内容

通过调查询问,获取对判明火灾性质有着重要作用的以下内容:①起火的准确时间、地点、方位,有几处着火;②发现燃烧时火的特征、高度、范围、颜色、味道、声响,当天的气温、风向和门窗的状态;③被烧的物品及损失;④起火单位或居民有哪些利害关系人,有无矛盾激化现象;⑤其他与放火案件有关并有证据意义的事项,如不符合常识、不合情理的事实与情节。

四、放火案件现场勘验的主要内容

(一)通过勘验,获取引火物的证据

(1)在起火点附近仔细寻找放火使用的引火物,如装油类的容器、浸有油类的木柴以及稻草、废纸、刨花、火柴和烟头等。注意发现火灾现场的特异气味,必要时提取起火点实物进行辨认与分析。注意获取气体类引火物,如油气管道阀门、炉具和液化石油气瓶的开关状态。

(2)在现场周围隐蔽地点寻找放火用过的引火物,如火柴杆、火柴盒、打火机、烟盒、电池及其他机械或电子的定时装置等。放火者并不都是从外部带来引火物,有的也会利用现场原有条件进行放火。例如:把现场原有的电炉通电并放在桌子的抽屉中;把点着的灯泡靠近或夹在易燃物品中;将仓库内盛有金属钠或白磷的容器弄出小孔,使保护液缓慢流出。上述放火手段,既不会留下外来引火物的痕迹,又有一定的潜伏时间,但是总会留下一些关于这些物品变动、变化的痕迹,因此应注意检查起火点及其附近是否存在此处不应出现的物件。

(二)寻找放火者的行迹

要注意在现场周围和现场的出入口寻找放火者的足迹、破坏工具痕迹和交通工具痕迹以及犯罪分子随身携带物的遗留物等,查明围墙、栅栏有无攀登翻越的痕迹,门窗玻璃是被火烧破坏的还是人为击碎的,室内箱柜有无撬砸痕迹。

(三)检查烧毁及丢失的财物

从现场残留物和灰烬中检查原物是否缺少,与事主核对有无钱物丢失,判断是否为偷盗后放火。若是盗窃、贪污和抢劫放火,要注意寻找工具破坏痕迹,查明丢失或缺少的票据,并注意发现和查证现场遗留痕迹与事主的叙述是否有矛盾之处。

（四）通过法医鉴别死、伤人员死亡或受伤的原因

注意寻找火灾现场的尸体及受伤人员。通过法医判断死者死亡的原因，记录死者的姿态，向受伤人员了解起火及受伤经过。查明死者或受伤者是火灾伤害还是其他伤害，是自伤还是他伤。

五、放火案件的认定要点

放火案件的类型很多，案情错综复杂，没有一个固定的认定模式。火灾现场存在多种复杂情况，就引火源而言，往往在起火点处同时存在若干个可能成为引火源条件的火源。在这种情况下必须采用排查法，就是把那些可能引起火灾的各种因素进行排队，然后再对各种因素的可能性和可靠性进行认真分析和研究，逐条排除现场可能的其他起火因素，从而最终认定是否为放火案件。认定要点如下：①准确认定起火点；②现场排除了电气故障、违章操作、遗留火种等其他起火因素，现场特征与放火案件现场的一个或多个特点吻合。

第六节　静电、雷击类火灾的调查

一、静电类火灾的调查

（一）静电产生的原因

静电主要是指两种不同物体（物质）紧密接触并迅速分离，由于两种物体对电子约束能力不同，物体间发生电子转移，而使两物体分别带上不同种电荷的现象。产生静电的原因有很多，下面主要从物质的内部特性和外部作用条件两个方面来介绍。

1.物质的内部特性

（1）逸出功的不同是产生静电的基础：由于不同物质使电子脱离原来的物体表面所需要的功（称为“逸出功”）有所区别，因此，当两种不同物质紧密接触时，在接触面上就会发生电子转移。逸出功小的物质易失去电子而带正电荷，逸出功大的物质易得到电子带负电荷。逸出功的不同是产生静电的基础。

（2）静电的产生与物质导电性能的关系：静电的产生与物质的导电性能有很大关系。导电性能可用电阻率来表示，电阻率越小，物质的导电性能越好。通过大量实验得出电阻率与静电产生之间的关系如下：电阻率为 10^{12} Ω·cm 的物质最易产生静电，而电阻率大于 10^{16} Ω·cm 或小于 10^{10} Ω·cm 的物质都不易产生静电。若物质的电阻率小于 10^{6} Ω·cm，由于其本身具有较好的静电导电性能，因此静电不易积累。但如汽油、苯、乙醚等，它们的电阻率都在 10^{11}～10^{14} Ω·cm 之间，静电都容易积聚。因此，电阻率的大小是静电能否积聚的条件。

（3）物质的介电常数决定静电的大小：物质的介电常数（也称“电容率”）是决定静电

电容的主要因素,它与物质的电阻率一起影响静电产生的结果,通常采用相对介电常数来表示。相对介电常数是一种物质的介电常数与真空介电常数的比值。

2.外部作用条件

(1)摩擦起电:摩擦起电指两种不同的物质在紧密接触、迅速分离时,由于相互作用,使电子从一物体转移到另一物体的现象。其主要表现形式除摩擦外,还有撕裂、剥离、拉伸、撞击等。

(2)附着带电:某种极性离子或自由电子附着在与大地绝缘的物体上,能使该物体呈带静电的现象。

(3)感应起电:带电的物体使附近与它并不相连的另一导体带电,表现出不同部分出现极性相反的感应电荷的现象。

(4)极化起电:某些物质在静电场所内,其内部或表面的分子能产生极化而出现电荷的现象。

3.物质带电的具体原因

(1)固体带电的具体原因:①橡胶制品在生产的压延工序中,胶料在压延机滚筒的滚压下,由于压力较高、受压面积较大,电荷转移较快,产生的静电电压可高达数十万伏。②运输传送设备时带电。③不同的磨料相互摩擦时带电。④化纤织物、塑料等高分子材料摩擦带电。⑤炸药带电。硝酸纤维素、硫黄、三硝基甲苯(TNT)等在生产和储运过程中,由于震动和摩擦带电。⑥材料破断而带电。

(2)液体带电的具体原因:液体在流动、搅拌、沉降、过滤、摇晃、喷射、飞溅、冲刷、灌注等过程中,都可能产生静电。这种静电常常能引起易燃液体和可燃液体发生火灾或爆炸。液体介质中产生静电的主要形式有:①流动带电。液体在流动中摩擦带电是工业生产中颇为常见的一种静电带电形式。②喷射带电。当液体从管道喷出后与空气接触时,就会出现带电现象。例如,甲醇在高压喷出后形成的雾状小液滴就带有大量的电荷。③冲击带电。当液体从管道口喷出遇到器壁或挡板的阻碍时,飞溅的小液滴会在空间形成电荷云。例如,汽油经过顶部管口注入储油罐或油槽车的过程中,油柱下落时会对器壁造成冲击,引起飞沫、雾滴带电。④沉降带电。当液体在压力作用下流动时,若流速快、摩擦面积大、器壁粗糙、杂质多,静电荷会迅速增加和大量积聚,极易产生静电放电,引起爆炸事故。

(3)粉体带电的具体原因:粉体是指由固体物质分散而成的细小颗粒。在生产过程中,研磨、搅拌、筛选、过滤等工序经常有静电产生,当静电积聚到一定程度时,就会发生火花放电。在一般情况下,可燃粉尘在空气中的含量达到爆炸极限后,遇到静电放电产生的火花会引起燃烧或爆炸。

(4)气体带电的具体原因:完全纯净的气体是不会产生静电的,但由于气体内往往含有灰尘、金属粉末、液滴、蒸气等细小颗粒,在气体喷射时,这些颗粒与气体之间的高速摩擦,颗粒与液体以及其他固体的摩擦,均能使气体带电。气体带静电的形式有:①高压蒸气冲洗油舱或贮槽时,蒸气与空气中的油雾高速冲击摩擦,使油粒产生大量电荷,与接地体发生静电放电。②气体在管道中流动或由阀门等处的缝隙高速喷出时均能产生较大的静电。③气体放空时高速喷出也会产生静电。如氢气瓶放空时，氢气大量聚集在瓶颈部位，并在气流冲出的过程中产生静电的积聚。④气体冲入易产生静电的液体时，在气泡与液体的界面上会产生双电层，其中某种电荷随气泡上升被带走，会使下部的绝缘体带有一定的静电。

(5)人体带电的具体原因：人体表皮有一定的电阻，如果穿着高电阻的鞋靴，则会因运动、衣服摩擦等使人体带静电。具体原因有：①接触、分离带电。当人在地毯等绝缘地面上行走时，会因鞋底和地面之间不断地紧密接触与分离而发生接触起电。当人穿塑料底鞋在橡胶地面上行走时，人体的负电位可达到2～3 kV。②人体感应起电。当人体接近某带电体时，人体会因受到静电感应而带电。③吸附带电。当人在具有带电微粒的空间中活动时，带电微粒的吸附会使人体带电。例如，当人体走近有带电水雾的空间时，就会发生吸附带电。

(二)静电产生、积累和放电的条件

产生静电的因素很多，如两物体直接接触、分离起电；带电微粒附着在绝缘固体上，使之带静电；感应起电；固定的金属与流动的液体之间电解起电；固体材料在机械力作用下产生压电效应以及流体、粉末喷出时，与喷口剧烈摩擦而带电等。常见的产生静电的作业与活动有：石油、化工、粮食加工、粉末加工、纺织企业用管道输送气体、液体、粉尘、纤维的作业；气体、液体、粉尘的喷射(冲洗、喷漆、压力容器、管道泄漏等)；造纸、印染、塑料加工中用磙子传送纸、布、塑料以及动力传动皮带等；军工、化工生产中的碾压、上光；物料的混合、搅拌、过滤、过筛等；板形有机物料的剥离、快速开卷等；高速行驶的交通工具；人体在地毯上行走、离开化纤座椅、脱衣、梳理毛发、用有机溶剂洗衣、拖地板等活动；工业生产过程中的粉碎、筛选、滚压、搅拌、喷涂、抛光等工序。

1.静电产生的条件

静电产生的大小，取决于两物体接触面的距离、分离速度和它们对电子约束力的差值。

(1)两物体接触面的距离：在两物体接触面的距离达到2.5×10^{-7} cm或更小时，即很容易发生电子转移现象。

(2)分离速度的危险界限：不同物质的分离速度限值由实测或实验确定。石油的安全流速界限为：管径是1 cm时，限速为8 m/s；管径是10 cm时，限速为2.5 m/s；管径不小于60 cm时，限速为1 m/s。二硫化碳、乙醚的静电火灾危险性极大，它们的安全流速为不大于1.5 m/s，管径分别为不大于2.5 cm和1.2 cm。

2.静电积累的条件

静电的产生是普遍的，静电的危险性表现为静电积累。静电能否积累主要取决于半衰期这个物理量。

(1)静电的半衰期：半衰期是指一个带静电的物体带有一定量的静电，当静电向空气或大地自由逸散，其所带电量只剩原来带电量一半时所需要的时间。

(2)空气湿度：空气湿度增加，空气的导电性会增大，物体上的静电容易向大气中逸散，静电不能积累。当空气湿度为65%以上时，不能积累静电；当空气湿度低于40%时，则静电能够积累且能积累到最高电位(电量)。

(3)抗静电剂:抗静电剂是向电阻率高的物质中加入的低电阻率物质,其目的是降低易产生和积聚静电物质的电阻率,从而使该物质的半衰期达到安全值。因此,在认定静电火灾时,要审查抗静电剂的添加情况和实际效果。

(4)静电接地:静电接地是为了把物体产生和积累的静电及时导入大地。①易产生静电的部位接地电阻应小于10 Ω;②能产生静电放电的金属应相互跨接;③接地导体中不应存在孤立导体。静电接地只能导走静电导体和金属体上的静电荷,对静电非导体(物质的电阻率大于10^{10} Ω·cm)无效,即对绝缘物质无效。

3.静电放电的条件

(1)最低放电电压和放电间隙:静电电压超过300 V时,才能产生静电放电现象。静电电压达到30 kV时,可击穿10 mm的空气间隙。认定静电火灾时,判断能否在某一点对大地放电,应将静电电压和实际间隙按上述比例折算。

(2)易发生静电放电的部位:两种物体接触分离时产生静电,分离速度越大,产生的静电电压越高。另外,尖端易集中高密度电荷,易发生尖端放电。以下部位是常见的静电放电点:①管道输油中刚流出管道的油与管道端。②管道出油口与接油容器边缘,管道端与接油容器边缘。③鹤管向槽车注油中,鹤管端与油面,鹤管端与油槽口。④油罐油面与鹤顶金属桁架。⑤粉体输送中管道突然膨大部分。⑥高速喷射及高压容器破裂、介质出口部分。⑦其他迅速分离点和尖端、毛刺、棱角部分。

(三)静电的放电能量

1.判断静电火花是否为火源

静电火花能否成为火源,一是要看可能被引燃的对象的最小点火能;二是要看静电放电能量。首先,分析被引燃物质的性质和状态,看它们是气态、蒸气态还是粉尘,分析它们的自燃点、闪点、最小点火能量、浓度和爆炸极限等,判断它们能否被点燃;其次,要看静电放电的能量,它放出的能量要超过可燃物的最小点火能量,才具备引燃能力,造成火灾。

2.最小点火能和静电的放电能量

(1)被引燃对象的最小点火能:可燃性混合气体的最小点火能一般为0.2 mJ。其中,点火能较小的有:二硫化碳,0.015 mJ;氢气,0.02 mJ;乙炔,0.09 mJ;环氧乙烷,0.087 mJ。大部分可燃粉尘的最小点火能为几十毫焦,有被静电引燃引爆的可能。部分可燃粉尘的最小点火能为数百或近千毫焦,一般静电火花不能将其引燃。

(2)静电的放电能量:静电的放电能量因带电体是导体还是非导体而不同。由于导体和非导体上的静电荷自由程度不同,即使两者的带电状态相同,其放电速度和放电能量也显著不同。①导体的放电能量。在一般情况下,导体放电会将所储存的静电能量全部变成电能放出。因此,导体上储存的静电能量就等于被引燃物质的最小点火能,具有引发火灾和爆炸的危险。带电物体储存的静电能量可由公式$W=0.5CU^2=0.5QU=0.5Q^2C$算出。式中,C为静电电容(F);U为静电电压(V);Q为带电电量(C);W为静电能量(J)。人体的静电电容一般为200 pF,假如人体的静电电压为2000 V,当人体接触接地体放电时，产生的静电能量 $W=0.5\times200\times10^{-12}\times2000^2=4\times10^{-4}(\mathrm{J})=0.4(\mathrm{mJ})$，足以点燃一般烃类与空气的混合气。②非导体带电的放电能量。在一般情况下，非导体放电时，所储存的静电荷不能全部放出转变为静电能量。当带电电压达到30 kV的带电体产生空间放电时，可放出数百微焦的静电能量，成为静电火灾的引火源。参照此结果，下列非导体带电情况有引发火灾的危险：a.非导体放电静电电位在1 kV以上或电荷密度在1×10^{-7} C/m^{2}以上时，可点燃最小点火能为数十微焦的可燃物质；b.非导体放电静电电位在5 kV以上或电荷密度在1×10^{-6} C/m^{2}以上时，可点燃最小点火能为数百微焦的可燃物质；c.非导体带电足以使接近的人感到静电触电；d.直径在3 mm以上的接地金属球接近非导体时，有产生声和光的放电；e.非导体带电表面电荷密度超过1×10^{-4} C/m^{2}时，会发生数千微焦以上能量的放电。③静电电压。通常认为静电电位超过300 V时才能击穿空气。击穿平行板间空气，击穿电压需大于30 kV/cm。

（四）静电火灾现场勘验和调查的主要内容

静电火灾难以通过对火灾现场特定残留物的鉴定，直接给出火灾原因。静电火灾的调查工作应重点围绕两方面进行：一是排除其他引火源引起火灾的可能性；二是分析和测试事故前现场静电火灾条件形成的可能性。

1.现场勘验的主要内容

（1）在起火点处寻找静电放电痕迹：金属上出现微小的"火山口"模样的痕迹时，可用扫描电子显微镜或X射线能谱进行分析。

（2）查明操作工序：查明操作工序每个环节设备的构造、功能、材料种类，各设备的位置，各设备间的连接和接地情况。

（3）现场测试获取证据，如测量流速、管子直径、粉碎速率、静电电位等。

（4）进行调查实验。最好在现场进行，也可在实验室进行，以获得静电积累和放电引燃的实际条件。

2.静电火灾调查的主要内容

调查过程中，调查人员应识别是否存在引火源的必要条件，对产生静电的机械装置进行分析，应对造成静电积聚的材料或器具以及它们的电导率、相对运动、接触和分离或者电子交换途径进行分析认定。

静电火灾事故调查的主要内容如下：①对积聚电荷到能够以引燃电弧的形式放电进行识别，鉴定积聚电荷或者作为电弧放电对象的材料的连接、接地状态。②获取当地气象条件的记录，包括相对湿度的数据。影响静电积聚或者消散的其他因素也要考虑在内。③尽可能准确地认定静电电弧的位置。如果发生了静电电弧，也几乎没有任何实际的直接物证，偶尔有证人叙述在着火时有电弧发生。不论如何，调查员应当尽力通过具体的物证和环境证据来证实证人叙述的真实性。④认定电弧的放电是否有充足的能量成为点火源，能否引燃最初的可燃物。⑤计算出对应于电弧的间隙的大小、电弧的电压和能量来认定能否产生可引燃电弧。⑥对于电弧和最初的可燃物找出其在相同时间、相同地方存在的可能性。

(五)静电火灾起火原因的认定

认定静电起火原因时,应当列举所有可能的起火原因并运用证据逐一排除。

1.认定要点

有证据证明同时具备下列情形并具有轰燃或者爆炸起火特征的,可以认定为静电起火:①具有产生和储存静电的条件;②具有足够的静电电压和放电条件;③放电点周围存在爆炸性混合物;④放电能量足以引燃爆炸性混合物。

2.注意事项

静电火灾事故调查需考虑的事项如下:

(1)接地良好不能完全避免静电火灾:装置中可能存在绝缘介质或绝缘体,还可能存在与装置绝缘的孤立导体,如油罐中的油面、反应釜人孔上的密封件、悬浮在油面上的浮子等。这些物体上的静电不能因装置接地而被导走。

(2)没有接地不能肯定为静电火灾:静电是微弱电荷,电阻很大,也容易被导走,只要装置对地电阻小于$10^6\ \Omega$或大气湿度超过70%,就不能发生静电积累和放电事故,因此,不能根据装置没接地或接地不合格,就肯定为静电火灾。

二、雷击类火灾的调查

(一)雷击的破坏作用

雷电是静电的一种形式,是大气中的放电现象。带着不同电荷的雷云之间或雷云与大地之间的绝缘(空间)被击穿,就会放电。雷电可以造成人畜伤亡、火灾和机械性破坏等严重后果,对于电气设备的损害也是很严重的。

雷击能在短时间内将电能转变成机械能、热能并产生各种物理效应,易引起火灾事故。

1.电效应

雷击时会产生数万至数十万伏电压,足以烧毁电力系统的发电机、变压器、断路器等电气线路和设备,造成绝缘击穿而发生短路,引起火灾或爆炸事故。

2.热效应

雷击产生的巨大热量,可以使金属熔化,混凝土构件、砖石表层也可被烧熔化,使可燃物起火。

3.机械效应

雷电的温度高,能量巨大,可以使物体中的水分瞬间爆炸式汽化,导致树木劈裂,建筑物破坏。

4.生理效应

雷电的极高电压和强大电流能击伤、击死人畜。

5.静电感应和电磁感应

(1)静电感应:当金属物处于雷云和大地电场中时,金属物上会感应出大量的电荷,雷电消失后电荷会积聚形成较高的对地静电感应电压。

(2)电磁感应:雷电具有很高的电压和很大的电流,同时又是在极短暂的时间内发生的,因此在它周围的空间里,将产生强大的交变磁场。回路的金属物上产生感应电流时,若局部接触电阻较大,就会引起火花放电现象。

6.雷电波侵入

雷击会在架空线路、金属管道上产生冲击电压,使雷电波沿着线路或管道迅速传播,对电气线路的危害极大。

7.防雷装置上的高电压对建筑物的反击作用

当防雷装置受到雷击时,在接闪器、引下线和接地体上都会产生很高的电压。防雷装置放电产生放电现象(反击),可能引起电气设备绝缘破坏、金属管道烧穿,引发火灾事故。

(二)雷击火灾现场的特征

1.雷击破坏痕迹

(1)金属物体熔化:金属受雷击作用常形成熔断、熔化痕,有时也形成变形痕和电熔痕。如果雷击线路或电气设备,则会造成多处同时短路或烧坏,形成多个电熔痕,作用范围广,使整个线路呈过负荷状态。另外,雷电通道附近的铁磁性物质会被磁化,并形成有规律的分布。

(2)建筑物被破坏:常被雷击破坏的建筑物有烟囱、高墙、房脊、房檐等高处构件,呈纵向破坏痕迹。混凝土构件、砖石等物体被雷击后,一般局部形成击穿痕、熔融痕、烧灼痕、炸裂脱落痕和变色痕。

(3)非金属可燃物体被破坏:树木、电线杆、横担等物体会被雷电击碎、劈裂、击断。如果树林遭受雷击起火,常见被劈裂的树干和树皮剥离,树叶烧焦,呈炭化烧焦状。

(4)其他雷击痕迹:有时雷击能造成货堆、建筑物及人畜等的穿洞;雷击地面时,若地下有金属或矿藏,有时可将地面泥土局部掀起,击出一个坑状痕。雷击致人死亡时,有的尸体呈电击状,其心脏、脑神经呈触电麻痹症状;有的尸体外表有树枝状、“天文”状烧痕或者衣服、头发被烧焦。

2.不同雷击火灾现场的典型特征

不同的雷击火灾现场会呈现不同的特征,其中直击雷、感应雷和雷电波侵入的火灾现场特征如下:

(1)直击雷引发的火灾:直击雷,雷云和地面上被击对象之间直接放电,有较大的电效应、热效应和机构效应,破坏力很大,点火能力强。①有明显的雷击点。直击雷会形成明显的雷击点,起火点就在雷击点处或其通道上。②雷击电流通路明显。一般雷击电流沿导体(电线、钢筋、各类金属管道等)的敷设方向流动,并在通路上留下痕迹。雷击电流会在金属上留下熔痕或熔化痕。③雷击痕迹明显、集中。雷击电效应、热效应和机构效应形成的痕迹集中、明显。④起火时间短。直击雷起火具有瞬间突发的特征,起火时间短,有明显的明火起火特征。

(2)感应雷引发的火灾:①雷击点不明显。感应雷的雷击点不明显,起火点与雷击点往往不在同一部位。②需要满足三个条件:一是起火部位要有感应体,并与大地绝缘;二是感应主体必须置于强大交变电磁场之中;三是要有击穿空气的放电条件。③有火花放电痕迹。在金属组成的闭合回路或在平行导体的接点处,接触不良的部位有火花放电痕,如麻点坑、凹痕等,严重时也会熔断闭合回路形成电熔痕。

(3)雷电波侵入引发的火灾:①起火点不在雷击点处。雷电波侵入引起的火灾起火点与雷击点相隔一定距离,没有明显雷击电流通道,易形成多处起火点。②雷击痕迹明显。受雷电波侵入的导线绝缘被烧焦炭化,甚至导线多处熔融断线,尤其是配电盘处击穿痕、熔断痕明显。

(三)雷击火灾现场勘验和调查询问的主要内容及注意事项

1.现场勘验的主要内容

(1)寻找雷击点和雷电通道:直击雷引燃性很强,一般情况下落雷起火,起火点与雷击点一致或接近;而感应雷和雷电波侵入雷击点和起火点可能有很大的距离,引燃能力也小。雷击的选择性主要与地质、地形、地物和建筑物等条件有关,往往突出的建筑、潮湿的地点易遭雷击。通常,雷击点的寻找依据如下:①通过目击者寻找。破坏不严重的雷电落雷处不易被发现,雷击痕迹也不明显,可通过询问目击者找出落雷的区域和方向。②根据地质条件寻找。土壤电阻率小的地方,良导体与不良导体接合处,金属矿床地区、河岸、地下水出口处、山坡与稻田接壤的地方易受雷击。③根据地面设施寻找。空旷地区的孤立建筑物(如田野里的水泵房和草棚等),高耸建筑及尖形屋顶(如水塔、烟囱、旗杆等),烟囱热气柱、工厂排废气管道等,金属屋顶、地下金属管道、建筑物内有大量金属设备的工厂、仓库等易受雷击。④根据烧焦、熔化、炸裂、燃触、倒塌、穿洞等痕迹寻找。

(2)寻找雷击痕迹:①线路设备短路、金属熔化痕迹。如位于雷电通道的电气线路、用电设备多处短路,雷电通道处环形金属的熔化痕迹,金属屋顶油罐等的熔化痕迹等。②建筑物破坏痕迹。如屋脊、烟囱被破坏,岩石熔化,油漆变黑等的痕迹。③混凝土中性化。雷击可以使混凝土构件中性化,导致雷击部分的颜色比原色浅,表面光滑带有光泽。④树木、电线杆等被劈裂痕迹。⑤铁磁性材料被磁化痕迹。可用特斯拉计测定。⑥地面被击出的坑状痕。⑦尸体电击痕。

(3)检验避雷设施:①原设计能否将全部区域有效保护。②避雷设施是否发生故障。③检查避雷器记录是否发生雷击。避雷设施不能完全防止感应雷和雷电波侵入的破坏。

2.调查询问的主要内容

(1)通过当地气象台了解火灾前的下雨、雷击预报的情况。

(2)向目击者了解发现雷击的情况,主要是雷击的方向、位置和雷的光电现象。根据雷电现象与现场的痕迹互相印证,确定雷击的种类。

(3)向起火单位、变电所和居民了解火灾发生的瞬间接地放电现象和电器破坏情况。

(4)向起火单位了解起火部位的情况。

(5)向最先到达火灾现场的人了解是否闻到臭氧的腥味。

(6)向起火单位了解避雷设施的情况并通过现场勘验印证。

3.注意事项

进行雷击火灾事故调查时，应注意如下事项：

(1)雷击时间与起火时间：雷击时产生的高温可以使可燃物很快起火，雷电波沿架空线路或金属管线侵入室内，使电气设备发热打火，也能引起易燃、可燃气体或液体发生爆炸。这种引燃过程瞬间发生，故雷击时间与起火时间应是一致的。因此，雷击时间与起火时间一致的原则是判断雷击火灾的重要依据之一。但雷击多发生于雷雨天气，若加上某些因素如雨势大、可燃物潮湿的影响，雷击时可能引起的局部着火会熄灭而形成不了火灾；雷击过后，也会因留下雷击的火种，在一段时间以后使可燃物复燃，这种情况下起火时间晚于雷击时间。

(2)雷击点与起火点的关系：直击雷火灾与起火点可能在一处，也可能不在一处。前一种情况出现在雷直接打在可燃物(如森林、草垛、货箱、木结构建筑等)上时；后一种情况则是由于雷击在不可燃物(如金属杆、屋顶、烟囱、砖墙等)上，但在雷击点附近的金属丝或电气线路上感应出的雷电波引起了其他部位的易燃、可燃物燃烧或爆炸。球雷火灾中，球雷遇到物体的爆炸处往往与起火点是一致的。雷击火灾的起火点应在雷击点处或在雷电通道和雷电波传播的途径附近。如果现场的起火点位置不具备这个特点，应重新考虑火灾原因。

(3)正确认识避雷针的防雷作用：避雷针的防雷作用不在于避雷，而在于接受雷电流，并安全地把它导入大地。因此，避雷针是用于防止直击雷危害的装置。在某些安装有避雷针的情况下，仍时有雷击火灾的发生，因此不能因现场装有避雷针而轻易否定雷击火灾。

安装避雷针后，仍发生雷击火灾的主要原因有以下几个：①避雷针不能完全防止感应雷、雷电波侵入，球雷的破坏。雷云在没有对避雷针放电前，就可使地面某些物体产生静电感应电荷；雷电波和球雷则可从远离避雷针的地方侵入，从而使避雷针失去防雷作用。②避雷针存在保护范围的问题。在避雷针下周围的一定空间内，建筑物或其他被保护体可以避免遭受直接雷击，这个空间称为避雷针的保护范围。如果被保护物体中，有某个房角、某个烟囱、某个排气管超出这个避雷针的保护范围，就会被直接雷击。③当避雷针的引下线接头接触不良时，若雷电电流通过，该接点将产生强烈的电弧和电火花。附近其他金属线路和管道因雷击发热打火或高电位的反击作用也能引起火灾。

(四)雷击火灾起火原因的认定

认定雷击火灾起火原因，应当有当地、当时的气象资料证明。下列情形可以作为认定雷击火灾起火原因的根据：①气象部门监测的雷击时间与起火时间接近，具有明火燃烧起火特征；②金属、非金属熔痕、燃烧痕或者其他破坏痕迹明显；③金属、非金属熔痕、燃烧痕和其他破坏痕迹所处位置与起火点吻合；④雷击放电通路附近的铁磁性物质被磁化，可以测出较大剩磁。

(五)雷击破坏痕迹的鉴定方法

1.金相分析

建筑物金属构件、收音机金属天线、金属管道、防雷装置的接闪器、引下线等,由于雷击而产生的金属熔痕的金相组织类似于电熔痕,可以与火烧熔痕区别开。因为雷电作用温度高于火灾现场的火灾温度,且作用时间极短(直击雷主放电时间一般为0.05~0.10 ms,总放电时间不超过100~130 ms),故能造成金属表面的熔化,熔痕的金相组织致密细小。电气线路和设备受雷击造成的短路熔痕,在金相组织上更容易与火烧熔痕相区别,这种雷击短路熔痕分布面广、线长,在整个电流经过的线路和设备上都可能出现。

2.中性化检验

对于受雷击而未经过火烧的混凝土构件,在雷电高温作用下,水泥中的氢氧化钙会转变成中性的氧化钙,通过检验雷击部位混凝土构件的碱性,即可判断受雷电高温作用情况。

3.剩磁检验

雷击造成的现场上铁磁性材料的剩磁,可以利用特斯拉计进行检测。雷电流一般可使附近铁磁性金属件产生大于1 mT的剩磁。

第七节　其他类火灾的调查

一、吸烟火灾的调查

(一)烟蒂的基本特性和火灾危险性

1.香烟的燃烧温度

香烟的燃烧温度因烟丝种类、含水量、填充度、吸烟方式的不同而各异,测定时也易产生误差。燃着的香烟头的表面温度为200~300 ℃,其燃烧的中心部位为700~800 ℃。其表面温度之所以比中心低,是由于气流冷却和烟灰隔热作用的结果。

2.香烟的燃烧性

(1)燃着的香烟是阴燃。阴燃只发生在细碎的烟丝表面与空气接触的界面处。

(2)在无风的情况下,香烟自然阴燃时,燃烧速度为3~5 mm/min。在有风的情况下,风速约1 m/s,且风向与燃烧方向一致时,燃烧速度最快;风速超过3 m/s时容易熄灭。

(3)在氧浓度较高时,香烟能够进行有焰燃烧。

3.香烟的火灾危险性

(1)燃着的香烟易引燃疏松植物纤维:例如,纸张的燃点为130 ℃,普通纸箱的燃点为130~150 ℃,棉花的燃点为210 ℃,松木的燃点为250 ℃,麦草的燃点为200 ℃,布匹的燃点为200 ℃,这些物质受到烟头表面作用会发生热分解、炭化,而且易于蓄存热量维持阴燃，并能发展成为有焰燃烧。常用的塑料、化纤、羊毛、真丝等一般不会发生阴燃。这些物质热分解温度和燃点比较高，自燃点也比较高，遇到烟头仅能发生熔化。

(2)烟头引燃起火时间较长：烟头引燃疏松的植物纤维时，从物质接触烟头到起明火所需的时间较长，一般从十几分钟到几十小时。根据实验资料，在自然通风的条件下，将燃着的烟头扔进深度为5 cm的锯末中，经过75～90 min的阴燃便会出现火苗；扔进深度为5～10 cm的刨花中，有25%的概率经过60～100 min开始燃烧；将烟头扔在瓦楞纸包装箱表面或纸箱缝隙，一般在25 min以内就会冒烟，在20～40 min内就会阴燃。

(二)吸烟引起火灾的主要原因

吸烟引起火灾的原因有多种，除烟头本身引起的火灾外，还有点烟的火柴、打火机等引起的火灾和掉落的烟灰引起的火灾，具体原因如下：

1.烟头处理不当引起火灾

乱扔烟头是烟头引起火灾最常见的原因。如果将燃着的烟头或手捻的烟头扔到阴暗角落里，正好遇上废纸篓、柴草堆、衣物等，很容易引起火灾。吸烟人在处理烟头过程中所采取的熄灭措施是否有效，直接关系到火灾是否会发生。吸烟人处理烟头的习惯动作有以下几种：脚踏脚捻，用手指掐捻，用手向某物挤压或手掐后向某物挤压，用手指弹出或随便一扔，放在烟灰缸或桌上。以上几种处理方法不能保证烟头彻底熄灭，复燃的烟头或根本没熄灭的烟头都可能引燃周围的可燃物。

2.点烟后乱扔火柴梗引起火灾

有的吸烟者使用火柴点燃香烟，未熄灭的火柴落到可燃物上也会引发火灾。若吸烟者将燃着的火柴梗乱扔，火柴梗落到棉纺织品、柴草、刨花、纸张等物品上时，就会有引燃的危险性。实验表明，划燃的火柴梗从1.5 m的高处向下扔落到地面可燃物上时，有20%的火柴并未熄灭，只需10 s左右就可以将棉纺织品、柴草类物质引燃。

3.吸烟的方式和地点不当引起火灾

(1)躺在床上或沙发上吸烟：在喝醉了酒和过度疲劳的情况下吸烟，人容易入睡，以致带火的烟头掉落在被褥、衣服、沙发等可燃物上，引发火灾。

(2)在化工厂、液化石油气站等危险场合点火吸烟，易引起火灾爆炸事故。

(3)维修汽车或清洗零件时吸烟：这些作业大多数情况下都要用油盆或油桶，当易燃液体挥发出的气体达到爆炸下限时，若这时用明火点烟，易发生爆燃。如果作业人员身体沾有液体，就可能发生人员伤亡事故。

(4)叼着香烟办公时，若烟灰掉落到纸张、货架上或办公桌抽屉里，会引燃可燃物；叼着香烟脱工作服时，未熄灭的烟头或烟灰裹进衣服里也会引发火灾。

4.吸烟引起火灾的其他原因

(1)将未熄灭的烟头放到临时玻璃瓶中，引燃其他烟头和可燃物致使玻璃瓶炸裂；或将烟头放到纸盒中，造成纸盒被烧穿，引起纸盒底部可燃物起火。

(2)用烟斗吸烟的人，随意磕烟灰，火星引燃可燃物。

(3)大风天室外吸烟，乱扔烟头引燃可燃物。

（三）吸烟火灾现场勘验和调查询问的主要内容

1.现场勘验的主要内容

烟头引起的火灾属于阴燃起火，应寻找阴燃痕迹、局部炭化区痕迹、烟熏痕迹、“V”字形燃烧图痕以及低位燃烧痕迹等，以认定起火点的位置。

(1)墙面烟熏痕迹：烟头火灾多数在开始时呈低位燃烧形态，如果靠近墙体，会在墙面上形成“V”字形烟熏痕迹或烧裂痕迹。

(2)地面燃烧炸裂痕迹：烟头落于地面可燃物上时，如果可燃物堆积不厚，烧穿至底部，那么地面上可能留下较明显的烟熏或燃烧炸裂痕。如果是木质地板，可能会出现烧坑或烧洞。

(3)可燃物的炭化程度：由于烟头引起的火灾是阴燃起火，因此有以起火点为中心的炭化区，并有向周围蔓延的痕迹。

(4)查明伤亡情况：应查明吸烟者衣服被烧焦的部位，脸、手、头发、眼睫毛被烧的情况。查明火灾现场中尸体的位置、姿态、烧伤部位等。

2.调查询问的主要内容

(1)查明吸烟人的情况：①查明吸烟者的人数、姓名。②查明吸烟时每个吸烟者的位置、姿态。③查明吸烟的具体过程、烟头和燃着的火柴梗扔在何处。④查明点烟的时间，扔烟头和火柴梗的时间。⑤查明吸烟者平时的烟瘾程度和吸烟的习惯等。

(2)查明起火点处可燃物及其性质：①查明可燃物堆放情况，即起火点处可燃物种类、数量、状态、分布等情况；②查明可燃物的性质。

(3)查明初期起火的特征：烟头在引燃过程中产生的热分解产物往往有异味，冒出白烟或黑烟。通过询问目击者，了解出现异味和冒烟的位置。

(4)查明起火时间：由于烟头引燃的时间较长，因此应根据吸烟时间、扔烟头或火柴梗时间、发现起火时间等，认真地分析起火时间，还可以根据调查实验结果分析起火的可能性和起火时间。

(5)查明有无其他火源引起火灾的可能：微弱火源，如烟道火星、热煤渣等引起火灾的现场特征与烟头火灾的现场特征相似，所以要认真分析现场其他火源引起火灾的可能性。

(6)查明现场起火时的气象条件：查明起火时的温度、湿度、风向、风速等数据和降雨、下雪的情况。

（四）吸烟火灾起火原因的认定要点

认定吸烟火灾的起火原因时，应考虑以下条件：①现场具备遗留烟头的条件。②所认定的起火点处放置有能被烟头引燃的物品。③调查证实起火时的燃烧特征与烟头火源引燃周围可燃物起火燃烧的特征吻合。④调查排除了其他起火因素。注意：吸烟所用的火柴梗引起的火灾往往具有明火引燃起火的特征。⑤有条件的可参考有关人员提供的线索和现场可燃物情况，尽最大可能模拟起火时的条件进行实验，为认定起火原因提供依据。

二、焊接和切割火灾的调查

（一）焊接和切割的工作原理

焊接是连接金属件的一种方法，它通过加热、加压或者两者并用的方式，将两个金属件牢固连接。一般将焊接方法分三类：熔焊、压焊和钎焊。切割是切开金属的另一种生产工艺，它是利用乙炔等可燃气体与氧气混合燃烧产生的高温，达到切开金属的目的。常采用的焊接方法是电弧焊接和气体焊接，下面重点介绍这两种焊接方法的原理。

1.电弧焊接和气体焊接的原理

电弧焊接是一种利用电弧作为焊接热源的熔焊方法。电弧是在加有一定电压的两电极之间或在电极与焊件之间产生的一种强烈气体放电现象，可使金属电焊条和焊件金属材料同时熔化而形成焊缝。

气体焊接是利用可燃气体与氧气混合燃烧的火焰对金属材料进行加热的一种熔焊方法。气焊常用的可燃气体主要有乙炔和丙烷，也有用氢气、天然气或液化石油气的。气焊的火焰温度较高，一般在2000 ℃以上。

2.电弧焊接与气体焊接的区别

电弧焊接与气体焊接在火灾危险性方面主要有以下区别：

（1）气体焊接使用的氧乙炔等气体属于易燃易爆气体，而电弧焊接则不使用易燃易爆气体。气体焊接中的气体“回火”是十分危险的，操作中应有效使用“回火”防止器。

（2）电弧焊接增加了电气火灾的危险因素，其回路线（俗称“搭铁线”）敷设不当是发生火灾的常见原因。

（二）焊接和切割引起火灾的主要原因

1.金属熔融物引起火灾

焊接、切割作业过程中产生的大量金属火星或金属熔渣会四处飞溅，其温度都相当高。一般焊接火花的喷溅颗粒温度为1100～1200 ℃。尤其是气割，熔融的金属氧化物更多，飞溅的距离更远。熔融的金属颗粒离开焊、切处时会逐渐冷却，冷却的快慢与颗粒大小、环境温度和风力有关。掉落的高温金属熔渣可以引燃棉纱、麻头、稻草等可燃物，也可以引燃易燃气体、液体蒸气，引发火灾或爆炸。

2.热传导引起火灾

施工现场常采用金属板遮挡火花，通过金属板传热或者焊割管道时通过管道传热，可引燃其他可燃物。若焊割后没有进行检查，焊割件余热也会烤燃可燃物。

3.电焊过程中发生火灾

（1）电焊线选择不当，截面积过小，使用过程中电气线路过负荷引起火灾。

（2）焊接导线与电焊机、焊钳、焊件连接头松动打火引起火灾。

（3）焊接导线受机械碾压、接触高温物体、过期使用导致绝缘损坏短路引起火灾。

（4）焊接导线本身接头处理不当、松动打火引起火灾。

（5）电焊回路线使用、敷设不当，有乱搭乱接现象，在焊接时接头过热，引燃可燃物。

4.气体焊接、切割作业中气体泄漏遇明火

(1)焊、割操作台爆炸:有些单位把焊、割操作台用铁板搭成了容器形状。在焊、割间隙,焊、割炬随意旋转,加上氧乙炔阀门未关闭或焊、割炬本身漏气,喷嘴又正好对准焊、割操作台的缝隙,使氧乙炔气体积聚在里面,当遇到焊、割明火时,即会引起操作台爆炸。

(2)焊、割操作场地爆炸:这种情况主要发生在比较密闭的场所、容器,尤其是进入船舶等特定物体的某一部位进行焊、割时,每当下班或新调换的一班焊、割工人上班过程中,焊、割工人习惯于把自己使用的焊、割炬拆下来保管,这可能造成气体泄漏。在这些比较密闭的场所,氧乙炔混合气体遇到火源时会引起爆炸事故。

(3)焊、割工人使用的工具箱爆炸:有的焊、割工人在工具箱上打一个小洞,把焊、割炬的喷嘴当作挂钩挂在工具箱上,由于某种原因致使氧乙炔混合气体积聚在工具箱内,当遇到火源时即会引起爆炸事故。

5.焊、割容器发生爆炸

焊、割盛装可燃气体、易燃液体的各种金属容器、化工设备及输送管道时,由于未将残存的易燃易爆气体和液体彻底清除,没有采取置换、冲洗措施,也未经过采样分析而盲目焊、割,引起爆炸事故。

6.在易燃易爆场所违章进行焊割作业

在生产、使用、装卸易燃易爆物品的场所,在未采取安全措施的情况下进行焊、割作业,引起爆炸起火。

(三)焊接和切割火灾现场勘验和调查询问的主要内容

1.现场勘验的主要内容

(1)准确认定起火点:由于实际焊、割点往往不与起火点在一起,因此要根据现场勘验和调查询问情况综合分析认定起火点。①金属熔渣飞溅引起的火灾。勘验熔渣落点与起火点的位置关系时,要在查明焊、割部位的前提下,重点查明熔渣飞落的距离和掉落途径。焊、割点在地面时,起火点在焊、割部位同一平面的一定范围内;焊、割部位在某一空间时,焊、割金属熔渣飞溅后,多数掉落在焊、割部位的底部,故起火点往往形成在焊、割部位下部的一定范围内。②电焊引起的火灾,起火点往往远离焊接点。勘验电焊线绝缘损坏打火处和接零线接触不良发生火花的部位,这些部位一般就是起火部位。起火部位与焊接点形成的距离差较大,且距离差的大小主要与接零线的种类、长度以及连接形式有关。③焊、割过程中热传导引起的火灾,起火点一般距焊、割部位很近,但多形成在隔断隐蔽的部位。④焊、割金属熔渣及电火花引燃固体可燃物的火灾现场,会形成以起火点为中心的炭化区和“V”字形燃烧图痕。⑤勘验起火部位可燃物的种类、状态、数量和燃烧状态。

(2)获取起火特征根据:焊、割火种引燃易燃气体和液体蒸气时,混合气爆炸燃烧,具有爆炸的起火特征;焊、割金属熔渣飞溅、热传导而引燃锯末等可燃物时,具有阴燃的起火特征,形成局部炭化区和烟迹;气焊火焰直接引燃可燃固体或液体引起的火灾具有明火引燃的起火特征。

(3)在起火点处提取焊、割熔珠:焊、割熔珠较小,不易搜寻,可用磁铁或“水浴法”提取焊、割熔珠,作为焊、割操作以及熔珠飞行距离的证据。

(4)焊、割熔珠的比对验证:当起火点与焊、割操作不在同处时,提取火灾现场起火点处的金属熔融物,与焊、割熔渣一起送相关鉴定部门进行成分分析,验证其一致性,作为认定焊、割操作引发火灾的技术依据。

2.调查询问的主要内容

通过调查询问,主要向操作者和了解情况的人了解以下内容:

(1)电气布线情况:焊、割作业部位零线、电焊线通过部位,特别是电焊线搭在附近金属上的情况,以及导线接零情况。

(2)可燃物情况:起火前周围可燃物的位置、数量、状态。

(3)焊、割作业前安全措施落实情况:①焊、割设备是否完整好用;②清除各种可燃物的情况,如焊、割容器设备是否采取气体置换措施等。

(4)焊、割作业后安全措施落实情况:①对焊、割件本体的检查情况;②检查焊件时发现的问题是否采取了措施;③焊、割作业结束后,清理现场的经过和消除遗留下来火种的情况;④焊工所穿工作服下班后放置的部位。

(5)焊、割过程中发生的火灾情况及处理情况:①什么地方起火,火势如何,采取了什么措施;②焊、割作业开始时间、结束时间和发现起火时间;③焊、割件的长度,火灾后的状态。

(6)询问最初发现火灾的人,最初发现冒烟、起火的具体部位及火光颜色。

(7)进行焊、割作业时的气象条件:向当地气象部门了解作业时的气象条件,特别是作业时的风向和风力,它决定电火花的飞溅方向和距离。

(8)热传导起火的条件:用金属物隔断电火花或电火花飞到附近金属上的情况。

(四)焊接和切割火灾起火原因的认定要点

(1)认定的起火点应与焊渣飞溅掉落到达或传导热能够传到的部位相对应,并存在焊渣掉落和热传导的途径。

(2)起火前的有效时间内,与起火部位有关联的地方应存在焊、割行为。

(3)应在起火点处提取到焊、割金属熔渣,焊、割件残体掉落物。

(4)现场应存在能被焊渣引燃或引爆的可燃物,并可持续燃烧。

(5)现场应符合焊、割火源引燃不同性质可燃物的起火特征,同时调查未发现其他起火因素,如电焊机电源线接触不良、过负荷、短路、接地、接零故障等。

三、烟囱飞火火灾的调查

(一)烟囱本体火灾起火原因的认定

1.烟囱本体引起火灾的主要原因

(1)烟囱滋火:烟囱整体或局部沉降、变形,造成烟囱壁开裂、破损;火焰和烟气从破裂处窜出，引燃附近的可燃物起火。

(2)烟囱烤燃可燃物：烟囱接触可燃物时，在热传导的作用下，长时间的低温加热导致可燃物受热炭化起火。可燃物主要是指木房架、木立柱、板壁、油毡纸、锯末等。

(3)金属烟囱的热辐射引燃可燃物：金属烟囱与建筑物的可燃构件(如天棚、板条墙等)靠得太近时，金属烟囱的热辐射烤燃可燃物。

(4)烟囱安装不当引起火灾：①金属烟囱与墙内烟囱连接时插入的深度不够；两节护筒套接时，搭接的长度不足，接缝不严。②分烟道与主烟道交接处直接串通，导致火由某一房间通过其烟囱窜入相邻房间。③烟囱“改道”引起火灾。将通风道改为烟囱，将垃圾道、各种纵向电缆通道、管道改为烟囱引起火灾。

(5)民用烟囱改作生产用火烟囱：民用烟囱烟道短、口径小，与生产烟囱所要求的参数不匹配。若将民用住房烟道改为生产车间烟道，易引发火灾。

(6)油烟管道引起火灾：①油烟管道引燃可燃装修材料。宾馆、饭店等场所的厨房油烟管道外用可燃材料装修，一旦火苗上窜或油锅起火，就有可能引燃可燃装修材料。②油烟管道内油垢受热燃烧。长时间使用油烟管道，油垢会越积越厚，拐角处黏附得更厚，而油垢的主要成分是植物油，在高温下氧化放热，炭化后附在烟道上，如果油锅火苗上窜，就有可能引起油垢燃烧。在烟囱效应的作用下，火势会迅速蔓延，引燃其他可燃物。③油烟管道滋火。油烟管道长时间使用后，会出现老化现象，产生裂缝、缝隙滋火，引燃保温层或附近可燃物。

2.烟囱本体火灾现场勘验和调查询问的主要内容

(1)现场勘验的主要内容：①准确认定起火点。起火点处物体被烧程度重，并有明显的以此为中心向周围蔓延的痕迹。当怀疑是可燃物与烟囱相接触而起火时，要以烟囱的安装状态和在接触面上产生的燃烧痕迹为线索，结合可燃物的燃烧状况进行调查确认。②获取烟囱接触可燃物引起火灾的根据。a.获取低温着火特征的根据。靠近烟囱的可燃构件，多数埋在墙体中，它们受热是通过热传导的形式完成的，起火属于木材低温燃烧。所谓“低温燃烧”，是指木材在100～280 ℃的温度范围内，缓慢氧化、分解、升温，经过长时间的积热而发展成火灾。b.查明烟囱与可燃物的距离。c.获取燃烧方向的根据。火灾初期以起火部位为中心向空间大、可燃物多的方向蔓延，主要根据有局部可燃物被烧程度重，物体上形成的迎火面痕迹清楚。③获取烟囱滋火引起火灾的根据。a.获取裂缝的部位和原因。对于用砖砌的烟囱，获取砖缝泥浆脱落的根据；获取瓷(泥)管烟囱错位，连接处脱离、损坏，形成缺口的根据；查找房子倾斜造成烟囱错位形成裂缝的依据。b.获取裂缝的几何尺寸数值。c.获取对应裂缝处可燃物的种类、数量及燃烧状态。d.查看起火点与裂缝滋火部位是否吻合。e.查看烟囱与火炕、火炉等用火设施连接是否处理得当。

(2)调查询问的主要内容：①查明烟囱、油烟管道的结构、设置形式和其通过的部位环境条件。②查明烟囱与可燃构件的距离、接触状态和形式。③查明烟囱裂缝的部位、几何尺寸及产生裂缝的原因。④查明金属烟囱附近可燃物的距离及可燃物的种类和状态，并确定用火时间和起火时间。⑤查明烟囱维修情况以及以往发生火灾的部位和处理情况。⑥查明烟囱改道情况，并与现场实际情况对比。⑦查阅烟囱图纸，查明烟囱建筑结构、使用年限。⑧查明用火情况。起火前使用的燃料种类、数量及用火时间。

3.烟囱本体火灾起火原因的认定要点

(1)认定的起火部位(点)应与烟囱所在位置相对应。

(2)起火前与烟囱相连的炉灶在使用或起火前的有效时间内，与烟囱相连的炉灶使用过。

(3)烟囱本体或周围存在可燃物，并存在被烟囱热(火)源烤(点)燃的途径和条件。

(4)经过调查，起火部位处未发现其他起火因素。

(二)烟囱飞火火灾起火原因的认定

1.烟囱飞火的火灾危险性

(1)烟囱火星的相关参数：①烟囱火星的温度。木质燃料容易产生较多、较大的火星，温度一般为400～900 ℃。②木质燃料产生的火星具有温度高、能量低的特点，离开烟囱以后，温度逐渐降低。③可根据火星的颜色判断温度。暗红色为500 ℃，深红色为600 ℃，亮红色为1000 ℃，玫瑰红色为1500 ℃。④某些轻金属火星在空气中剧烈地氧化，温度还会升高一些，所以火灾危险性就更大。

(2)烟囱火星的引燃特性：疏松、表面积大、热分解温度低的物质易被烟道火星引燃。例如，纸屑、棉花、草类、锯末等植物纤维易被点燃，木板等密度大的物质不易被点燃。①烟囱火星的温度在350 ℃以上，大于可燃物的最小点火能时，才能引燃可燃物。所以，烟道火星的亮度越大、体积越大，引发火灾的可能性就越大。②烟囱火星引燃可燃物，要经过热分解、炭化、吸氧生热、阴燃至明火燃烧的过程。

(3)烟囱火星的飞散距离：一般来说，烟囱的高度越低，飞出的火星就越多，且温度越高，引起火灾的可能性就越大。

2.烟囱飞火火灾现场勘验和调查询问的主要内容

(1)准确认定起火点：烟囱火星引发的火灾多属阴燃起火，火灾现场具有阴燃起火的特征。要注意获取局部炭化痕迹、烟熏痕迹、以炭化区为中心向四周蔓延的痕迹，以及火灾前冒烟和有异味的线索。

(2)查明起火点处可燃物状况：查明起火点处可燃物种类、状态、分布、数量。确认该可燃物能否使烟道火星停留，能否被其引燃。

(3)计算飞散距离：通过计算分析起火点是否在火星的飞散范围内，并获取火星停留的根据。例如，露天堆垛顶部、堆垛间、朽木、可燃的屋面、阳台等是火星易停留的部位。

(4)查明火星的能量和熄灭时间：通过询问，查明火星的亮度及大小，判定其大致温度和引燃的能量。同时，查明火星在飞落过程中在什么位置熄灭，判断其引燃可燃物的可能性。

(5)获取烟囱火星飞落到起火点处的根据：通过询问，了解平时该烟囱是否有火星飞出。北方冬季下雪后，可从雪面观察炭粒的散落情况或到起火部位附近物体表面寻找炭粒,也可以通过现场实验的结果进行分析。

(6)查明起火前锅炉、烟囱的使用情况:查明用火时间、停火时间、燃料种类和操作情况。例如,捅炉子、鼓风等操作情况。

(7)查明烟囱结构、烟囱高度:查明烟囱结构,测量出烟囱高度和直径大小。有的烟囱安装有“防火帽”“插板”等设备,注意勘验其使用状况。

(8)获取起火前当地的气象情况:通过气象部门获取当地、当时的风向、风速及起火前空气的湿度。一般空气湿度越小,可燃物就越干燥,越容易被点燃。据统计,当空气相对湿度为20%～50%时,烟囱较易产生火星;当湿度低于25%时,火灾危险性较大。

(9)进行调查实验:通过调查实验确认是否能飞出火星,测定飞散距离、火星亮度、熄灭位置、火星大小和引燃能力,分析引燃可燃物的可能性。

3.烟囱飞火引发火灾原因的认定要点

(1)认定的起火部位(点)应具备火星由烟囱飘落到该处的途径和条件。

(2)起火部位的可燃物应能被烟囱火星点燃。

(3)最初起火特征与火星点燃可燃物的起火特征应相吻合。

(4)经调查,起火部位未发现其他起火因素。

认定时,应注意此类火灾可能有多个起火点,应通过调查与放火嫌疑案件区分。

第四章　火灾事故调查处理

第一节　安全生产及关联刑事案件

一、概　述

根据《中华人民共和国刑法》《中华人民共和国刑事诉讼法》《中华人民共和国安全生产法》《中华人民共和国消防法》《行政执法机关移送涉嫌犯罪案件的规定》《安全生产行政执法与刑事司法衔接工作办法》《最高人民法院、最高人民检察院关于办理危害生产安全刑事案件适用法律若干问题的解释》等法律法规及有关规定，安全生产及关联刑事案件可能涉及涉嫌重大责任事故罪，强令违章冒险作业罪，重大劳动安全事故罪，大型群众性活动重大安全事故罪，危险物品肇事罪，工程重大安全事故罪，教育设施重大安全事故罪，消防责任事故罪，不报、谎报安全事故罪，生产、销售不符合安全标准的产品罪，故意杀人罪，故意伤害罪，非法制造、买卖、运输、邮寄、储存枪支、弹药、爆炸物罪，非法制造、买卖、运输、存储危险物质罪，非法经营罪，提供虚假证明文件罪，出具证明文件重大失实罪，伪造、变造、买卖国家机关的公文、证件、印章罪，妨害公务罪，失火罪等。其中，许多因火灾事故而涉嫌刑事犯罪，也有涉嫌其他犯罪但表现为火灾事故的。

生产安全事故发生后，对涉嫌安全生产犯罪的，有管辖权的公安机关应当依法立案侦查，采取强制措施和侦查措施。犯罪嫌疑人逃匿的，公安机关应当迅速追捕归案。事故调查组成立后，派员参加事故调查的公安机关应当将有关情况通报事故调查组。事故调查中发现涉嫌安全生产犯罪的，事故调查组应当及时将有关线索、材料或者其复印件移交有管辖权的公安机关依法立案侦查。在生产、作业中违反有关安全管理的规定，有《中华人民共和国刑法》第一百三十四条之一规定情形之一，因而发生重大伤亡事故或者造成其他严重后果，构成《中华人民共和国刑法》第一百三十四条、第一百三十五条至第一百三十九条等规定的重大责任事故罪、重大劳动安全事故罪、危险物品肇事罪、工程重大安全事故罪等犯罪的，依照规定定罪处罚。

二、涉嫌重大责任事故罪立案标准

在生产、作业中违反有关安全管理的规定,因而发生重大伤亡事故或者造成其他严重后果,具有下列情形之一的,对生产、作业负有组织、指挥或者管理职责的负责人、管理人员、实际控制人、投资人等人员,以及直接从事生产、作业的人员,应以涉嫌重大责任事故罪移送:①造成死亡1人以上,或者重伤3人以上的;②造成直接经济损失100万元以上的;③其他造成严重后果或者重大安全事故的情形。

因存在重大事故隐患被依法责令停产停业、停止施工、停止使用有关设备、设施、场所或者立即采取排除危险的整改措施,有下列情形之一的,属于《中华人民共和国刑法》第一百三十四条之一第二项规定的“拒不执行”:①无正当理由故意不执行各级人民政府或者负有安全生产监督管理职责的部门依法作出的上述行政决定、命令的;②虚构重大事故隐患已经排除的事实,规避、干扰执行各级人民政府或者负有安全生产监督管理职责的部门依法作出的上述行政决定、命令的;③以行贿等不正当手段,规避、干扰执行各级人民政府或者负有安全生产监督管理职责的部门依法作出的上述行政决定、命令的。有前款第三项行为,同时构成《中华人民共和国刑法》第三百八十九条行贿罪、第三百九十三条单位行贿罪等犯罪的,依照数罪并罚的规定处罚。认定是否属于“拒不执行”,应当综合考虑行政决定、命令是否具有法律、行政法规等依据,行政决定、命令的内容和期限要求是否明确、合理,行为人是否具有按照要求执行的能力等因素进行判断。

三、涉嫌强令违章冒险作业罪立案标准

明知存在事故隐患、继续作业存在危险,仍然违反有关安全管理规定,实施下列行为之一,因而发生重大伤亡事故或者造成其他严重后果,对生产、作业负有组织、指挥或者管理职责的负责人、管理人员、实际控制人、投资人等人员,应以涉嫌强令违章冒险作业罪移送:①利用组织、指挥、管理职权,强制他人违章作业的;②采取威逼、胁迫、恐吓等手段,强制他人违章作业的;③故意掩盖事故隐患,组织他人违章作业的;④其他强令他人违章作业的行为。

四、涉嫌重大劳动安全事故罪立案标准

安全生产设施或者安全生产条件不符合国家规定,因而发生重大伤亡事故或者造成其他严重后果,具有下列情形之一的,对安全生产设施或者安全生产条件不符合国家规定负有直接责任的生产经营单位负责人、管理人员、实际控制人、投资人,以及其他对安全生产设施或者安全生产条件负有管理、维护职责的人员,应以涉嫌重大劳动安全事故罪移送:①造成死亡1人以上,或者重伤3人以上的;②造成直接经济损失100万元以上的;③其他造成严重后果或者重大安全事故的情形。

五、涉嫌大型群众性活动重大安全事故罪立案标准

举办大型群众性活动违反安全管理规定,因而发生重大伤亡事故或者造成其他严重

后果,具有下列情形之一的,对直接负责的主管人员和其他直接责任人员,应以涉嫌大型群众性活动重大安全事故罪移送:①造成死亡1人以上,或者重伤3人以上的;②造成直接经济损失100万元以上的;③其他造成严重后果或者重大安全事故的情形。

六、涉嫌危险物品肇事罪立案标准

违反爆炸性、易燃性、放射性、毒害性、腐蚀性物品的管理规定,在生产、储存、运输、使用中发生重大事故,造成严重后果,具有下列情形之一的,对相关责任人员,应以涉嫌危险物品肇事罪移送:①造成死亡1人以上,或者重伤3人以上的;②造成直接经济损失100万元以上的;③其他造成严重后果或者重大安全事故的情形。

七、涉嫌工程重大安全事故罪立案标准

建设单位、设计单位、施工单位、工程监理单位违反国家规定,降低工程质量标准,造成重大安全事故,具有下列情形之一的,对直接责任人,应以涉嫌工程重大安全事故罪移送:①造成死亡1人以上,或者重伤3人以上的;②造成直接经济损失100万元以上的;③其他造成严重后果或者重大安全事故的情形。

八、涉嫌教育设施重大安全事故罪立案标准

明知校舍或者教育教学设施有危险,而不采取措施或者不及时报告,因而发生安全事故,具有下列情形之一的,对直接责任人,应以涉嫌教育设施重大安全事故罪移送:①造成死亡1人以上,或者重伤3人以上的;②造成直接经济损失100万元以上的;③其他造成严重后果或者重大安全事故的情形。

九、涉嫌消防责任事故罪立案标准

违反消防管理法规,经消防监督机构通知采取改正措施而拒绝执行,因而发生安全事故,造成严重后果,具有下列情形之一的,对相关责任人员,应以涉嫌消防责任事故罪移送:①造成死亡1人以上,或者重伤3人以上的;②造成直接经济损失100万元以上的;③其他造成严重后果或者重大安全事故的情形。

十、涉嫌不报、谎报安全事故罪立案标准

在安全事故发生后,负有报告职责的人员不报或者谎报事故情况,贻误事故抢救,具有下列情形之一的,对负有报告职责的人员,应以涉嫌不报、谎报安全事故罪移送:(1)导致事故后果扩大,增加死亡1人以上,或者增加重伤3人以上,或者增加直接经济损失100万元以上的。(2)实施下列行为之一,致使不能及时有效开展事故抢救的:①决定不报、迟报、谎报事故情况或者指使、串通有关人员不报、迟报、谎报事故情况的;②在事故抢救期间擅离职守或者逃匿的;③伪造、破坏事故现场,或者转移、藏匿、毁灭遇难人员尸体,或者转移、藏匿受伤人员的;④毁灭、伪造、隐匿与事故有关的图纸、记录、计算机数据等资料以及其他证据的。(3)其他情节严重的情形。负有报告职责的人员是指负有组织、指挥

或者管理职责的负责人、管理人员、实际控制人、投资人，以及其他负有报告职责的人员。在安全事故发生后，与负有报告职责的人员串通，不报或者谎报事故情况，贻误事故抢救，情节严重的，以共犯论处。

十一、涉嫌生产、销售不符合安全标准的产品罪立案标准

生产不符合保障人身、财产安全的国家标准、行业标准的电器、压力容器、易燃易爆产品或者其他不符合保障人身、财产安全的国家标准、行业标准的产品，或者销售明知是以上不符合保障人身、财产安全的国家标准、行业标准的产品，致使发生安全事故，造成严重后果的，应以涉嫌生产、销售不符合安全标准的产品罪移送。

十二、涉嫌故意杀人罪、故意伤害罪立案标准

在安全事故发生后，直接负责的主管人员和其他直接责任人员故意阻挠开展抢救，导致人员死亡或者重伤，或者为了逃避法律追究，对被害人进行隐藏、遗弃，致使被害人因无法得到救助而死亡或者重度残疾的，应分别以涉嫌故意杀人罪或者故意伤害罪移送。

十三、涉嫌非法制造、买卖、运输、邮寄、储存枪支、弹药、爆炸物罪立案标准

个人或者单位非法制造、买卖、运输、邮寄、储存枪支、弹药、爆炸物，具有下列情形之一的，应以涉嫌非法制造、买卖、运输、邮寄、储存枪支、弹药、爆炸物罪移送：①非法制造、买卖、运输、邮寄、储存炸药、发射药、黑火药1000克以上或者烟火药3000克以上，雷管30枚以上或者导火索、导爆索30米以上的；②具有生产爆炸物品资格的单位不按照规定的品种制造，或者具有销售、使用爆炸物品资格的单位超过限额买卖炸药、发射药、黑火药1万克以上或者烟火药3万克以上，雷管300枚以上或者导火索、导爆索300米以上的；③多次非法制造、买卖、运输、邮寄、储存弹药、爆炸物的；④虽未达到上述最低数量标准，但具有造成严重后果等其他恶劣情节的。

十四、涉嫌非法制造、买卖、运输、存储危险物质罪立案标准

非法制造、买卖、运输、储存毒害性、放射性、传染病病原体等物质，危害公共安全，具有下列情形之一的，应以涉嫌非法制造、买卖、运输、储存危险物质罪移送：①造成人员重伤或者死亡的；②造成直接经济损失10万元以上的；③非法制造、买卖、运输、储存毒鼠强、氟乙酰胺、氟乙酰钠、毒鼠硅、甘氟原粉、原液、制剂50克以上，或者饵料2000克以上的；④造成急性中毒、放射性疾病或者造成传染病流行、暴发的；⑤造成严重环境污染的；⑥造成毒害性、放射性、传染病病原体等危险物质丢失、被盗、被抢或者被他人利用进行违法犯罪活动的；⑦其他危害公共安全的情形。

十五、涉嫌非法经营罪立案标准

未经许可经营危险化学品、烟花爆竹、民用爆炸物品、燃气、石油成品油、特种设备、易制毒化学品等法律、行政法规规定限制买卖的物品，具有下列情形之一的，应以涉嫌非法经营罪移送：①个人非法经营数额在5万元以上，或者违法所得数额在1万元以上的；②单位非法经营数额在50万元以上，或者违法所得数额在10万元以上的；③虽未达到上述数额标准，但两年内因同种非法经营行为受过2次以上行政处罚，又进行同种非法经营行为的；④其他情节严重的情形。

十六、涉嫌提供虚假证明文件罪立案标准

承担安全评价、认证、检测、检验工作的机构，出具虚假证明，具有下列情形之一的，应以涉嫌提供虚假证明文件罪移送：(1)给国家、公众或者其他投资者造成直接经济损失数额在50万元以上的。(2)违法所得数额在10万元以上的。(3)虚假证明文件虚构数额在100万元且占实际数额30%以上的。(4)虽未达到上述数额标准，但具有下列情形之一的：①在提供虚假证明文件过程中索取或者非法接受他人财物的；②两年内因提供虚假证明文件，受过行政处罚2次以上，又提供虚假证明文件的。(5)其他情节严重的情形。

承担安全评价职责的中介组织的人员提供的证明文件有下列情形之一的，属于《中华人民共和国刑法》第二百二十九条第一款规定的“虚假证明文件”：①故意伪造的；②在周边环境、主要建(构)筑物、工艺、装置、设备设施等重要内容上弄虚作假，导致与评价期间实际情况不符，影响评价结论的；③隐瞒生产经营单位重大事故隐患及整改落实情况、主要灾害等级等情况，影响评价结论的；④伪造、篡改生产经营单位相关信息、数据、技术报告或者结论等内容，影响评价结论的；⑤故意采用存疑的第三方证明材料、监测检验报告，影响评价结论的；⑥有其他弄虚作假行为，影响评价结论的情形。生产经营单位提供虚假材料、影响评价结论，承担安全评价职责的中介组织的人员对评价结论与实际情况不符无主观故意的，不属于《中华人民共和国刑法》第二百二十九条第一款规定的“故意提供虚假证明文件”。

在涉及公共安全的重大工程、项目中提供虚假的安全评价文件，有下列情形之一的，属于《中华人民共和国刑法》第二百二十九条第一款第三项规定的“致使公共财产、国家和人民利益遭受特别重大损失”：①造成死亡3人以上或者重伤10人以上安全事故的；②造成直接经济损失500万元以上安全事故的；③其他致使公共财产、国家和人民利益遭受特别重大损失的情形。承担安全评价职责的中介组织的人员有《中华人民共和国刑法》第二百二十九条第一款行为，在裁量刑罚时，应当考虑其行为手段、主观过错程度、对安全事故的发生所起作用大小及其获利情况、一贯表现等因素，综合评估社会危害性，依法裁量刑罚，确保罪责刑相适应。

十七、涉嫌出具证明文件重大失实罪立案标准

承担安全评价、认证、检测、检验工作的机构，出具的证明文件有重大失实，具有下列

情形之一的，应以涉嫌出具证明文件重大失实罪移送：①给国家、公众或者其他投资者造成直接经济损失数额在100万元以上的；②其他造成严重后果的情形。有《中华人民共和国刑法》第二百二十九条第二款情形，承担安全评价职责的中介组织的人员严重不负责任，导致出具的证明文件有重大失实，造成严重后果的，依照《中华人民共和国刑法》第二百二十九条第三款的规定追究刑事责任。

十八、涉嫌伪造、变造、买卖国家机关的公文、证件、印章罪立案标准

伪造、变造、买卖安全生产许可证等依法用于特定生产经营活动的国家机关公文、证件、印章的，应以涉嫌伪造、变造、买卖国家机关公文、证件、印章罪移送。

十九、涉嫌妨害公务罪立案标准

以暴力、威胁方式，阻碍负有安全生产监督管理职责部门的国家机关工作人员依法执行职务的，应以涉嫌妨害公务罪移送公安机关。

二十、涉嫌失火罪立案标准

过失引起火灾，涉嫌下列情形之一的，应予立案追诉：①造成死亡1人以上，或者重伤3人以上的；②造成公共财产或者他人财产直接经济损失50万元以上的；③造成10户以上家庭的房屋以及其他基本生活资料烧毁的；④造成森林火灾，过火有林地面积2公顷以上，或者过火疏林地、灌木林地、未成林地、苗圃地面积4公顷以上的；⑤其他造成严重后果的情形。

第二节 调查处理

一、火灾责任人的概念及对其处理方式

（一）火灾责任人的概念

火灾责任人是指直接或间接地导致了火灾的发生或者对火灾的发展、蔓延、扩大产生了明显的影响或者其行为加重了火灾后果的行为人。从司法实践看，行为人既可以是自然人，也可以是法人单位、组织或团体。根据火灾责任人的行为与火灾之间的关系，以及火灾所造成的后果等具体情况，火灾责任人承担火灾责任的方式有四种：刑事处罚，民事赔偿，行政处罚和党纪、行政处分。

（二）对火灾责任人的处理方式

消防救援机构在火灾事故调查过程中，应当根据下列情况分别作出处理：①涉嫌犯罪的，及时移送办案机关办理。②涉嫌消防安全违法行为的，按照消防行政处罚程序调查处理；涉嫌其他违法行为的，及时移送有关主管部门调查处理。③依照有关规定应当

给予处分的，移交有关主管部门处理。对经过调查不属于火灾事故的，消防救援机构应当告知当事人处理途径并记录在案。

二、不同犯罪行为的刑事处罚

有些火灾责任人的犯罪行为是以火灾案件本身表现出来的，如放火罪、失火罪等，这些犯罪行为往往不涉及其他犯罪；而有些犯罪行为虽然与火灾案件有关，但又超越火灾案件本身，如生产、销售不符合安全标准的产品罪、危险物品肇事罪等。这样，火灾责任人可能涉嫌其他犯罪。

（一）放火罪

行为人故意以放火的危险方法，破坏工厂、矿场、油田、港口、河流、水源、仓库、住宅、森林、农场、谷场、牧场、重要管道、公共建筑物或者其他公私财产，危害公共安全的，构成放火罪。放火所危害的目标是公共安全，其侵害对象是涉及公共安全的公私财产。这里强调的是“危害公共安全”，如果行为人放火所危害的对象不涉及公共安全，则不构成放火罪。根据《中华人民共和国刑法》规定，构成放火罪，尚未造成严重后果的，处3年以上10年以下有期徒刑；放火致人重伤、死亡或者使公私财产遭受重大损失的，处10年以上有期徒刑、无期徒刑或者死刑。

（二）失火罪

失火罪是指行为人过失引起火灾，造成致人重伤、死亡或者使公私财产遭受重大损失的严重后果，危害公共安全的行为。失火行为是否致人重伤、死亡或者使公私财产遭受重大损失，后果是否严重，是区分罪与非罪的标准。如果行为人虽然存在过失引起火灾的行为，但未引起致人重伤、死亡或者使公私财产遭受重大损失的严重后果，则不构成失火罪。根据《中华人民共和国刑法》规定，构成失火罪的，处3年以上7年以下有期徒刑；情节较轻的，处3年以下有期徒刑或者拘役。

（三）消防责任事故罪

消防责任事故罪是指违反消防管理法规，经消防救援机构通知采取改正措施而拒绝执行，造成严重后果的行为。构成消防责任事故罪的要件是：①必须具有违反消防管理法规，经消防救援机构通知采取改正措施而拒绝执行的行为。②必须造成严重后果，这些严重后果可能是造成重大、特大火灾的发生；造成人员伤亡或者使公私财产遭受严重损失；造成恶劣的社会影响等。③行为人在主观方面对严重后果的发生是出于过失。④消防责任事故罪的犯罪主体是一般主体，主体人员可能是单位的消防安全责任人、消防安全管理人或者从事消防安全工作的具体工作人员。根据《中华人民共和国刑法》规定，如果火灾责任人构成消防责任事故罪，造成严重后果的，对直接责任人员处3年以下有期徒刑或者拘役；后果特别严重的，处3年以上7年以下有期徒刑。

（四）其他犯罪

有些犯罪行为虽然与火灾案件有关，但又超越案件本身，火灾责任人可能涉嫌其他犯罪。

第五章　火灾事故调查档案

火灾档案中的各类资料，根据其各自的载体不同，一般由火灾案卷(纸质案卷)、电子案卷、视听资料和电子数据等构成。要将火灾事故调查案卷、火灾事故认定复核案卷和行政处罚案卷的有关纸质材料按照一定的顺序进行排列装订，并与电子案卷、电子数据和声像资料等有机地结合在一起，共同组成火灾档案。

第一节　火灾事故调查档案的概念与分类

一、火灾事故调查档案的概念

火灾事故调查档案是指在火灾事故调查、处理过程中形成的，具有保存价值的各种形式、载体的历史记录。消防救援机构应当落实《中华人民共和国档案法》《机关档案管理规定》等法律法规、标准规范要求，加强火灾事故调查档案建立与管理工作，推进档案科学、规范管理，确保档案的完整与安全，有效服务消防救援工作和火灾事故调查现实需要。

二、火灾事故调查档案的分类

火灾事故调查档案分火灾事故简易调查卷、火灾事故调查卷和火灾事故认定复核卷。

(一)火灾事故简易调查卷

火灾事故简易调查卷归档内容及装订顺序如下：卷内文件目录、火灾事故简易调查认定书、现场调查材料、其他有关材料、备考表。火灾事故简易调查卷可以每起火灾为单位，以报警时间为序，按季度或年度立卷，集中归档。

(二)火灾事故调查卷

火灾事故调查卷归档内容及装订顺序如下：卷内文件目录；火灾事故认定书及审批表；火灾报警记录；询问笔录、证人证言；调取证据通知书及审批表；火灾现场勘验笔录；

火灾现场图、现场照片或录像；火灾痕迹物品提取清单、物证照片；鉴定、检验意见，专家意见；现场实验报告、照片或录像；火灾损失统计表、火灾直接财产损失申报统计表；火灾事故技术调查报告；火灾事故认定说明记录；文书送达回执；其他有关材料；备考表。

（三）火灾事故认定复核卷

火灾事故认定复核卷归档内容及装订顺序如下：卷内文件目录，火灾事故认定复核结论书及审批表，火灾事故认定复核申请材料及收取凭证，火灾事故认定复核申请受理通知书，火灾事故认定复核调卷通知书，原火灾事故调查材料复印件，火灾事故认定复核的询问笔录、证人证言、现场勘验笔录、现场图、照片等，文书送达回执，其他有关材料，备考表。

第二节　火灾事故调查档案的建立

一、火灾事故调查纸质档案的建立

对火灾事故调查处理过程中形成的文书材料，应当按照“一案一卷”原则建立案卷，并按照有关规定在结案后及时将案卷妥善存档保管。火灾统计资料也应当建立档案。每起火灾事故调查处理结束后10个工作日内，要把火灾直接财产损失申报统计表、火灾损失统计表等有关资料整理归档备查。政府组织调查的火灾事故调查工作结束后，应将火灾事故调查组成立的文件、火灾事故调查报告、调查组人员签字名册、政府或部门对火灾事故调查报告的批复文件、调查取证材料、技术鉴定报告等资料装订归档。火灾事故调查报告批复结案后，调查组牵头调查部门应当将调查处理工作相关文件、证据、资料等归档保存。

二、火灾事故调查电子档案的建立

电子档案是指火灾事故调查、处理过程中形成的，具有保存价值的文字、图表、声像、实物等各种载体历史记录的电子文档，如火灾案卷、视听资料、电子数据等。电子档案应当按有关案卷装订顺序要求在卷内相应位置列明，并随案卷一并归档、移交，电子文件应连同元数据一并收集。收集的元数据应符合《数字档案室建设指南》、《电子文件归档与电子档案管理规范》(GB/T 18894—2016)、《文书类电子文件元数据方案》(DA/T 46—2019)、《照片类电子档案元数据方案》(DA/T 54—2014)、《录音录像类电子档案元数据方案》(DA/T 63—2011)等规定。电子文件需要转换为纸质文件归档的，若电子文件已具备电子签名、电子印章，且电子印章按照规定转换为印章图形的，纸质文件不需再行实体签名、实体盖章。有条件的单位，应当按照声像档案管理的要求，根据不同载体，使用专门装具分别整理、编号，妥善保存和管理，并在火灾事故调查档案中注明声像档案编号。

(一)电子案卷与电子数据

电子案卷与电子数据应储存到符合保管要求的脱机载体上。归档电子文件的保管除应符合纸质档案的要求外,还要符合如下特殊要求:①归档载体应作防写处理,并避免擦、划和触摸记录涂层。②单片载体应装盒,竖立存放,且要避免挤压。③存放时应远离强磁场、强热源,并与有害气体隔离。④环境温度选定范围为17~20 ℃,相对湿度选定范围为35%~45%。⑤归档电子文件的形成单位和档案保管部门每年均应对电子文件的读取、处理设备的更新情况进行一次检查登记。设备环境更新时应确认库存载体与新设备的兼容性,若不兼容,应进行归档电子文件的载体转换工作,原载体保留时间不少于3年。保留期满后对可擦写载体清除后重复使用,不可清除内容的载体应按保密要求进行处置。⑥对磁性载体每满2年、光盘每满4年进行一次抽样机读检验,抽样率不低于10%,若发现问题应及时采取恢复措施。⑦对磁性载体上的归档电子文件,应每4年转存一次。原载体同时保留时间不少于4年。⑧档案保管部门应定期将检验结果填入"归档电子文件管理登记表"。

(二)视听资料

视听资料保管注意事项如下:①声像资料在入库保管前要进行检查。对不合格的声像资料,需经技术处理后方可入库保存,并附注说明。②有条件的单位,应当按照公安声像档案管理的要求,根据不同载体,使用专门装具分别整理、编号,妥善保存和管理,并在执法档案中注明声像档案编号。入库后,底片、录音带和录像带均应立放于柜架上,不能挤压。③录音带、录像带每隔6~12个月重绕一次,释放内部压力,避免产生粘连或复印现象。若发现录音带、录像带变形、断裂、磁粉脱落,照片发黄、变霉等现象,要及时采取补救措施。④声像资料的库房需密闭,并采取防火、防光、防盗、防尘、防磁、防热和防低温等措施。温度保持在18~24 ℃之间,相对湿度保持在40%~60%之间。

第三节　火灾事故调查档案的形成与制作要求

一、火灾事故调查档案的形成

火灾事故调查处理过程中形成的文书、音像、照片、实物档案一般以件(张)等为单位进行整理。整理方法分别按照《归档文件整理规则》(DA/T 22—2015)、《照片档案管理规范》(GB/T 1821—2002)、《数码照片归档与管理规范》(DA/T 50—2014)、《录音录像档案管理规范》(DA/T 78—2019)、《印章档案整理规则》(DA/T 40—2008)等的要求执行。

每一起火灾案件的卷宗单独装订成册。除另有规定的外,火灾事故调查档案以案立卷,按类别集中存放。各类案卷应做到收集齐全完整,整理规范有序,保管安全可靠,鉴定准确及时,利用简捷方便,开发实用有效。归档材料应齐全完整,制作规范,字迹清楚,并采用具有长期保留性能的笔、墨水书写或打印。

卷内材料，除卷内文件目录、备考表、空白页、作废页外，应在正面右上角和反面左上角用铅笔逐页编写阿拉伯数字页码，页码从“1”编起，为流水号，不得重复和漏号。

案卷装订前要拆除金属物，对残缺破损、小于或大于卷面的材料，应当进行修补、裱贴和折叠，不得有压字和掉页情况；装订时应当采取右齐、下齐、三孔双线、左侧装订的方法，每两点之间的距离以10 cm左右为宜，装订案卷要达到整齐、美观和坚固的效果。案卷材料较多时应当分册装订，每册以200页(厚度为20 mm左右)为宜。

二、火灾事故调查档案照片的制作要求

火灾事故调查档案照片制作包括照片的选择、制作、编排与文字说明等。制作档案应采用冲印或者专业相纸打印的照片，照片底片或者原始数码照片应妥善保管，且应符合《照片档案管理规范》和《数码照片归档与管理规范》的规定。

(一)影像画面的选择

选择影像画面时，应择优选用，以能够用较少的画面充分地说明现场和痕迹物证等现场情况为原则。

(二)照片的制作

根据执法档案案卷制作要求，火灾现场照片一般以横幅、矩形为主，也可以配少量的竖幅照片，但不允许菱形、三角形等形状的照片。照片一律不得留白边，也不能剪裁成花边。照片尺寸大小视照片种类和案卷装订要求而定，一般情况下，现场方位、概貌和重点部位的照片尺寸可以大一些，也可以拼接；其他照片一般采用通常的印放尺寸。

火灾现场照片的质量要求：在负片质量符合标准的条件下，制作的照片应该清洁、平展，照片上无明显划痕、白点、斑渍和漏光现象；照片影像应清晰，曝光适当，密度适宜，反差适中，影纹层次丰富；翻拍的图文资料等线条类痕迹应适当增强痕迹物证的反差，使图文资料线条痕迹黑白分明；彩色照片应色彩平衡、饱和，色彩还原真实；用于检验鉴定的某些彩色照片，不一定要求画面影像颜色正确还原，根据特殊检验需要可以增强或者减弱某种颜色，以突出痕迹物证的细微特征；痕迹物证照片的比例尺不得变形，按倍率制作的照片比例必须准确；对于拼接的照片，相邻的两张照片连接处的影像密度、影调、反差、放大倍率和色彩应尽可能达到一致，眼睛观察时无明显差异，连接处应避开影像重要部位。照片的显影、定影、水洗和干燥处理工艺应严格按照规定的操作程序进行，制作的照片应达到长期归档保存的质量要求。数码影像用白色底色的专用照片打印纸制作，其尺寸要求与普通的银盐照相纸相同。

(三)照片的编排与粘贴

火灾现场照片编排是将反映现场不同内容的照片按照一定方式组合在一起，系统、完整地再现火灾现场的真实状况，清楚地反映火灾范围、起火部位和起火点、火灾性质、火灾破坏程度、痕迹物证所在部位与特征等。

现场照片一般按照火灾现场勘验顺序或火灾现场照相内容排列，从火灾现场外围到

现场中心、重点部位以及有关痕迹物证,层层展开,步步深入,以清楚地反映火灾发生的地点、火灾范围、火灾性质、火灾破坏程度及损失、痕迹物证所在部位与特征为主旨,有条理、有层次地将火灾现场展现出来。

比较简单的火灾现场,照片数量少,可以按现场方位、现场概貌和现场重点部位的顺序穿插现场细目照片的方法进行编排。比较复杂的火灾现场,拍摄的内容及照片的数量较多,可以按照片的内容与类别分层次编排。总之,现场照片的编排应系统、完整、连贯,要符合人的思维习惯,使未曾到过现场的人一目了然,如临其境。

现场照片的顺序确定后,应将照片整齐牢固地粘贴在火灾事故调查卷宗的照片卡纸上。除拼接照片和长幅照片可以占用卡片纸左右白边或横跨两个版面外,其余照片均应粘贴在图文区框线之内。照片的排列应疏密适当,不能过分拥挤和松散。胶黏剂以对照片影像不起化学反应的胶水为宜。数码影像应用白色底色的专用照片打印纸制作并参照以上要求装订。

(四)现场照片的标示

编排好的现场照片之间常需要用特定的标示表示相互间的关系或者用以说明、突出照片上的重要部位、物体、痕迹、位置关系等。照片标示一般有:表示方向或照片之间从属关系的标示,如→、←、↑、↓、▲、▶、▼、◀等;表示现场或痕迹物证所处位置的标示,如×、△、O、☆、※等;表示照片之间并列组合关系的标示,如┼、┬、┴、├、┤等。

图形标示的选择要符合火灾现场照片编排的主题需要,要前后统一,且标示应当规范、简洁、醒目、整齐,标划的颜色要单一,表示方向的线段不能互相交叉,标示线不能直接标示在重要物证、痕迹上。

(五)现场照片说明

现场照片说明是用文字和图形的方式对现场的照片进行简要的解说,加强照片的表现力。照片说明主要有火灾基本情况、照片注释、拍摄参数和拍摄位置图等内容。文字说明要语言规范、文字精练、描述准确、表达客观。①火灾基本情况。火灾名称,发生火灾的时间、地点,简要的勘验过程,拍摄的时间、天气和光照条件等。②照片注释。照片所反映对象的必要文字说明。③拍摄参数。具体拍摄、冲洗的技术条件,感光材料的性质,使用的拍摄方法,运用的光线条件,特殊的技术处理手段,以及制作完成的时间、单位和制作人姓名、职务等。④拍摄位置图。表示照片的拍摄地点、拍摄内容、拍摄方向和角度的图形。

第四节　火灾事故调查档案的保管要求

一、提取的痕迹、物品应妥善保管

火灾现场提取的痕迹、物品应妥善保管,建立管理档案,存放于专门场所,由专人管理，严防损毁或者丢失。记载、存储火灾事故调查电子档案的载体如视频监控设备、手机、移动存储设备、音视频播放设备、计算机、硬盘系统等，要依照证据调取程序进行调查和提取，并按照物证管理要求妥善登记保管。

（一）防止证据遗失或被替换

证据具有不可替代性，特别是实物证据，一旦遗失就不可再复。必须妥善保管已提取的物证，绝不能遗失或被替换。

（二）防止证据被损坏

证据是指以法规规定的形式表现出来的用以证明案件真实情况的一切材料。若证据被损坏，就有可能失去其证明价值。物证应当尽可能置于良好环境条件下保存，直至不再需要为止，要避免流失、污染和变化。热、光和潮湿是多数物证发生变化的主要诱因，因此要选择干燥和黑暗的环境条件，越凉爽越好。对于挥发性物证的保存，建议使用冷却设备。对物证要妥善保管，特别注意提取前要记录和拍摄固定好物证在火灾现场中的原始状态和位置。记录的内容包括起火时间、地点，提取的位置、材质及规格等。物证不能与其他物件混放在一起，更不要将熔痕从本体上取下，如从导线上将熔珠去掉等。在送交鉴定前应将物证的外观拍摄固定，并进行存档。同时，在不具备鉴定条件时不应随意拆解，要保持物证提取时的原始状态。

（三）防止证据失去法律效力

应防止证据因保管手续不全而失去法律效力。调查人员在提取证据时便应制作证据标签，证据标签上应记载案件名称、提取日期和场所、提取人和见证人姓名、提取证据的数量及主要特征等。当证据移交时，每位接管人应将自己的姓名和接管日期写在标签上。保管手续的完备，是证据具有合法性的基础。

二、重特大事件档案

（一）重特大事件档案范围

重特大事件档案是党和国家组织应对自然灾害、事故灾难、公共卫生事件、社会安全事件等突发事件所形成的具有保存价值的历史记录。收集好、保管好、利用好重特大事件档案，对于总结历史经验教训、维护国家安全和社会公共利益、推进国家治理体系和治理能力现代化具有重要意义。

（二）加强重特大事件档案工作要求

中共中央办公厅、国务院办公厅印发的《关于加强重特大事件档案工作的通知》（以下简称《通知》），对进一步加强重特大事件档案工作提出了要求。

1.完善重特大事件档案工作制度规定

《通知》提出，要认真贯彻实施档案法和相关法律法规，加强法规制度协同，完善重特大事件档案工作制度规定。着力强化重特大事件档案收集工作，从源头抓好重特大事件档案的形成和留存工作。各有关单位在重特大事件的预防与应急准备、监测与预警、应急处置与救援、事后恢复与重建等各个环节，按照相关规定形成和留存各类文件材料，鼓励参加志愿服务的组织和个人留存相关记录并捐赠给有关单位。充分利用现代信息技术,科学推进重特大事件档案数据库建设,促进重特大事件档案资源整合。加强统筹协调,实现重特大事件档案跨地区跨部门跨层级查询利用,简化优化档案利用流程,加强重特大事件档案资源深度开发,不断提升重特大事件档案利用效能。

2.要加强组织领导和统筹协调

《通知》要求,各级党委(党组)要提高政治站位,加强组织领导和统筹协调,建立党委统一领导、党政齐抓共管、责任分工明确、部门协同联动的重特大事件档案工作机制,确保档案工作与重特大事件应对管理工作同部署、同推进、同落实。重特大事件应对管理议事协调机制应将档案部门作为成员单位。加大对相关基础设施建设、档案整理和数字化、档案开发利用、人员教育培训等方面的经费投入,为做好重特大事件档案工作创造良好环境和条件。

三、火灾事故调查档案保管期限

火灾事故调查档案保管期限分为永久、定期30年、定期10年,分别以代码Y、D30、D10标识。涉密火灾事故调查档案的管理,应符合相关保密管理规定。

附录　部分火灾基础理论知识点

一、燃烧与火灾的定义

（一）燃烧

燃烧是指可燃物与氧化剂作用发生的放热反应，通常伴有火焰、发光和（或）发烟现象。其本质是一种特殊的氧化还原反应。燃烧三要素包括可燃物、助燃物和着火源。

（二）火灾

火灾是指在时间或空间上失去控制的燃烧。在各种灾害中，火灾是最经常、最普遍地威胁公众安全和社会发展的主要灾害之一。

二、闪燃、闪点、燃点与自燃点的定义

（一）闪燃

闪燃是指可燃液体挥发的蒸气与空气混合达到一定浓度遇明火发生一闪即逝的燃烧现象，或者将可燃固体加热到一定温度后，遇明火会发生一闪即灭的燃烧现象。闪燃的先兆：现场气温突然飙升，天花板上出现像海啸波浪的浓烟，浓烟呈现像雪球滚动形态的滚燃。

（二）闪点

在规定的试验条件下，液体（固体）挥发的蒸气与空气形成的混合物，遇火源能够闪燃的最低温度（采用闭杯法测定），称为闪点。闪点是判断液体火灾危险性大小及对可燃性液体进行分类的主要依据。可燃性液体的闪点越低，其火灾危险性越大。根据闪点的高低，可以确定生产、加工、储存可燃性液体场所的火灾危险性类别。

（三）燃点

燃点是指在规定的试验条件下，液体或固体能发生持续燃烧的最低温度。

（四）自燃点

自燃点是指在规定的条件下，可燃物产生自燃的最低温度。

三、闪爆、爆燃与燃爆的定义及区别

闪爆通常指易燃易爆气体(通常是易燃液体挥发),在一个空气不流通、相对封闭的空间内聚集到一定浓度后,一旦遇到明火或电火花就会立刻爆燃,发生爆炸反应的现象。闪爆发生时,气体的体积在瞬间膨胀到较大的比例。如果易燃易爆气体能够得到补充,还将发生多次爆炸事故。闪爆的威力相对比较大,在极短时间内释放出大量能量,产生高温,并放出大量气体,在周围介质中造成高压的化学反应或状态变化,破坏性极强。

爆燃通常指"爆炸性燃烧",属于"爆引起燃",即爆炸性气体混合物火焰波以亚音速传播的燃烧过程,往往发生时间突然,会在短时间内形成巨大火球、蘑菇云等。爆燃时产生的温度极高。但一般情况下,压力不激增,没有爆炸特征的巨大响声及冲击波,无多大的破坏力。爆燃和爆炸有明显区别,即没有爆炸特征的巨大响声及冲击波。

燃爆通常指"燃烧性爆炸",属于"燃引起爆",通常是可燃液体先着火燃烧,其可燃蒸气浓度达到爆炸极限后,由于存在点火源(已经在燃烧),从而发生爆炸。也就是先燃烧,在燃烧过程中发生爆炸。当然,也可以因为燃烧再引发周围爆炸性物质(气体、液体或固体)发生爆炸。

四、液体的燃烧特点和过程

(一)燃烧特点

液体是否发生燃烧、燃烧速率的高低与液体的蒸气压、闪点、沸点和蒸发速率等因素有关。蒸气压大、闪点低、沸点低、蒸发速率快的液体燃烧速度就快。另外,影响液体燃烧的因素还有环境、风速、温度、大气压、蒸发潜热等。

(二)燃烧过程

液体在燃烧过程中,不是液体本身在燃烧,而是液体受热时先蒸发为蒸气,蒸气受热后再发生热分解、氧化,温度达到自燃点再燃烧。

五、固体的燃烧过程和燃烧类型

(一)燃烧过程

固体可燃物必须经过受热、蒸发、热分解过程,使固体上方可燃气体浓度达到燃烧极限,才能持续地发生燃烧。

(二)燃烧类型

燃烧类型有闪燃、着火、自燃(受热自燃、本身自燃)和爆炸等。固体可燃物的燃烧方式主要有蒸发燃烧(如硫、磷、沥青、热塑性高分子材料等的燃烧)、分解燃烧(如木材、纸张、棉、麻、丝、合成橡胶等的燃烧)、表面燃烧(如木炭、焦炭等的燃烧)、熏烟燃烧(阴燃,如成捆堆放的棉麻、纸张及大堆垛的煤、潮湿的木材等的燃烧)、动力燃烧(爆炸,主要包括可燃粉尘爆炸、炸药爆炸、轰燃)等几种情形。

六、燃烧产物的性质和毒害性

(一)燃烧产物的性质

燃烧产物是指由燃烧或热解作用产生的全部物质,有完全燃烧产物和不完全燃烧产物之分。其中,散发在空气中能被人们看见的燃烧产物叫烟雾,它实际上是燃烧产生的悬浮固体、液体粒子和气体的混合物,其粒径一般在0.01～10 μm之间。

不同物质的燃烧产物包括:①单质的燃烧产物,为该单质元素(如碳、氢、磷、硫等)的氧化物;②一般化合物的燃烧产物,除生成完全燃烧产物外,还会生成不完全燃烧产物,最简单的不完全燃烧产物是CO;③木材的燃烧产物,木材在受热之后即产生热裂解反应,生成小分子产物;④合成高分子材料的燃烧产物,合成高分子材料在燃烧时会生成许多有毒或有刺激性的气体,如氯化氢(HCl)、光气($COCl_2$)、氰化氢(HCN)及氧化氮(NO_x)等。

(二)燃烧产物的毒害性

可燃物燃烧产物的毒性、窒息性、腐蚀性等可能对人员造成伤害。建筑火灾中热烟气的危害性主要反映为毒害性、减光性和恐怖性。毒害性主要体现为缺氧以及有毒气体、悬浮微粒和高温对人的危害。二氧化碳是主要的燃烧产物之一,在有些火场中,其浓度可达15%,主要刺激人的呼吸中枢,导致人呼吸急促、烟气吸入量增加,并且还会引起头痛、神志不清等症状。一氧化碳是火灾中致死的主要燃烧产物之一,其毒性在于与血液中血红蛋白的高亲和性,其对血红蛋白的亲和性比氧气高出250倍,因而能够阻碍人体血液中氧气的输送,引起人头痛、虚脱、神志不清等症状和肌肉调节障碍等。

七、火焰的结构

火焰是指发光的气相燃烧区域。火焰一般由焰心、内焰和外焰组成。气态可燃物的火焰由内焰和外焰构成;液态可燃物的火焰由焰心、内焰和外焰构成,外焰的温度最高。

八、自热自燃和受热自燃

根据热源的不同,物质自燃分为自热自燃和受热自燃两种。

(一)自热自燃

自热自燃是指可燃物在无外部热源影响下,其内部发生物理的、化学的或生化过程而产生热量,并经长时间积累达到该物质的自燃点而自行燃烧的现象。自热自燃是化工产品储存、运输中较常见的现象,危害性极大。自热自燃的原因有氧化生热、分解生热、聚合生热、吸附生热、发酵生热。

(二)受热自燃

受热自燃是指可燃物在外部热源作用下温度升高,达到自燃点而自行燃烧的现象。受热自燃的原因有接触灼热物体、直接用火加热、摩擦生热、化学反应、绝热(高压)压缩和热辐射作用。

九、热传导的定义及主要影响因素

热量通过直接接触的物体，从温度较高部位传递到温度较低部位的过程，叫作热传导。

影响热传导的因素主要有温差、热导率、导热物体的厚度和截面积。

十、热对流的定义及主要影响因素

热通过流动介质，由空间的一处传播到另一处的现象，叫作热对流。热对流是热传播的重要方式，是影响初期火灾发展的最主要因素。

影响热对流的因素主要有通风孔洞面积和高度、温度差以及通风孔洞所处位置的高度。

十一、热辐射的定义及主要影响因素

以电磁波形式传递热量的现象，叫作热辐射。通过热辐射传播的热量和火焰温度的四次方成正比；当火灾处于发展阶段时，热辐射是热传播的主要形式。

影响热辐射的主要因素有辐射的物体温度及辐射面积、辐射热源与受辐射物体的距离、辐射热源与受辐射物体的相对位置以及物体表面情况。

十二、爆炸的分类

爆炸按不同的标准有不同的分类方法：按爆炸物质性质的变化，可分为物理爆炸、化学爆炸、核爆炸；按照爆炸的传播速度，可分为爆燃、爆炸、爆震；按照爆炸物质的状态，可分为气相爆炸、液相爆炸、固相爆炸；根据爆炸现场特征，可分为固体爆炸性物质爆炸、泄漏气体爆炸、粉尘爆炸、容器爆炸。

十三、爆炸浓度极限、爆炸温度极限和最小点火能的定义

（一）爆炸浓度极限

爆炸浓度极限是指可燃气体、蒸气或粉尘与空气混合后，遇火产生爆炸的最高或最低浓度，通常以体积分数表示。当混合物中可燃物质的浓度增加到稍高于化学计量浓度时，爆炸放出热量最多，产生压力最大。

（二）爆炸温度极限

爆炸温度极限指可燃液体在一定温度下，蒸发形成等于爆炸浓度极限的蒸气浓度，这个温度范围同样也有上限和下限。

（三）最小点火能

最小点火能是指通过标准操作步骤，能点燃某种指定可燃材料与空气或氧的混合物的最小能量。通常是指能够引起粉尘云（或可燃气体与空气的混合物）燃烧（或爆炸）的最小火花能量，亦称最小火花引燃能或者临界点火能。可燃物质的最小点火能测试是理

想条件下使用电容火花点燃最佳浓度的材料所需的最小火花能量。

最小点火能是引起一定浓度可燃物燃烧或者爆炸的最低能量值。

十四、粉尘爆炸的定义、特点和条件

粉尘爆炸是指悬浮于空气中的可燃粉尘触及明火或电火花等火源时发生的爆炸现象。

(一)粉尘爆炸的条件

粉尘爆炸必须具备下列条件,缺一不可:①粉尘本身必须是可燃的;②粉尘必须具有相当大的比表面积;③粉尘必须悬浮在空气中,并与空气混合形成爆炸极限范围内的混合物;④有足够的点火能量。

(二)粉尘爆炸的特点和形成过程

1.粉尘爆炸的特点

①连续性爆炸是粉尘爆炸的最大特点,因初始爆炸将沉积粉尘扬起,在新的空间中形成更多的爆炸性混合物而再次爆炸;②粉尘爆炸所需的最小点火能较高,一般在几十毫焦耳以上,而且热表面点燃较为困难;③与可燃气体爆炸相比,粉尘爆炸压力上升较缓慢,较高压力持续时间长,释放的能量大,破坏力强。

2.粉尘爆炸的形成过程

第一步是悬浮的粉尘在热源作用下迅速地干馏或汽化而产生出可燃气体;第二步是可燃气体与空气混合而燃烧;第三步是粉尘燃烧放出的热量,以热传导和火焰辐射的方式传给附近悬浮的或被吹扬起来的粉尘,这些粉尘受热汽化后使燃烧循环地进行下去。随着每个循环的逐次进行,其反应速度逐渐加快,通过剧烈的燃烧,最后形成爆炸。这种爆炸反应以及爆炸火焰速度、爆炸波速度、爆炸压力等将持续加快和升高,并呈跳跃式的发展。

(三)影响粉尘爆炸的因素

各类可燃性粉尘因其燃烧热的高低、氧化速度的快慢、带电的难易、含挥发物的多少而具有不同的燃烧爆炸特性。但从总体上来看,粉尘爆炸受下列条件制约:①颗粒的尺寸。颗粒越细小,其比表面积越大,氧吸附也越多,在空中悬浮时间越长,爆炸危险性越大。②粉尘浓度。粉尘爆炸与可燃气体、蒸气一样,也有一定的浓度极限,即也存在粉尘爆炸的上、下限,单位为g/m^3。粉尘的爆炸上限值很大,如糖粉的爆炸上限为13500 g/m^3,如此高的悬浮粉尘浓度只有沉积粉尘受冲击波作用才能形成。③空气的含水量。空气的含水量越高,粉尘的最小引爆能量越高。④含氧量。随着含氧量的增加,粉尘的爆炸浓度极限范围将扩大。⑤可燃气体含量。有粉尘的环境中存在可燃气体时,会大大增加粉尘爆炸的危险性。

十五、爆炸性气体环境与可燃性粉尘环境的定义

国际电工委员会(IEC)制定的关于危险环境的划分中明确规定,在大气条件下,粉尘

或纤维状的可燃物质与空气形成混合物在点燃后燃烧传至非全部未燃混合物的环境为爆炸性粉尘环境，称为Ⅰ类环境；在大气条件下，气体、蒸气或薄雾状的可燃物质与空气形成混合物在点燃后燃烧传至全部未燃混合物的环境为爆炸性气体环境，称为Ⅱ类环境。按场所中危险物质存在时间的长短，可将两类不同物态下的危险场所划分为三个区：对爆炸性气体环境，为0区、1区和2区；对可燃性粉尘环境，为20区、21区和22区。

危险场所就是指由于存在易燃易爆气体、蒸气、液体、可燃性粉尘或者可燃性纤维而具有引起火灾或者爆炸危险的场所。爆炸危险场所是指生产、使用、储存易燃易爆物质，并能形成爆炸性混合物，且有爆炸危险的场所，如烟花爆竹仓库、油罐区等。火灾危险场所是指在生产过程中，产生、使用、加工、储存或转运闪点高于场所环境温度的可燃液体、可燃粉尘、可燃纤维或者固体状可燃物质，并在可燃物质的数量和配置上能引起火灾危险的场所。爆炸性气体、易燃液体和闪点低于或等于环境温度的可燃液体、爆炸性粉尘或易燃纤维等统称为爆炸性物质。在大气条件下，气体、蒸气、薄雾、粉尘或纤维状的易燃物质与空气混合，点燃后，燃烧将在整个范围内迅速传播形成爆炸的混合物，称为爆炸性混合物。

十六、轰燃的定义及发生轰燃的条件

（一）轰燃的定义

轰燃是指在室内火灾中，火灾从室内局部可燃物燃烧迅速转变为室内空间内所有可燃物表面同时燃烧的突变现象。轰燃的出现是燃烧释放的热量在室内逐渐积累与对外散热共同作用、燃烧速率急剧增大的结果。

（二）轰燃发生的条件

影响轰燃发生的最重要的因素是辐射和对流情况，即上层烟气的热量得失关系，如果接收的热量大于损失的热量，则轰燃可以发生。发生轰燃的临界条件：一种是以到达地面的热通量达到一定值为条件，一般认为要使室内发生轰燃，地面可燃物接受到的热通量应不小于20 kW/m^2；另一种是以顶棚下的烟气温度接近600 ℃为临界条件。试验表明，在普通房间内，燃烧速率达不到40 g/s是不会发生轰燃的。轰燃的其他影响因素有通风条件、房间尺寸和烟气层的化学性质等。

十七、回燃的定义和本质

（一）回燃的定义

回燃是指富燃料燃烧产生的高温不完全燃烧产物（烟气）遇新鲜空气时发生的快速爆燃现象。

（二）回燃的本质

回燃本质上是烟气中的可燃组分再次燃烧的结果。研究表明，可燃组分的浓度必须达到10％才能发生回燃，当其浓度超过15％时就可能形成猛烈的火团。通常在回燃前，起火区间产生的可燃烟气积聚在室内上部，后期进入的新鲜冷空气则沿室内下部流动。

两者在交界面附近扩散掺混，生成可燃混合气。这种可燃混合气一旦被引燃，火焰便会在混合区传播开来。在燃烧引起的扰动作用下，室内气体的混合加剧，火焰凶猛地从开口窜出，甚至引起爆炸。

十八、室内火灾和室外火灾

（一）室内火灾

根据火灾温度随时间的变化特点，可将火灾发展过程分为三个阶段，即火灾初期增长阶段、火灾充分发展阶段和火灾减弱阶段。

影响火灾变化的因素如下：①通风口。在封闭空间发生火灾时，通风口的大小对于火灾的发展起着决定性作用。轰燃时可燃物的热释放速率与通风口的面积和通风口的高度成正比。②房间的体积和天花板高度。室内火灾发展到轰燃阶段时，室内的温度必须达到可燃物的着火温度。较高的天花板或大空间将延迟到达着火温度的时间，因此有可能延迟或阻止轰燃的出现。③起火点的位置。起火点的位置对轰燃可以产生如下影响：当起火点远离墙壁时，空气自由地从所有方向流入火羽流并与可燃气混合，空气进入燃烧区时，使火羽流的上面部分得到冷却；当起火点靠近墙壁时，进入火羽流的空气被一面墙限制，导致火焰高度增高，天花板层中的气体温度上升更快，产生轰燃的时间变短；当起火点位于屋角时，进入火羽流的空气被两面墙限制，导致火焰高度更高，火羽流和天花板层的气体温度更高，轰燃发生的时间更早。

（二）室外火灾

室外火灾与室内火灾相比，主要有以下不同的特点：①室外火灾受空间的限制小，燃烧时处于完全敞露状态，供氧充分，空气对流快，火势蔓延速度快，燃烧面积大。②室外火灾受气温影响大。气温越高，可燃物的温度越高，与着火点的温差就越小，越容易被引燃，造成火势发展迅猛。③风对室外火灾的发展起决定作用。风会给燃烧区带来大量新鲜空气，随着空气中氧气成分的不断增多，燃烧会越来越猛烈。火势蔓延方向随着风向改变而改变，在大风中发生火灾，会造成飞火随风飘扬，形成多处火场，致使燃烧范围迅速扩大。④室外火灾的火势多变，经常出现不规则燃烧，火势难控制，扑救难度大，往往形成立体、多层次燃烧，火灾危害和损失也更为严重。

十九、危险化学品

根据国家标准《危险货物分类和品名编号》(GB 6944—2021)的规定，危险品可分为九大类：第一类，爆炸品；第二类，气体；第三类，易燃液体；第四类，易燃固体、易于自燃的物质、遇水放出易燃气体的物质；第五类，氧化性物质和有机过氧化物；第六类，毒性物质和感染性物质；第七类，放射性物质；第八类，腐蚀性物质；第九类，杂项危险物质和物品，包括危害环境物质。凡具有爆炸、易燃、毒害、腐蚀、放射性等危险性质，在运输、装卸、生产、使用、储存、保管过程中，在一定条件下能引起燃烧、爆炸，导致人身伤亡和财产损失等事故的化学物品，统称为危险化学品。根据《危险化学品安全管理条例》，危险化学品包括爆炸品、压缩气体和液化气体、易燃液体、易燃固体、自燃物品和遇湿易燃物品、氧化剂和有机过氧化物、有毒品和腐蚀品等。

(一)毒性物质的分类

毒性物质是指经吞食、吸入或与皮肤接触后可能造成死亡或严重受伤或健康损害的物质。毒性物质的毒性分为急性口服毒性、皮肤接触毒性和吸入毒性,分别用口服毒性半数致死量、皮肤接触毒性半数致死量和吸入毒性半数致死量衡量。

(二)常见化学毒剂和生物毒剂的特点

生化武器是指利用生物或化学制剂达到杀伤敌人目的的武器,包括生物武器和化学武器。战争中使用的杀伤对方有生力量、牵制和扰乱对方军事行动的有毒物质统称为化学战剂或简称毒剂。

1.化学毒剂

化学毒剂主要包括:①神经性毒剂,是一种作用于神经系统的剧毒有机磷酸酯类毒剂,分G类神经毒和V类神经毒。G类神经毒是指甲氟膦酸烷酯或二烷氨基氰膦酸烷酯类毒剂,主要代表物有塔崩(Tabun,二甲氨基氰膦酸乙酯)、沙林(Sarin,甲氟膦酸异丙酯)、梭曼(Soman,甲氟膦酸特己酯)。V类神经毒是指*S*-二烷氨基乙基甲基硫代膦酸烷酯类毒剂,主要代表物有维埃克斯(VX)[*S*-(2-二异丙基氨乙基)-甲基硫代膦酸乙酯]。神经性毒剂可通过呼吸道、眼睛、皮肤等进入人体,并迅速与胆碱酯酶结合使其丧失活性,引起神经系统功能紊乱,使人出现瞳孔缩小、恶心呕吐、呼吸困难、肌肉震颤等症状,重者可迅速致死。②糜烂性毒剂,主要代表物有芥子气、氮芥和路易斯气。糜烂性毒剂主要通过呼吸道、皮肤、眼睛等侵入人体,破坏肌体组织细胞,造成呼吸道黏膜坏死性炎症、皮肤糜烂、眼睛刺痛畏光甚至失明等。这类毒剂渗透力强,中毒后需长期治疗才能痊愈。③窒息性毒剂,指损害呼吸器官、引起急性中毒性肺气肿而造成窒息的毒剂。其代表物有光气、氯气、双光气等。在高浓度光气中,中毒者会在几分钟内由于反射性呼吸、心跳停止而死亡。④全身中毒性毒剂,是破坏人体组织细胞氧化功能,引起组织急性缺氧的毒剂,主要代表物有氢氰酸、氯化氢等。中毒者的症状表现为恶心呕吐、头痛抽风、瞳孔散大、呼吸困难等,重者可迅速死亡。⑤刺激性毒剂,是刺激眼睛和上呼吸道的毒剂,按毒性作用分为催泪性和喷嚏性毒剂两类。催泪性毒剂主要有氯苯乙酮、西埃斯,喷嚏性毒剂主要有亚当氏气。刺激性毒剂的作用迅速、强烈,人中毒后出现眼痛流泪、咳嗽、打喷嚏等症状,但通常无致死的危险。⑥失能性毒剂,是一类暂时使人的思维和运动机能发生障碍从而丧失战斗力的化学毒剂。其主要代表物是毕兹(二苯乙醇酸-3-奎宁环酯)。该毒剂主要通过呼吸道进入人体,中毒者的中毒症状有瞳孔散大、头痛并出现幻觉、思维减慢、反应迟钝等。

2.生物战剂

生物战剂主要有细菌、立克次体、衣原体、真菌和病毒,以及由细菌或真菌产生的毒素。病毒可能是更有效的武器,因为大多数细菌感染都可以用抗生素药物控制,而病毒感染则一般无药可用。病毒可以气溶胶的形式在空气中传播从而感染范围更广,且比食物、水、昆虫或鼠类传播更难控制。生物战剂使用的致病微生物传染性很强,在适合条件下短时间即能引起瘟疫,而且作用范围很广。

（三）危险化学品安全防范的一般原则

(1)危险化学品的生产、储存、经营场所，应根据其自身及相邻企业或设施的特点与危险化学品的特性和存储量，结合地形、风向等条件，合理选址并设置安全的防护距离。

(2)危险化学品的生产、储存、经营和使用场所，应当根据物质的种类、特性设置相应的监测、通风、防晒、调温、防火、灭火、防爆、泄压、防毒、消毒、中和、防潮、防雷、防静电、防腐、防渗漏、防护围堤或者隔离操作等安全设施、设备。危险化学品运输时，应配备与其性质相适应的安全防护、环境保护和消防设施、设备。

(3)危险化学品生产、储存场所的生产设备、储罐和管道的材质、压力等级、制造工艺、焊接质量和检验要求，必须符合国家有关技术标准，安装必须具有良好的密闭性能。

(4)危险化学品包装的材质、形式、规格、方法和单件质量，应当与所包装物品的性质和用途相适应，以便于装卸、运输和储存。包装应当牢固、密封，能经受储运过程中正常的冲撞、震动、积压和摩擦，能经受一定范围内温度、湿度、压力变化的影响，严防跑、冒、滴、漏。

(5)应当根据危险化学品的种类、特性，正确选择储运方式；危险化学品不得超期、超量储运；危险化学品和一般物品以及容易相互发生化学反应或者灭火方法不同的物品，严禁混存和混合装运，必须在专用仓库、专用场地或者专用储存室储存，专车运输。

(6)危险化学品储存应由专人管理，定期检查。储存数量构成重大危险源的危险化学品，应实行双人收发、双人保管制度。危险化学品出入库必须进行核查登记。

(7)危险化学品在生产、使用、储运中应远离明火、热源，搬运、装卸时应轻装轻卸，防止震动、撞击、重压、摩擦和倒置，选用不产生火花的防护工具和采取防静电放电措施。搬运、装卸具有毒害性、腐蚀性的危险化学品时，操作人员应穿戴防护用品。

(8)危险化学品的生产、储存、经营和使用场所，应当根据其规模、火灾危险性、操作条件、物料性质等情况综合拟制事故预案，配置相应的灭火设施，选择正确的处置方法以及做好火灾扑救和抢险救援时的安全防护。

二十、爆炸品的定义和危险特性

（一）爆炸品的定义

爆炸品是指在外界作用下（如受热、撞击等），能发生剧烈的化学反应，瞬时产生大量气体和热量，导致周围压力急剧上升，发生爆炸，从而对周围环境造成破坏的物品。

（二）爆炸品的危险特性

爆炸品的危险特性主要有爆炸性、敏感性、殉爆、毒害性等。①敏感易爆性。通常能引起爆炸品爆炸的外界作用有热、机械撞击、摩擦、冲击波、爆轰波、光、电等。某一爆炸品的起爆能越小，则敏感度越高，其危险性也就越大。②遇热危险性。爆炸品遇热达到一定的温度即自行着火爆炸。一般爆炸品的起爆温度较低，如雷汞为165 ℃、苦味酸为200 ℃。③机械作用危险性。爆炸品受到撞击、震动、摩擦等机械作用时就会爆炸着火。④静电火花危险性。爆炸品是电的不良导体。在包装、运输过程中容易产生静电，一旦发生静电放电就会引起爆炸。⑤火灾危险性。绝大多数爆炸都伴有燃烧，可形成数千摄氏度的高温。⑥毒害性。绝大多数爆炸品爆炸时会产生CO、CO_2、NO_x、HCN、N_2等有毒或窒息性气体，从而引起人体中毒、窒息。

二十一、易燃液体的分级、分类及危险特性

(一)易燃液体的分级和分类

易燃液体通常是指在常温下以液态形式存在，极易挥发和燃烧，其闭杯试验闪点不高于61 ℃的液体，包括易燃的液体、液体混合物或含有固体物质的液体。易燃液体可分为以下三级：Ⅰ级，初沸点不高于35 ℃。Ⅱ级，闪点低于23 ℃，并且初沸点高于35 ℃。Ⅲ级，闪点不低于23 ℃不高于35 ℃，且初沸点高于35 ℃；或闪点高于35 ℃不高于60 ℃，初沸点高于35 ℃且持续燃烧。在实际应用中，通常将易燃液体分为甲、乙、丙三类，其中甲类为闪点低于28 ℃的液体；乙类为闪点不低于28 ℃，但低于60 ℃的液体；丙类为闪点不低于60 ℃的液体。

(二)易燃液体的危险特性

易燃液体的危险特性主要表现在以下六个方面：

1.易燃性

易燃液体的燃烧是通过其挥发的蒸气与空气形成可燃混合物，达到一定的浓度后遇火源而实现的，实质上是液体蒸气与氧化合的化学反应。由于易燃液体的沸点都很低，很容易挥发出易燃蒸气，其着火所需的能量极小，因此，易燃液体具有极高的易燃性。

2.蒸气的爆炸性

由于易燃液体具有挥发性，挥发的蒸气易与空气形成爆炸性混合物，所以易燃液体存在着爆炸的危险性。挥发性越强，爆炸的危险性就越大。不同液体的蒸发速度因温度、沸点、相对密度、压力的不同而发生变化。

3.热膨胀性

易燃液体和其他液体一样，也有受热膨胀性。储存于密闭容器中的易燃液体受热后，体积膨胀，蒸气压增加，若超过容器的压力限度，就会造成容器膨胀，以致爆破。因此，要注意易燃液体的热膨胀性，要对易燃液体的容器进行检查，检查容器是否留有不少于5% 的空隙，夏天是否储存在阴凉处或是否采取了降温措施加以保护。

4.流动扩散性和渗透性

流动性是液体的共性。易燃液体的黏度一般都较小，易流动、易渗透，起火后迅速蔓延。流动性的存在增加了易燃液体的火灾危险性。利用易燃液体的流动性，可以检查防止易燃液体泄漏、流散的防火措施是否到位，如是否备有事故槽(罐)，是否构筑了符合要求的防火堤，是否设有水封井等。

5.带电性

多数易燃液体都是电介质，在灌注、输送、流动过程中能够产生静电，静电积聚到一定程度时就会放电，引起着火或爆炸。易燃液体的静电特性取决于液体的介电常数和电阻率，与输送管道的材质和流速有关。根据易燃液体的静电特性，可以确定易燃液体的

火灾危险性,可以检查是否采取了消除静电危害的防范措施,如是否采用材质好且光滑的运输管道,设备、管道是否可靠接地,对流速是否加以限制等。

6.毒害性

易燃液体本身(或蒸气)大都具有毒害性。不饱和、芳香族碳氢化合物和易蒸发的石油产品比饱和的碳氢化合物、不易挥发的石油产品的毒性大。根据易燃液体的毒害性,可以将防毒、防腐作为消防安全的一项内容,检查易燃液体在运输、储存、使用过程中是否采取了防止人员灼伤、中毒的安全措施。

二十二、易燃固体的分类、分级及危险特性

易燃固体是指燃点低,遇火、受热、撞击、摩擦或与氧化剂接触后,极易引起急剧燃烧或爆炸的固态物质。

(一)易燃固体的分类

根据燃烧速率试验,可将易燃固体分为以下两类:第一类,在燃耗速率试验中,除金属粉末外的物质或混合物,潮湿区不能阻挡火焰,且100 mm连续带或粉带燃烧时间小于45 s或燃烧速率大于2.2 mm/s;金属粉末100 mm连续粉末带的燃烧时间不大于5 min,如红磷、2,4-二硝基苯甲醚、2,4-二硝基苯肼、十硼烷、偶氮二甲酰胺等。第二类,在燃耗速率试验中,除金属粉末外的物质或混合物,潮湿区阻挡火焰至少4 min,且100 mm连续带或粉带燃烧时间小于45 s或燃烧速率大于2.2 mm/s;金属粉末100 mm连续粉末带的燃烧时间大于5 min且不大于10 min,如2,4-二硝基氯化苄、硅粉、金属锆、锰粉、龙脑、硫黄等。

(二)易燃固体的分级

1.Ⅰ级易燃固体

Ⅰ级易燃固体燃点低,易于燃烧或爆炸,且燃烧速度快,并能放出剧毒气体,包括:①磷与磷的化合物,如红磷、三硫化四磷、五硫化四磷;②硝基化合物,如二硝基甲苯、二硝基萘等;③其他,如含氮量在12.5%以下的硝酸纤维素、氨基化钠、重氮氨基苯、闪光粉等。

2.Ⅱ级易燃固体

Ⅱ级易燃固体的燃烧性能比一级易燃固体差,燃烧速度较慢,燃烧产生的毒性较小,包括:①各种金属粉末,如镁粉、铝粉、锰粉等;②碱金属氨基化合物,如氨基化锂、氨基化钙等;③硝基化合物,如硝基芳烃、二硝基丙烷等;④硝酸纤维素制品,如硝化纤维漆布等;⑤萘及其衍生物,如萘、甲基萘等;⑥其他,如硫黄、生松香、聚甲醛等。

(三)易燃固体的危险特性

1.熔点、燃点低,易点燃

熔点低(100 ℃以下)的固体物质容易蒸发和气化,一般燃点也较低,燃烧速度快。易燃固体的燃点都比较低,一般都在300 ℃以下,在常温下只要有很小能量的引火源就能引起燃烧。有些易燃固体当受到摩擦、撞击等外力作用时也能引起燃烧。

2.遇酸、氧化剂易燃易爆

绝大多数易燃固体与酸、氧化剂接触，尤其是与强氧化剂接触时，能够立即引起着火或爆炸。

3.本身或燃烧物有毒

很多易燃固体本身具有毒害性或燃烧后产生有毒的物质。

4.自燃性

易燃固体中的硝酸纤维素及其制品等在积热不散时，容易自燃起火。

二十三、可燃液体固定顶储罐、外浮顶储罐和内浮顶储罐的概念

固定顶储罐是指在立式圆柱形的储罐上有一个固定顶的储罐。内浮顶储罐是指罐内还有一个随着液面上下浮动的顶的固定顶储罐。外浮顶储罐是指储罐顶漂浮在液面上，且可以随着液面上下浮动的储罐。

二十四、水、泡沫、干粉、二氧化碳、卤代烷等灭火剂灭火机理

水、泡沫主要依靠冷却和窒息作用进行灭火。干粉主要依靠化学抑制和窒息进行灭火。二氧化碳主要依靠窒息和部分冷却作用进行灭火。卤代烷主要依靠化学抑制作用进行灭火。

二十五、燃烧热值

单位质量或单位体积的可燃物质与氧作用完全燃烧时所释放出的热量，称为燃烧热值。固体或液体发热量的单位是kcal/kg、kJ/kg或Mcal/kg、MJ/kg，气体燃料的发热量单位是kcal/m^3、kJ/m^3或Mcal/m^3、MJ/m^3。

二十六、自燃点的影响因素

（一）影响液体、气体可燃物自燃点的主要因素

（1）压力：压力越大，自燃点越低。

（2）氧浓度：混合气中的氧浓度越高，自燃点越低。

（3）催化剂：活性催化剂能降低自燃点，钝性催化剂能提高自燃点。

（4）容器的材质和内径：器壁的不同材质有不同的催化作用；容器直径越小，自燃点越高。

（二）影响固体可燃物自燃点的主要因素

（1）受热熔融：固体受热后会熔融，熔融后物质的自燃点可能会受到影响。

（2）挥发物的数量：挥发出的可燃物越多，物质的自燃点越低。

（3）固体的颗粒度：固体颗粒越细，其比表面积越大，自燃点越低。

（4）受热时间：可燃固体长时间受热，其自燃点会有所降低。

二十七、气体的燃烧特点与燃烧方式

(一)燃烧特点

可燃气体燃烧所需要的热量主要用于氧化或分解或将气体加热到燃点,因此容易燃烧,燃烧速度也快。气态物质比固体和液体物质更容易燃烧,所需点火能量也低。简单气体燃烧只需经过受热、氧化过程,复杂气体燃烧需要经过受热、热分解、氧化等过程。因此,简单气体比复杂气体的燃烧速率更快。

(二)燃烧方式

根据可燃气体与空气混合方式的不同,可将气体的燃烧方式大致分为预混合燃烧、扩散燃烧和部分预混合燃烧。

二十八、影响爆炸极限的因素

除助燃物条件外,对于同种可燃气体,其爆炸极限还受以下几个因素的影响:①初始温度。初始温度越高,爆炸范围越大。②初始压力。初始压力越高,爆炸极限范围越大。③惰性介质及杂质。混合物中加入惰性气体,爆炸极限范围会缩小。④混合物中的氧含量。混合物中的氧含量增加,爆炸下限降低,爆炸上限上升。⑤充装混合物的容器管径。充装混合物的容器管径越小,爆炸极限范围越小。⑥点火源。点火源的温度越高,爆炸极限范围越大。

二十九、厂房的防爆要求

(一)防爆设计要求

工业厂房防爆设计应该贯彻"安全第一,预防为主"的方针。设计中一定要严格执行国家现行有关法规、规定,采取有效的防爆措施、合理的抗爆结构,解决处理好泄压设施等。具体可采取如下措施:①设计中采取防爆技术措施;②设置减压面积;③采用钢筋混凝土框架防爆结构;④对车间进行防爆设计。

(二)建筑防爆措施

1.预防性技术措施

①排除能引起爆炸的各类可燃物质;②消除或控制能引起爆炸的各种火源。

2.减轻性技术措施

①采取泄压措施;②采取抗爆性能良好的建筑结构体系;③采取合理的建筑布置。

三十、沸溢性油品火灾危险性的特点

沸溢性油品是指含水并在燃烧时具有热波特性的油品,如原油、渣油、重柴油、蜡油、沥青、润滑油等。

沸溢性油品火灾危险性的特点:沸溢性油品在燃烧过程中,会向液体层不断传热,使油品产生沸溢和喷溅现象,造成大面积火灾,危害很大。

三十一、腐蚀品的定义及分类

(一)腐蚀品的定义

腐蚀品是指通过化学作用使生物组织接触时造成严重损伤或在渗漏时严重损害甚至毁坏其他货物或运载工具的物质。腐蚀品包含与完好皮肤组织接触不超过4 h,在14 d的观察期中发现引起皮肤全厚度损毁,或在温度为55 ℃时对S235JR+CR型或类似型号钢或无覆盖层铝的表面均匀年腐蚀率超过6.25 mm的物质。

(二)腐蚀品的分类及危险特性

1.腐蚀品的分类

(1)腐蚀品的分项:腐蚀品的特点是能灼伤人体组织,并对动物、植物体、纤维制品、金属等造成较为严重的损坏。由于腐蚀品酸碱性各异,相互之间易发生反应,为了便于运输时合理积载以及发生事故时易于迅速地采取急救措施,还可按酸碱性进一步将其分为三项:①酸性腐蚀品,如硝酸、发烟硝酸、发烟硫酸、溴酸、含酸不高于50%的高氯酸、五氯化磷、乙酰氯、溴乙酸等;②碱性腐蚀品,如氢氧化钠、烷基醇钠类(乙醇钠)、含肼不高于64%的水合肼、环己胺、二环乙胺、蓄电池(含碱液)等;③其他腐蚀品,如木馏油、蒽、塑料沥青、含有效氯大于5%的次氯酸盐溶液(如次氯酸钠溶液)等。

(2)酸性腐蚀品的类项标准:酸性腐蚀品呈固态或液态,具有强烈腐蚀性,按其性质可分为四类:一级无机酸性腐蚀品、一级有机酸性腐蚀品、二级无机酸性腐蚀品和二级有机酸性腐蚀品。一级酸性腐蚀品能使动物皮肤在3 min内出现可见坏死现象,并在3~60 min内出现可见坏死现象的同时产生有毒蒸气。二级酸性腐蚀品的危险性较小,能使动物皮肤在4 h内出现可见坏死现象,并在温度为55 ℃时,对钢或铝的表面年均匀腐蚀率超过6.25 mm。

(3)碱性腐蚀品的类项标准:与酸性腐蚀品相同,有些有机碱性腐蚀品有可燃和易燃性,个别碱性腐蚀品有还原性。碱性腐蚀品按其性质可分为两类:一级碱性腐蚀品和二级碱性腐蚀品。一、二级碱性腐蚀品的危险性大小同酸性腐蚀品。

(4)其他腐蚀品:本品呈固态或液态,具有强烈腐蚀性,通常与皮肤接触4 h内可使皮肤出现可见坏死现象,且对钢或铝在温度为55 ℃时的表面年腐蚀率超过6.25 mm。

2.腐蚀品的危险特性

(1)腐蚀性:腐蚀品与其他物质接触时发生化学变化,使该物质受到破坏,这种性质叫腐蚀性。腐蚀性的危害体现在以下三个方面:一是对人体的伤害。腐蚀品的形态有液态和固态(晶体、粉状),当人们直接接触这些物品后,就会引起皮肤灼伤或发生破坏性创伤,以致溃疡等;当人们吸入这些物品挥发出来的蒸气或飞扬到空气中的粉尘时,呼吸道黏膜便会受到腐蚀,引起咳嗽、呕吐、头痛等症状,特别是接触氢氰酸时,能引起剧痛,使人体组织坏死,若不及时治疗,会导致严重后果。二是对有机物质的破坏,腐蚀性物品能夺取木材、衣物、皮革、纸张及其他一些有机物质中的水分,破坏其组织成分,甚至使之炭化。三是对金属的腐蚀性。在腐蚀性物品中,不论是酸性还是碱性,对金属均能产生不同的腐蚀作用。

(2)毒害性:在腐蚀品中,有一部分能挥发出毒害性气体,如氢氟酸等。

(3)火灾危险性:在列入管理的335种(类)腐蚀品中,约83%的腐蚀品具有火灾危险性,有的还是相当易燃的液体和固体。①氧化性。无机腐蚀品本身大都不可燃,但都具有强氧化性,有的还是氧化性很强的氧化剂,与可燃物接触或遇高温时,都有着火或爆炸的危险。例如,硫酸、浓硫酸、发烟硫酸、三氧化硫、硝酸、发烟硝酸、氯酸(浓度为40%左右)等无机腐蚀品,氧化性都很强,与可燃物如甘油、乙醇、木屑、纸张、稻草、纱布等接触时,都能氧化自燃起火。②易燃性。有机腐蚀品大都可燃,且有的非常易燃。例如,有机酸性腐蚀品中的溴乙酰闪点为1℃,硫代乙酰的闪点小于1℃,甲酸、冰醋酸、甲基丙烯酸、苯甲酰氯、乙酰氯等遇火易燃,蒸气可形成爆炸性混合物;有机碱性腐蚀品甲基肼在空气中可自燃,1,2-丙二胺遇热可分解出有毒的氧化氮气体,其他有机腐蚀品如苯酚、甲酚、甲醛、松焦油、焦油酸、苯硫酚、蒽等,不仅本身可燃,且都能蒸发出有刺激性或有毒的气体。③遇水分解易燃性。有些腐蚀品,特别是多卤化合物如五氯化磷、五氯化锑、五溴化磷、四氯化硅、三溴化硼等,遇水分解、放热、冒烟,放出具有腐蚀性的气体,这些气体遇空气中的水蒸气可形成酸雾。氯磺酸遇水猛烈分解,可产生大量的热和浓烟甚至爆炸;有的腐蚀品遇水能产生高热,接触可燃物时会引起着火,如无水溴化铝、氧化钙等;更加危险的是烷基醇钠类,本身可燃,遇水可引起燃烧;异戊醇钠、氯化硫本身可燃,遇水分解;无水的硫化钠本身有可燃性且遇高热、撞击还有爆炸危险。

三十二、易于自燃物品的危险特性

易于自燃物质的危险特性主要表现在以下三个方面:①遇空气自燃性。自燃物品大部分非常活泼,具有极强的还原性,接触空气中的氧时会产生大量热,达到自燃点时就会着火、爆炸。②遇湿易燃易爆性。有些自燃物品遇水或受潮后能分解引起自燃或爆炸,如三乙基铝,除在空气中能氧化自燃外,遇水还能发生爆炸。这些物品在储存、运输、经营时,其包装应充氮密封,防水、防潮。起火时不能用水或泡沫扑救。③积热自燃性。硝酸纤维素制成的胶片、废影片、X线片等,化学性质很不稳定,当堆积在一起或仓库通风不好时,分解产生的热量越积越多,达到其自燃点时就会自燃,火焰温度可达1200℃。油纸、油布等含油脂的物品,当积热不散时也易发生自燃。

三十三、遇水放出易燃气体物质的危险特性

遇水放出易燃气体物质的危险特性主要表现以下在四个方面:①遇水或遇酸燃烧性。这是这类物质的共同危险性。遇水发生剧烈的化学反应,释放出的热量能把反应产生的可燃气体加热到自燃点,不经点火也会着火燃烧,如金属钠等。②自燃性。有些遇水放出易燃气体的物质,如金属碳化物、硼氢化合物,放置于空气中即具有自燃性,有的(如氢化钾)遇水能生成可燃气体放出热量而具有自燃性。因此,这类物质的储存必须与水及潮气隔离。③爆炸性。一些遇水放出易燃气体的物质,如碳化钙(电石)等,与水作

用后生成可燃气体，并与空气形成爆炸性混合物。④其他。有些物质遇水作用的生成物（如磷化物）除有易燃性外，还有毒性；有些物质虽然与水接触后反应不是很激烈，放出的热量不足以使产生的可燃气体着火，但是遇外来火源时还是有着火爆炸的危险性。

三十四、氧化性物质和有机过氧化物的定义及危险特性

（一）氧化性物质的定义及危险特性

1.氧化性物质的定义

氧化性物质指本身未必燃烧，但通常因放出氧可能引起或促进其他物质燃烧的物质。多数氧化性物质的特点是氧化价态高，金属活泼性强，易分解，有极强的氧化性，本身不燃烧但与可燃物作用能发生着火和爆炸。

2.氧化性物质的危险特性

氧化性物质的危险特性表现在以下七个方面：

（1）受热、被撞分解性：在现行被列入氧化性物质管理的危险品中，除有机硝酸盐类外，都是不燃物质，但当受热、被撞击或摩擦时易分解出氧，若接触易燃物、有机物，特别是与木炭粉、硫黄粉、淀粉等混合时，能引起着火和爆炸。

（2）可燃性：氧化性物质绝大多数是不燃的，但也有少数具有可燃性，主要是有机硝酸盐类，如硝酸胍、硝酸脲等。另外，过氧化氢尿素、高氯酸醋酐溶液、二氯异氰尿酸或三氯异氰尿酸、四硝基甲烷等物质，不需要外界的可燃物参与即可燃烧。

（3）与可燃液体作用自燃性：有些氧化性物质与可燃液体接触能引起燃烧，如高锰酸钾与甘油或乙二醇接触，过氧化钠与甲醇或醋酸接触，铬酸丙酮与香蕉水接触等，都能起火。

（4）与酸作用分解性：氧化性物质遇酸后，大多数能发生反应，而且反应常常是剧烈的，甚至引起爆炸，如高锰酸钾与硫酸、氯酸钾与硝酸接触都十分危险。这些氧化剂着火时，不能用泡沫灭火剂扑救。

（5）与水作用分解性：有些氧化性物质，特别是活泼金属的过氧化物，遇水或吸收空气中的水蒸气和二氧化碳能分解出氧原子，致使可燃物质爆燃。漂白粉（主要成分是次氯酸钙）吸水后，不仅能放出氧，还能放出大量的氯。高锰酸钾吸水后形成的液体，接触纸张、棉布等有机物时，能立即引起燃烧，着火时禁用水扑救。

（6）强氧化性物质与弱氧化性物质作用分解性：强氧化剂与弱氧化剂相互之间接触能发生复分解反应，产生高热而引起着火或爆炸，如漂白粉、亚硝酸盐、亚氯酸盐、次氯酸盐等弱氧化剂，遇到氯酸盐、硝酸盐等强氧化剂时，会发生剧烈反应，引起着火或爆炸。

（7）腐蚀毒害性：不少氧化性物质还具有一定的腐蚀毒害性，能毒害人体，烧伤皮肤，如二氧化铬（铬酸）既有毒性，也有腐蚀性，着火时应注意特别防护。

（二）有机过氧化物的定义及危险特性

有机过氧化物是指分子组成中含有过氧基的有机物质，该物质为热不稳定物质，可能发生放热的自加速分解。该类物质还可能具有以下一种或数种性质：可能发生爆炸性

分解，迅速燃烧，对碰撞或摩擦敏感，与其他物质起危险反应，损害眼睛。危险特性主要表现在分解爆炸性、易燃性和伤害性三方面，其危险性的大小主要取决于过氧基含量和分解温度。

三十五、放射性物质的定义、分类及危险特性

（一）放射性物质的定义

放射性物质是指任何含有放射性核素且其放射性活度浓度和总活度都超过《放射性物质安全运输规程》（GB 11806—2004）规定限值的物质。

（二）放射性物质的分类及危险特性

1.放射性物质的分类

（1）按物理状态分类：第一类是固体放射性物质，如钴60、独居石等；第二类是粉末状放射性物质，如夜光粉、铈钠复盐等；第三类是液体放射性物质，如发光剂、医用同位素制剂磷酸二氢钠等；第四类是晶粒状放射性物质，如硝酸钍等；第五类是气体放射性物质，如氪85、氩41等。

（2）按放射出的射线类型分类：第一类是放出α、β、γ射线的放射性物质，如镭226；第二类是放出α、β射线的放射性物质，如天然铀；第三类是放出β、γ射线的放射性物质，如钴60；第四类是放出中子流（同时也放出α、β、γ射线中的一种或两种）的放射性物质，如镭-铍中子流、钋-铍中子流等。

（3）按获得方法分类：第一类是天然放射性同位素，由稳定同位素在原子反应堆或粒子加速器中，经过照射而产生，如将稳定同位素磷31、铁58、钴59在原子反应堆中经过照射后，就变成了放射性同位素磷32、铁59、钴60；第二类是人工放射性同位素。

（4）按贮存管理和防护分类：第一类是放射性同位素，如碳14、铁58、钴60、镭226、碘131等；第二类是放射性化学试剂和化工制品，如氯化铀、氧化铀、硝酸铀、硝酸钍、溴化镭、铈钠复盐、夜光粉、发光剂等；第三类是放射性矿砂、矿石，如独居石、锆英石、方钍石、铀矿等；第四类是涂有放射性发光剂或带有放射性物质的其他物品。

（5）按放射性强度或核安全程度分类：可分为低比活度（LSA）放射性物质、低水平固体（LLS）放射性物质、易裂变物质、特殊形式的放射性物质、特殊安排和爆炸性放射性物质几种。

（6）按毒性分类：第一类是极毒组，如钋210，镭223、镭225、镭226、镭228，锕227，钍227、钍228、钍229、钍230，镤231，铀230、铀232、铀233、铀234，镎237，钚236、钚238、钚239、钚240、钚241、钚242，镅241、镅242m、镅243，锔240、锔242、锔243、锔244、锔245、锔246、锔247、锔248，锎248、锎249、锎250、锎251、锎252、锎254，锿254、锿255，铅210等；第二类是高毒组，如钠22，氯36，钙45，钪46，钴60，锶90，钇91，锆93，铌94，钚106，银110m，镉115m，铟114m，锑124，锑125，碘124、碘125、碘126、碘131，铯134，钡140，铈144，铕152、铕154，铽160，铥170，铪181，钽182，铱192，铊204，铅212，铋207、铋210，砹211，镭224，锕228，钍232、天然钍，镤230，铀236，钚244，镅242，锔241，

锫249,锎246、锎253,锿253、锿254,镄255、镄256等;第三类是中毒组,如铍7,碳14,氟18,钠24,硅31,磷32、磷33,硫35,氯38,氩41,钾42、钾43,钙47,钪47、钪48,钒48,铬51,锰52、锰54,铁52、铁55、铁59,钴55、钴56、钴57、钴58,镍63、镍65,铜64,锌65、锌69m,镓72,砷73、砷74、砷76、砷77,硒75,溴82,氪74、氪77、氪87、氪88,铷86,锶83、锶85、锶89、锶91、锶92,钇90、钇92、钇93,锆86、锆88、锆89、锆95、锆97,铌90、铌93m、铌95、铌95m、铌96,钼90、钼93、钼99,锝89、锝96、锝97、锝97m,钌97、钌103、钌105,铑105,钯103、钯109,银105、银111,镉109、镉115,铟115m,锡115、锡125,锑122,碲121、碲121m、碲123m、碲125m、碲127m、碲129m、碲131、碲131m、碲132、碲133m、碲134,碘120、碘123、碘130、碘132、碘132m、碘133、碘135,氙135,铯132、铯136、铯137,钡131,镧140,铈134、铈135、铈137m、铈139、铈141、铈143,镨142、镨143,钕147、钕149,钷147、钷149,钐151、钐153,铕152m、铕155,钆153、钆159,镝165、镝166,钬166,铒169、铒171,铥171,镱175,镥177,钨181、钨185、钨187,铼183、铼186、铼188,锇185、锇191、锇193,铱190、铱194,铂191、铂193、铂197,金196、金198、金199,汞197、汞203,铊200、铊201、铊202,铅203,铋206、铋212,氡220、氡222,钍226、钍231、钍234,镤233,铀231、铀237、铀240,镎239、镎240,钚234、钚237、钚245,镅238、镅240、镅244、镅244m,锔238,锫250,锎244,镄254等;四类是低毒组,如氢3,氧15,氩37,锰51、锰52m、锰53、锰56,钴58m、钴60m、钴61、钴62m,镍59,锌69,锗71,氪76、氪79、氪81、氪83m、氪85m、氪85,锶80、锶81、锶85m、锶87m,钇91m,铌66m、铌88、铌89、铌97、铌98、铌122m,钼93m、钼101,锝98m、锝99m,铑103m,铟113m,碲116、碲123、碲127、碲129、碲133,碘120m、碘121、碘128、碘129、碘134,氙131m、氙133,铯125、铯127、铯129、铯130、铯131、铯134m、铯135、铯135m、铯138,铈137,锇191m,铂197m、铂198m,钋203、钋205、钋207,镭227,铀235、铀238、铀239,钚235、钚236、钚238、钚239、钚243,镅237、镅239、镅245、镅246、镅246m,锔249等。

2.放射性物质的危险特性

(1)放射性:放射性物质可放射出α射线、β射线、γ射线、中子流。各种放射性物质放出射线的种类和强度不尽一致。人体受到各种射线照射时,因射线性质不同而造成的危害程度也不同。如果上述射线从人体外部照射,β、γ射线和中子流对人的危害很大,剂量大时易使人患放射病,甚至死亡;如果放射性物质进入人体,则α射线的危害最大,其他射线的危害也大,所以要严防放射性物品进入人体内。

(2)毒害性:许多放射性物质的毒性很大,如钋210、镭226、镭228、钍228、钍230是剧毒的放射性物质,钠22、钴60、锶90、碘131、铅210等为高毒的放射性物质,均应注意。

(3)不可抑制性:不能用化学方法中和使放射性物质不放出射线,只能设法把它清除或者用适当的材料予以吸收屏蔽。

(4)易燃性:放射性物质除具有放射性外,多数具有易燃性,有的燃烧还十分强烈,甚至会引起爆炸,如独居石遇明火能燃烧;硝酸铀、硝酸钍等,遇高温分解,遇有机物、易燃物都能引起燃烧,且燃烧后均可形成放射性灰尘,污染环境,危害人们健康。

(5)氧化性：有些放射性物质不仅具有易燃性，而且大部分兼有氧化性，如硝酸铀、硝酸钍、硝酸铀酰(固体)、硝酸铀酰六水化合物溶液都具有强氧化性，遇可燃物可引起着火或爆炸。硝酸铀的醚溶液在阳光的照射下能引起爆炸。

三十六、氧指数对建筑材料燃烧性能的影响

氧指数(OI)是指在规定的条件下，材料在氧氮混合气流中进行有焰燃烧所需的最低氧浓度，以氧所占的体积分数的数值来表示。材料的氧指数表示材料燃烧的难易程度，不同的材料有不同的氧指数。氧指数高表示材料不易燃烧，氧指数低表示材料容易燃烧。一般认为：当OI<22时，为易燃材料；当OI=22～27时，为自熄性材料；当OI>27时，为难燃材料。

三十七、烟囱效应和火风压对建筑火灾蔓延的影响

当建筑物内外的温度不同时，室内外空气的密度也随之出现差别，这将引发浮力驱动的流动。如果室内空气温度高于室外，则室内空气将向上运动，建筑物越高，这种流动越强。竖井是发生这种现象的主要场合。在竖井中，由于浮力作用产生的气体运动十分显著，通常称这种现象为烟囱效应。在火灾过程中，烟囱效应是造成烟气向上蔓延的主要因素。

火风压则是建筑物内发生火灾时，在起火房间内，由于温度上升，气体迅速膨胀，对楼板和四壁形成的压力。

三十八、建筑结构耐火技术

当某些建筑构件的燃烧性能和耐火极限达不到规范的要求时，可采取适当的方法加以解决。常用的方法主要有：①适当增加构件的截面积；②增加钢筋混凝土构件的钢筋保护层厚度；③在构件表面涂覆防火涂料做耐火保护层；④对钢梁、钢屋架及木结构做耐火吊顶和防火保护层包敷。目前，常用的钢结构保护法有自动喷水灭火系统保护法、包敷法、喷涂法，也有如循环水法等一些较为复杂的方法。

建筑构件用防火保护材料是包覆或涂覆于建筑构件表面，可提高建筑构件的耐火极限，同时满足相应的理化性能、燃烧性能和产烟毒性要求的材料。按材料类型分为涂料类和其他类。涂料类包括膨胀型或非膨胀型涂料、喷射纤维材料等，可涂覆于建筑构件表面；其他类包括无机(纤维)板材、卷材、矿物棉材料等，可包覆或涂覆于建筑构件表面。

三十九、人员密集场所与公众聚集场所的范围

人员密集场所是指公众聚集场所，包括医院的门诊楼、病房楼，学校的教学楼、图书馆、食堂和集体宿舍，养老院，福利院，托儿所，幼儿园，公共图书馆的阅览室，公共展览馆、博物馆的展示厅，劳动密集型企业的生产加工车间和员工集体宿舍，旅游、宗教活动场所等。

公众聚集场所是指宾馆、饭店、商场、集贸市场、客运车站候车室、客运码头候船厅、民用机场航站楼、体育场馆、会堂以及公共娱乐场所等。

四十、消防设施与消防产品的定义

消防设施是指火灾自动报警系统、自动灭火系统、消火栓系统、防烟排烟系统以及应急广播和应急照明、安全疏散设施等。

消防产品是指专门用于火灾预防、灭火救援和火灾防护、避难、逃生的产品。

四十一、火灾事故调查涉及用语“当事人”“户”的定义

按照《火灾事故调查规定》(2012年修订版),“当事人”是指与火灾发生、蔓延和损失有直接利害关系的单位和个人;“户”用于统计居民、村民住宅火灾,按照公安机关登记的家庭户统计。

烈火英雄志　征程万里行(代后记)[①]

电影《烈火英雄》中徐小斌、王璐在婚礼当天听到火警铃毅然出警，最后徐小斌却不幸丧生的情节让我泪目，也让我想起儿时消防队院中消防员叔叔们训练、出警时的场景。这已然成了深深改变我的光。

曾闻孙中山先生于百年前期许："唯愿诸君将振兴中华之责任，置之于自身之肩上。"[②]嘈杂纷乱的往昔，是先辈们将责任扛在肩头，护一方江河安澜；是他们逆行开辟道路，保万家平安幸福。在如今的和平年代，面对熊熊烈焰，是消防员们义无反顾，守护万家平安，他们的担当与英勇，早已扎根在我的灵魂深处。

我的父亲是一名消防工程师、火灾调查员，自我记事以来，他常常一接到队里的电话，就第一时间赶往现场开展调查，在残垣中搜寻蛛丝马迹，于灰烬里攫取事实真相。有时即使在睡梦中，也须臾不能耽误。每年的除夕夜，他和同事们总是要去一些单位进行检查，踩着新年的节点，才赶回来和我们吃年夜饭。但看着外面的万家灯火，我深深懂得了责任的意义，这是"舍一家团圆，守万家幸福"的奉献精神。

小时候常在消防队院中玩耍，看这些消防员叔叔们也不过是一群20岁左右的大男孩，他们会在休息时间打打闹闹、说说笑笑，有时还会玩一些幼稚的游戏。这场景，很难让人将在酷暑中训练到大汗淋漓的他们，反复练习放水带、收水带的他们，与一群爱玩爱闹的男孩联系起来。听着他们每天饭前准时、整齐的歌声，看着他们每天进行的超出同龄人的刻苦训练，我懂得了使命和担当。

消防队院中有一位我从小就十分敬佩的罗叔叔，如他名字中的"勇"字，他把消防员的逆行精神诠释到了极致——每次前往火场，他总是冲在最前面，不顾熊熊烈火，只为多挽救一条生命，多抢救一些财产，年纪轻轻便军功卓著，获得过一等功等多项荣誉。在一次矿难救援中，他不顾个人安危，第一个到深井中查明情况，他认为这是他的职责所在、

① 本文为作者学校"学习强国"征文获奖作品。"少年智则国智，少年强则国强"。作为新时代的青年大学生，该文作者为我们诠释了新时代消防救援队伍的忠诚与担当，也让我们看到了消防精神薪火相传的美好期许。

② 董仲磊.新时代爱国主义教育融入思政课教学的互动性研究[M].天津：天津人民出版社，2021:186.

使命所系。看着他将个人生命置之度外，缚火魔、战灾情，铁肩担道义，身心护苍生，在烈火、灾难面前开辟出一条生命的道路，书写了普通人沉甸甸的家国情怀，我忽然懂了责任的含义——是最先出发、最快抵达、不计生死保万家幸福的奉献精神。

我不禁又想到“感动中国”人物——消防员陈陆，在安徽庐江县遭受百年一遇洪灾时，他连续奋战，却不幸被激流旋涡打翻，一句简单的“放心，我会守好庐江”是陈陆对父亲的承诺。他用生命践行了对国家和人民的承诺。

记忆中的“烈火英雄”，也不过是一群平凡的男孩，在浓烟烈火中，在惊涛骇浪前，以忠诚的担当，勇敢逆行，护万家团圆，保群众平安。很荣幸能在生命中遇到这样一群人，让我面对“畏途巉岩不可攀”时，也有“会当凌绝顶”的勇气；让我在面对“黑云压城城欲摧”时，也能“奉命于危难之中”，担起时代责任。

华北科技学院　张安琪
2023年6月

参考文献

[1]中华人民共和国公安部消防局．火灾事故调查[M]. 长春：吉林科学技术出版社，1999.

[2]金河龙．火灾痕迹物证与原因认定[M]. 长春：吉林科学技术出版社，2005.

[3]中华人民共和国公安部消防局．中国消防手册第八卷·火灾调查·消防刑事案件[M]. 上海：上海科学技术出版社，2006.

[4]中华人民共和国公安部消防局．消防监督执法手册[M]. 北京：群众出版社，2008.

[5]张金专，李阳，等．火灾调查员[M]. 北京：中国人事出版社，2020.

[6]中华人民共和国公安部消防局．消防监督执法岗位练兵复习题库[M]. 北京：中国人事出版社，2011.

[7]应急管理部消防救援局．火灾调查与处理·高级篇[M]. 北京：新华出版社，2021.

[8]全国人大常委会法工委刑法室、公安部消防局．中华人民共和国消防法释义[M]. 北京：人民出版社，2009.